国家出版基金项目

新闻出版改革发展项目库项目

江苏省“十二五”重点图书出版规划项目

《扬州史话》编委会

扬州史话

主编 袁秋年 卢桂平

扬州科技史话

曹永森 著

广陵书社

图书在版编目(CIP)数据

扬州科技史话 / 曹永森著. -- 扬州 : 广陵书社,
2013.12
(扬州史话 / 袁秋年, 卢桂平主编)
ISBN 978-7-5554-0057-8

Ⅰ. ①扬… Ⅱ. ①曹… Ⅲ. ①科学技术—技术史—扬州市 Ⅳ. ①N092

中国版本图书馆CIP数据核字(2013)第300306号

书　　名	扬州科技史话
著　　者	曹永森
责任编辑	严　岚　李　洁
出版发行	广陵书社
	扬州市维扬路 349 号　　　邮编　225009
	http://www.yzglpub.com　　E-mail:yzglss@163.com
印　　刷	江苏凤凰扬州鑫华印刷有限公司
开　　本	730 毫米 ×1030 毫米　1/16
印　　张	16.75
字　　数	235 千字
版　　次	2014 年 3 月第 1 版第 1 次印刷
标准书号	ISBN 978-7-5554-0057-8
定　　价	48.00 元

城市的情感和记忆

——《扬州史话》丛书总序

城市是有情感和记忆的。

特别是扬州这座历史文化名城，只要一提及“扬州”二字，无论是朝夕相守的市民，还是远离家乡的游子，或是来来往往的商旅，几乎都会流露出由衷的感叹和无尽的思念，即如朱自清先生在《我是扬州人》中所说：“我家跟扬州的关系，大概够得上古人说的‘生于斯，死于斯，歌哭于斯’了。”朱先生的寥寥几笔，看似平淡，满腔的情感却在字里行间奔涌，攫人心田。可见，扬州这座城市之所以素享盛名，不仅仅在于她的历史有多么悠久，地域有多么富饶，也不仅仅在于她从前有过怎样的辉煌，现在有着怎样的荣耀，更在于人们对她有着一往情深的眷念，以及由这种眷念牵连出的耿心记忆。

情感和记忆，是这座城市另一种意义上的财富，同时也是这座城市另一种意义上的标识。

2014 年，扬州将迎来建城 2500 周年的盛大庆典。其实，更严格地说，2500 年是有文字记载的建城史，扬州人类活动的文明史远远不止于此。早在距今 5500~7000 年前，高邮龙虬庄新石器时期的先民就开始了制作陶器和选育稻种。仪征胥浦的甘草山、陈集的神墩和邗江七里甸的葫芦山也都发现 3000~4000 前的商周文化遗址。我们之所以把 2014 年定为扬州建城 2500 年，是因为《左传》中有明确的记载：周敬王三十四年（前 486）：“吴城邗，沟通江淮。”这七个字明确地说明了吴国在邗地建造城池，也就是我们今人时常提及的古邗城，于是，公元前的 486 年，对扬州人来说，就成为一个永久的记忆。这句话还说明了另一件永远值得记忆的历史事件，就是这一年，京杭大运河最早的一段河道——邗沟在扬州开凿了。邗沟的开凿，不仅改变了扬州社会发展的走向,也改变了古代中国的交通格局,这一点,也是人们的永久记忆。正是由于有了邗沟,有了后来的大运河,才使得扬州进入了社会发展的快速通道,成为中国古代交通的枢纽,成为世界文明发展史上一座十分重要的城市。

扬州这座城市,承载着太多的情感与记忆。于是,一批地方文史学者一直以扬州史料的搜集、整理、研究为己任,数十年坚持不懈。他们一直在探求扬州这座历史文化名城从远古走到了今天,在中国文化史上留下了哪些令人难忘的脚印?在中国发展史上有哪些为人称颂的作为?在当代社会生活中又有哪些发人深省的影响?我们今人应该怎样认识扬州文化在中国文化版图上的定位?怎样认识扬州文化的特色和本质?以及扬州文化对扬州城、扬州人的影响又该怎样评说? 等等,这些都是极富学术含量的科研课题,也是民众极感兴趣的文史话题。日积月累,他们的工作取得了令人瞩目的成果,大量的文稿发表在各类报刊杂志上。这些成果如同颗颗珍珠,十分珍贵,却又零散,亟需编串成光彩夺目的项链。适逢 2500 年的建城庆典即将来临,把这些成果编撰成丛书,让世人更全面、更系统地了解扬州的历史与文化,无疑是建城庆典的最好献礼。

由此,《扬州史话》丛书便应运而生了。这套丛书的跨度长达 2500 年,内容涵盖了沿革、学术、艺术、科技、宗教、交通、盐业、戏曲、园林、饮食等诸多方面,应该说,扬州文史的主要方面都有涉及,是一部相对完整地讲述扬州 2500 年的历史文化丛书。这套丛书 2009 年开始组稿,逾三年而粗成,各位作者都付出了辛勤的劳动。编撰过程中,为了做到资料翔实,论述精当,图文并茂,每一位作者都查阅了大量的文献资料,吸纳了前人和今人众多的研究成果,因而,每一本书的著述虽说是作者个人为之,却是融汇了历代民众的集体记忆和群体情感,也可以说是扬州的集体记忆和群体情感完成了这部丛书的写作。作者的功劳,是将这种集体记忆和群体情感用文字的形式固定下来,将易于消逝的记忆和情感,化作永恒的记述。

《扬州史话》丛书是市委市政府向扬州建城 2500 周年的献礼之作,扬州的几任领导对丛书的编纂出版都十分重视,时任扬州市委副书记的洪锦华同志亲自主持策划并具体指导了编纂工作。这套丛书，也可以看作是扬州的索引和注释，阅读它，就如同阅读扬州这座城市。扬州城的大街小巷、湖光山色，扬州人的衣食住行、喜怒哀乐，历史上的人文遗迹、市井掌故，当代人的奋斗历程、丰功伟绩，都可以在这套丛书里找到脉络和评说。丛书将历史的碎片整理成时空衍变的轨迹，将人文的印迹组合成城市发展的画卷，在沧桑演化中，存储正在消亡或即将消亡的历史踪影，于今昔变迁时，集聚已经形成和正在形成的文化符号。

岁月可以流逝，历史不会走远。城市的记忆和情感都融汇到这套丛书里，它使得扬州人更加热爱扬州，外地人更加了解扬州，从而存史资政，熔古铸今，凝心聚力，共创未来。未来的扬州，一定是江泽民同志题词所期望的——“古代文化与现代文明交相辉映的名城”。

是为序。

袁秋年

2012年12月

目 录

概述　一盏灯和一把尺的启示

扬州博物馆里收藏着一盏“铜釭灯”和一把“铜卡尺”。一个偶然的机会，我们在一盏灯、一把尺的启示下，发现了一个极为宝贵的矿藏，看到了一个古代科技生机勃勃的百花园。尽管我们对扬州古代科技的研究是初步的，但掌握的资料已经为我们勾勒出了扬州古代科技的大致轮廓，使我们清晰地看到，扬州作为中国古代的重要都市和中心城市，科技方面的成就如同一棵棵参天的大树，其累累硕果既造福于当时，为当时的社会创造了物质文化，又恩泽于后人，甚至延绵至今日，使我们今人也受享到大树的庇荫。

一

走进扬州博物馆，数以万计的文物，为观众展示了一部物化了的扬州通史。国宝级的文物很多，件件精美绝伦。展橱的一角，有两件展品颇为特别，形体不大，也不华美，甚至可以用色泽暗淡、锈迹斑斑来形容。两件展品都是汉代的，一件是一盏灯，叫“铜釭灯”，另一件是一把尺，叫“铜卡尺”。就是这一盏“灯”，一把“尺”，吸引了笔者久久地驻留，端详良久。

铜釭灯的形体的确特别。古人用的灯通常都是油灯，普通油灯的结构十分简单，下有灯座，上有灯盘就行。眼前的这盏灯却是复杂多了，它的下部是一只三足釜形器，同时具有油灯底座和贮水容器的双重功能。灯的中部是灯盘和灯罩，灯罩是双层的，外灯罩固定，内灯罩能够转动。灯的上部是顶盖，顶盖又与一对导烟管相连，两根导烟管从顶盖伸出后，对称地往下弯，一直弯至下部的釜形器中。叫它“釭灯”，是因为一对下弯的导烟管类似于古代大车上的“车釭”（车毂处用以穿车轴的铁圈），故而得名。

汉代铜釭灯

形体的特别，源于它功能的特别。古代的灯油都是动植物的油脂，油脂燃烧不完全、不充分，就会产生浓浓的油烟。油灯在给人们带来照明便利的同时也带来了油烟的危害。如何既照明，又能没有污染呢？铜釭灯就巧妙地解决了这一问题。

铜釭灯的两根导烟管，一端连着灯罩，另一端连着釜形器。灯火点燃时，高温的油烟上升到灯罩的顶部，就被吸入导烟管，再由导烟管到达釜形器。釜形器中贮有清水，油烟经过水的过滤而净化，从而保持了环境的清洁。烟管、灯盘和灯罩是组装的，可以拆卸，以便于清洗烟垢，组装起来也非常简单便捷。另外，从光学方面分析，双层灯罩也有特殊的功能。转动灯盘上的手柄，可使卡扣在灯盘上的内层灯罩的窗口，在150度的范围内移位，使得内、外层的灯罩随意开合。这种开合产生两大效能：一是增减通光量，调节灯光的照度与照射的角度；二是根据灯火的大小，调节空气的进气量，让灯油充分燃烧，增大发光强度。我们今天所用的煤气灶，如果火焰发红，冒出黑烟，除了调节煤气的进气量外，还需要调节空气的进气量，就是这个道理。

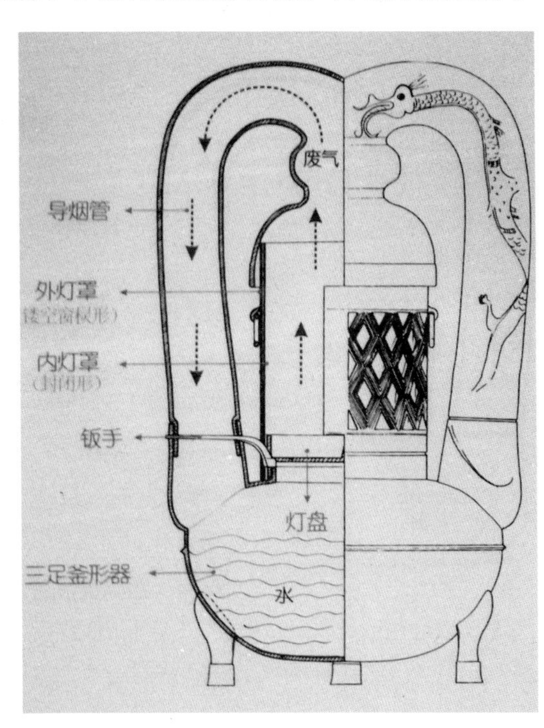

铜釭灯工作原理示意图

铜釭灯是1991年在邗江甘泉乡姚湾村巴家墩的一座汉墓中出土的。这盏灯在功能方面的先进性，和列为国宝级文物的长信宫灯一样，足以载入世界灯具史。有资料介绍，意大利直到15世纪才发明出有铁皮导烟灯罩的油灯。法国人和瑞士人18世纪才开始用玻璃灯罩代替铁皮灯罩，完善了油灯和灯罩的设计，初步解决了油烟污染的问题。我们眼前的这盏灯，早在公元前的西汉初期（博物馆资料介绍，墓主人是西汉昭宣时期广陵国内有很高身份的贵族，年代约在公元前86—49年）就已使用，这种既照明又环保的功能设计，比西方早出了1500年。

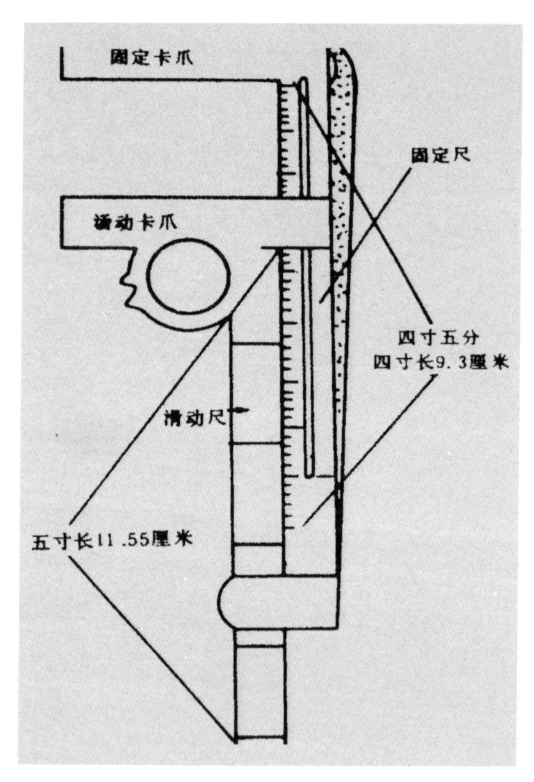

铜卡尺结构示意图

铜釭灯出土于扬州，说明当时的扬州已经使用这种功能先进的灯具，这是毫无疑问的。那么，我们很自然地要问：这件灯具是哪儿制作的？再进一步，我们还会问：汉代扬州能不能够生产这一类科技含量高的器物？

带着疑问，我们再来看看另一件同样特别的展品——铜卡尺，兴许能从中找到某些启示。

铜卡尺是1992年出土的，出土地点和铜釭灯一样，也是在邗江甘泉乡姚湾村的一座汉墓里。这把尺由固定尺、活动尺和导销、组合套三部分组成，总长13.3厘米，卡爪长5.2厘米，厚度0.5厘米。固定尺和活动尺都有呈90度直角的卡爪，都有计量的刻度。因年代久远，刻度已锈蚀难辨。固定尺一端为卡爪，另一端为组合套，上端有鱼形柄，中间开一导槽，槽内置有能够滑动的导销。移动活动尺，导销可以随之在固定尺的导槽内滑动，当活动卡爪和固定卡爪相并时，固定尺与活动尺等长。活动尺的一端是直杆，插在组合套中，另一端的卡爪处有一环形拉手，捏住拉手，可以十分方便地滑动活动尺。这把尺可以十分方便地测量工件的外尺寸和内尺寸，以及盲孔、阶梯、凹槽等特殊部位的尺寸。如，利用尺的两个卡爪，可以测量工件的直径、长度、宽度、厚度。利用尺的另一端，将活动尺的直杆插入工件的盲孔、阶梯、凹槽，测量其深度。这些都比直尺等其他测量工具更加精准、更加便利。

现代人广为使用的一种测量工具叫游标卡尺，将铜卡尺与游标卡尺相比较，可以看出二者有惊人的相似。现代游标卡尺主要由主尺、固定卡爪、游标架、活动卡爪、游标尺、千分螺丝、滑块等构件组成，铜卡尺则是由固定尺、固定卡爪、鱼形柄、导槽、导销、组合套、活动尺、活动卡爪、拉手等构件组成。从主要构件看，铜卡尺的固定尺和活动尺，即是游标卡尺的主尺和副尺；铜卡尺的组合套、导槽和导销，即是游标卡尺的游标架。所不同的是，现代游标卡尺更为精确，它应用了微分的原理，通过对齐主尺和副尺的两条刻线，精确地标出数据。而铜卡尺只能借助指示线，靠目测读出数据，精度显然不如前者。尽管如此，不难看出二者在构造原理、性能和用途上，几乎一致，完全可以说：游标卡尺是铜卡尺的进化，铜卡尺是游标卡尺的始祖。

铜卡尺虽然没有游标卡尺精确，但是在两千多年前，我们的祖先就发明了这种具有特殊用途的测量工具，的确令人赞叹。1973 年出版的《英国百科全书》第 10 卷 402 页，记述了游标卡尺是法国数学家维尼尔・皮尔（1580—1637）在 1631 年发明的。而我国早在 1 世纪初的新莽时期就发明了功能、原理完全一样的铜卡尺，并在生产中实际应用，要比西方早 1600 多年。扬州的铜卡尺，为研究我国古代的科学技术史、数学史、度量衡史和工具史提供了确凿的实例。

铜卡尺是一种测量工具，本身不是日用品，只有专业工匠才会用上它。但它是一种特殊的测量工具，相对于直尺、角尺等其它测量工具，铜卡尺能测量许多特殊的部位，工匠发明和使用铜卡尺，一定是有设计和制造高难度、高精度、高性能的产品的需求。换言之，用这把铜卡尺设计制造的产品，一定是高要求、高等级、高质量的，这在两千多年前的汉代，在以手工制作为主的年代，这一定是具有很高的技术含量了。虽然我们今人无法确切地知道使用这把铜卡尺的工匠，具体设计制造了什么样的产品，但可以推测，这位工匠一定具有较高的技艺水平。

恰巧，铜卡尺和铜釭灯都出土在邗江甘泉乡姚湾村。尽管墓坑不同，墓葬的具体年月不同，铜釭灯的制作中也并不一定用上铜卡尺，二者之间也没有直接的因果联系，但是，同在一地出土两件同样具有高科技意义的物件，且都在汉代，都在扬州历史上第一个繁盛期内（当时的吴王刘濞已有“即山铸钱，煮海为盐”之举），这使人很自然地把两件能够代表当时高科技水平的物件联系在一起，探寻其背后的内在因素。

扬州是历史文化名城，有明确文字记载的建城史就有2500年，两汉、隋唐和明清时期的扬州，文化上的辉煌和经济上的繁盛一直受世人瞩目。事实上，科技的发明应用必然与文化的辉煌和经济的繁盛相生相伴，以此推论，历史上的扬州必定对中国古代科技做出过重要的贡献。而我们对古代扬州科技的了解又能有多少呢？时至今日，我们对古代扬州的研究还是多限于园林、饮食、戏曲等琴棋书画类的话题，并且热衷于此，喋喋不休，给人的印象，好像扬州仅是一个风花雪月的地方，留下的仅是吃喝玩乐。这显然是偏见，也是我们从事地方文化研究的愧疚。看到铜釭灯，我们方才惊叹扬州人早在两千多年前就有先进的环保意识，就有机械、光学、热力学上的巧妙构思和应用。看到铜卡尺，我们方才知道这就是现代卡尺的始祖，这种现代度量衡的基本工具、现代科学的标志物件，扬州的工匠早在汉代就已经使用。

铜釭灯是古代先进科技知识实际运用的范例，它在扬州出土，但我们对它的了解和研究显然不到位，正如俗语所说，这是一种“灯下黑”。历史上，扬州被誉为“扬一益二”，是一座经济、文化地位十分特殊的重要城市，在中国古代科技史上也必定有过较大贡献，但我们对此的了解和研究也不充分，这又是一种“灯下黑”。铜卡尺在中国科技史上也有很大的影响（有资料显示，这种卡尺国内一共有两件。一件是新莽时期的，但是那是一件传世品，它的真正的史料身份，考古界有不同的看法。但扬州的这件卡尺，是考古发掘出来的，史料真实可靠，填补了我国测量工具发明史上的空白），我们能否重新使用这把铜卡尺，再一次测量扬州历史的方方面面，把扬州科技史研究的残缺一页补写起来呢？这是历史的需求，也是社会的责任，我们应该有这样的理性思考和文化自觉。

在一盏灯和一把尺的启示下，为着这样的思考和自觉，2001 年起，笔者走进了一个从未涉猎过的领域，从零起步，探寻扬州科技史的方方面面。

二

扬州古代科技发展史，笔者以为可以分为四个阶段。

（一）扬州古代科技的萌芽阶段

1993 年，高邮龙虬庄的农田里发现了一处距今 7000~5500 年的新石器时期的人类活动遗址。遗址中出土了四千多粒炭化了的稻米，经专家鉴定，这些稻米均为人工栽培的粳稻，可能是作为稻种而贮藏的。这些炭化稻米出土于四个文化层。上文化层和下文化层的稻米，其粒长、粒宽都有显著的变化，下层的小而杂碎，上层的大而齐整。专家分析，下层的水稻可能处于人工种植的初级阶段，上层的水稻则有了较高的栽培水平。稻粒形态的明显变化，说明稻种已经有了人工选育，并在稻种培育上有了质的改善和提高。龙虬庄遗址的炭化稻粒，是我国第一次发现的人工优化水稻品种的实物资料，将我国水稻栽培史上人工有意识地选育优化品种，提前到了距今 5500 年前。

除炭化稻米外，龙虬庄遗址还有众多的陶器、石器、玉器和骨角器的发现，表明龙虬庄人已经初步掌握了原始的生活用品和生产工具的制造技术。其中，引人注目的是为数众多的陶器。

陶器与石器、玉器、骨角器不一样。石器、玉器、骨角器都是自然界已有的物质，经过人为的加工，使之成为可用的器具。而陶器则是把黏土这种自然生成的物质，经过加热烧制，改变其化学成分和分子结构，制造出自然界没有的物质——陶，并使之成为一种器具。陶器的发明，是人类第一次通过自己的劳动改变了自然，生成了新的物质形态，因此，科技史界一直把陶器的发明看作是人类发明史上具有划时代意义的一项技术成就。当时的龙虬庄先民无疑是熟练地掌握了这项技术，单从出土陶器的种类来看，就可以证明这一点。龙虬庄出土的陶器各式各样，有陶壶、陶罐、陶釜、陶豆、陶鼎等。有的陶器还具有高邮水网地区的地方特色，这就是各种有“流”的水器。出土的陶器中有一件无口的三流壶，虽然无口，却在壶的肩部捏制了三个管状的冲天流。这件陶器的造型奇特自不必说，把陶土捏制成这样的造型，难度很大，干燥后烧结成器的难度更大，即使今人捏制，也殊为不易。由此可以看出龙虬庄人的制陶技术相当高超，可以被誉为是新石器时期中国东部地区相当优秀的一支部族。

龙虬庄遗址是1993年全国十大考古新发现之一。遗址中还有其它方面的文化发现，如原始刻画符号、干阑式建筑以及前面提到的石器、玉器、骨角器等，这些都与稻种、陶器一道，构成了后代科技的先声，是扬州科技史最初的乐章。

（二）扬州古代科技的形成阶段

我国早在新石器时代的中晚期就开始使用青铜器，商周时期青铜文化已经相当发达。大量的考古发现证明，这一时期中国的青铜器从采矿、冶炼到浇铸，已经有了较大规模的生产。当时扬州这块土地上有一个方国叫“干国”，这儿就有善铸剑的工匠，其中的佼佼者和带头人就是“干将”。近百年来，扬州有多处出土了东周至春秋时期的青铜器，其中发现兵器的就有三处，这就从实物的角度，证明了春秋时期的江淮先民已经掌握了青铜剑的制造技术。干国青铜剑的铸造，其意义不仅仅在于制作兵器，还在于它为后来铁器的开发、利用，为春秋战国时期古邗沟的开挖，为两汉时期广陵的钱币铸造等，做了冶铸技术的前期准备。

春秋时期的邗沟开挖，无疑是扬州科技史乃至中国科技史上的一件大事。春秋末年，吴国夫差在今扬州西北的蜀冈上修筑邗城，同时在城下开凿了最早的运河——邗沟。《左传》云：“鲁哀公九年秋，吴城邗，沟通江、淮。”

就记载了这一段史实。这条全长达150多公里的邗沟，使长江、淮河之间的几个湖泊相互通连，沟通了长江、淮河两大水系，形成人工水运通道。这在生产力尚不发达的2500年前，无论在中国还是在全世界，都是值得称颂的旷世壮举。

开凿运河，不是简单地把河道挖通就算成功。运河要通过不同的地理环境，工程十分复杂，而开导水源、保持水量则是工程成败的关键。《扬州水道记》云："运河高江、淮数丈。"今人的研究资料表明，运河的淮扬段有31米的落差。这么大的落差，运河里的水极易流失，只有设法使运河保持必要的水位，才能保证航道顺利通航。如何解决这一问题呢？人们想到了筑堤建坝。人们从船夫拉纤可以使舟船逆流而上，舟船能从低到高，也能从高到低的现象上得到启发，设法把拦水坝筑成两侧都是斜坡，在一侧的斜坡上用拉纤的方法把舟船拉上坝顶，再让舟船从另一侧的斜坡滑下去，这种翻坝而过的航道设施叫做"堰埭"。当人们把设想付诸实践时，便产生了邗沟与淮河交汇处的阻水过船坝——北神堰。堰埭经济实用，便于施工建造，一直是运河上蓄水通航的主要设施。这一技术至今仍在延用，现代河道上的阻水坝，实际上就是古代的平水埭。

邗沟的开凿促进了我国古代经济文化的进步与发展。古代的交通运输主要靠水运，而我国的水系主要是东西向的，缺少南北方向的运输通道。运河的开凿，化解了这一矛盾，促进了我国南北经济文化的交流，也为后世两千多年的扬州，打下了赖以生存、发展与繁荣的基础。

汉初的冶炼与制盐，也是一项先进的科学技术。刘濞是汉高祖刘邦的侄子，封为吴王后将都城设在广陵。封地内西有铜山，东有大海，他便充分利用资源，应用当时先进的科学技术，"即山铸钱，煮海为盐"。这一举措，在很短的时间里使吴国"国用饶足"。

"即山铸钱"，即是开采铜矿，铸造铜钱。史书上关于吴王刘濞铸钱的记载有多处，考古发现也有映证。1965年1月，南京博物院在六合县楠木塘发现一处西汉铸钱遗址，出土有未经修整的四铢"半两"钱、铜锭等物。

楠木塘铸钱遗址的发现,证实了史书上关于吴王刘濞铸钱的记述都是确实的。1964 年,六合的程桥中学基建工地上发掘出春秋末期的墓葬,约当公元前 500 年左右。此墓中出土铁丸一件和铁条一件,经北京钢铁学院金相鉴定,铁丸是白口铁铸成,铁条是用块炼铁锻成。这些铁丸和铁条是我国目前经过鉴定的最早的生铁和块炼铁,也是世界上最早的生铁实物。这不仅是我国冶金史上,同时也是世界冶金史上的一次重大发现。它说明,我国最早人工冶炼的铁器约出现于公元前 6 世纪,即春秋末期,比欧洲出现的最早生铁早一千九百多年。

"煮海为盐",从字面可知当时的海盐是直接煮海水成盐,在生产技术上虽说并不复杂,却是重要的财税来源,刘濞的"国用饶足",主要依赖于盐业。刘濞的盐业,后来成为延续了两千多年的江淮沿海地区的主要产业,明清时期扬州的繁盛和盐商的豪富,都与盐业有关。在某种意义上讲,正是刘濞开创的这一基业,使扬州人受惠了两千多年。如今,扬州有一座邗沟财神庙,在庙里,扬州人就供奉了刘濞。刘濞成为扬州人的财神,其因由也就缘起于此。

除了冶炼和制盐外,两汉的广陵拥有多项在当时称得上是先进的生产技术。如果以对周边地区以及对后世的影响而言,当以广陵的漆器制造为代表。20 世纪 60 年代以来,扬州发现的汉墓有几十处之多,出土的漆器都十分精美,数量达数百件。据此推测,当时扬州漆器的制作,很可能有官府的参与管理或者直接经营,是当时重要的地方经济产业。

两汉时期的广陵,在其他方面也拥有颇为领先的生产技术。据考古发现和相关资料可知,扬州汉墓里出土有四匹马驾辕的马车模型,出土了当时用新型材料"锻铁"制成的成套的木工工具,表明处于江、淮之间水陆枢纽的广陵,已经掌握了大型木制车辆的制造技术;广陵王刘胥"黄肠题凑"式的大型楠木墓椁,墓椁中复杂的榫卯结构,也表明广陵工匠已经具有大型木构工程的施工建造能力;刘胥汉墓用的长达二十几米的整段楠木,是挪用了"广陵船宫"造船用材,可知当时广陵的造船业也很发达;邗江甘泉 2 号汉墓的墓顶采用了砖筒拱顶的多券结构,拱顶结构的复杂与巧妙,在当时的砖构工程中无疑是领先的；另外，枚乘的汉赋名篇《七发》中提到的一份美食菜单，也可以把扬州美味佳肴的制作历史上推到西汉。

春秋至两汉，广陵地域上有多项先进的技术发明和应用，其范围几乎覆盖了当时应用技术的各个领域。这一时期是扬州历史上的第一个繁盛时期，同时也是扬州古代科技的形成时期，它为后来扬州古代科技的发展奠定了基础。

（三）扬州古代科技高度发展的阶段

隋唐及两宋约七百年的时间里，扬州处于相对和平的时期，除了唐末有过动乱、南宋有过抗金战争外，总体来说，扬州的社会大体是稳定的。稳定的社会带来经济的繁荣，与经济密切相关的科技也随之有了较大的进步。这一时期，古代若干重大工程和最新技术，都是在扬州这座最繁华的城市首先予以实施和应用的。

随着社会经济的发展，繁忙的运河上货物运输量越来越大，船只也越造越大。以往舟船过堰埭，要从堰顶翻过，对于小船来说，还算简单实用。但大船过堰就十分费力了，先要卸载，船只从堰上翻过后，再把卸下的货物装上，极为不便。拖船过堰，力量不足还不行，瓜洲堰就曾用二十二头牛来推绞关，拉动船只过堰。人畜劳苦且不算，船只也极易磨损扭坏，行程也受阻滞。能否建造一种方便舟船通航的航道设施呢？唐代中期，一种比堰埭方便多了的过船方式——斗门，终于在扬州人的手中变成了现实。

斗门虽说是一大进步，但在技术上还有许多不完善的地方。北宋初年，随着人们对运河水位控制和河上航运认识的加深，运河水工技术也有所发展，逐步具备了先进的船闸设计和建造能力，取得突破性进展的是在北宋雍熙年间。《宋史·乔维岳传》记载："维岳始命创二斗门于西河第三堰，二门相距逾五十步（一步相当于今之1.47米），覆以厦屋，设县（同"悬"）门积水，俟潮平乃泄之。建横桥岸上，筑土累石，以牢其址。自是弊尽革，而运舟往来无滞矣。"这段文字记录了"西河船闸"的平面布置、平水情况和过船效果，其工作原理和操作形式都与今天现代化的船闸基本相同。

扬州西河船闸的问世，在世界科技史上占有重要的位置。英国科技史专家李约瑟对此有极高的评价，他说："中国古代创建的二斗门，可称是世界上最早的船闸，它的出现不仅在中国内河航运史上有着划时代的意义，在世界科学技术史上也无不占有重要的位置。"在欧洲，单闸约在12世纪才首次出现于荷兰。到1373年，荷兰人才在梅尔韦德运河上的弗雷斯韦克建成了西方的第一座船闸，而意大利到1481年才开始建造船闸。直到20世纪，美国、苏联和西欧各国才开始广泛建造船闸。西河船闸的建成是古代扬州人民对世界科技的一大贡献。

隋代大运河的开通，使得扬州成为南北交通的枢纽，这也促使了扬州造船业的兴盛。到了唐代，中国沿海造船的主要地区，北方有登州、莱州，南方则以扬州、明州（今宁波）、福州、广州等地为著。尤其是"当时的扬州，不仅是中国一大港口，而且也是中国最大的漕船设计和制造中心"（辛元欧《上海沙船》）。

早在汉代，扬州就设有"广陵船宫"，专门负责舟船制造。隋代，隋炀帝在扬州有两次大造龙舟的"壮举"。《扬州图经》转引《炀帝纪》云：所造"龙舟四重，高四十五尺，长二百尺。上重有正殿、内殿、东西朝堂，中二重有百二十房，皆饰以金玉，下重内侍处之。皇后乘翔螭舟，制度差小，而装饰无异。别有浮景九艘，三重，皆水殿也"。除龙舟和翔螭舟外，其他的奇船异舶也多达5191艘。规模之大，数量之巨，装饰之美，在中国及世界的造船史和航运史上都是十分罕见的。

唐代扬州既是"漕粮"的中转大港，又是"漕盐"的运销中心。同时，唐代扬州还是中外交往的通商大港，当时来扬州贸易的"胡商"就达数千人。唐代朝廷十分重视扬州的交通运输枢纽作用，派遣曾为户部侍郎、吏部尚书的刘晏来扬州任转运使。《资治通鉴》卷二二六记载："建中元年（780）……（刘）晏于扬子置十场造船，每艘给钱千缗。"扬子，即今扬州城南的瓜洲、仪征一带，唐代曾设扬子县。刘晏在这一带设立了十个造船场，可见规模之大。

扬子十场造的船都是平底船，这种船又俗称"沙船"，具有良好的行沙涉浅的性能，在江中或浅海中遭遇流沙，可借助其宽阔的平底坐落在浅沙滩上，不致搁浅倾覆。沙船能行江中，也能入运河。运河不是天然河流，通常都比较浅，为了阻水、蓄水，建起了多道堰埭。特殊的航道对沙船的船型设计提出了特殊的要求，要求沙船吃水浅，载重量大，适航性好，能够过闸，也能够过堰，且顺风、逆风都能航行。按照这些要求，沙船的船体便设计成又长又宽又扁，底部平，头部方，尾部也方，尾部通常出方艄。由于沙船有诸多优点，不仅为官方的漕运所用，民间运输也广为采用，逐渐成为我国古代沿江近海的四大基本船型之一，这四大基本船型为沙船、福船、广船和乌船。

1961 年扬州施桥出土了唐代的一艘木船和一艘独木舟，据专家分析，这条木船即是沙船。1973 年 6 月，在今扬州以东的如皋蒲西公社一条叫马港的河旁，也出土了一条沙船型的木船。值得一提的是，两条船都采用了设水密舱的造船技术，施桥木船有五舱，如皋木船为九舱。“这种分成多舱的船型有两大优点：一者若因触礁或碰撞，即使某舱有破洞而淹水，也将不致波及到邻舱，从而可保全船的安全；二者由众多舱壁支撑的船底、船舷和甲板，使全船具有整体刚性，当可增加船舶的总体强度和局部强度。船舶的水密舱壁是中国的一项创造……如皋唐代木船所见的舱壁，则是迄今所能见到的最早的实物证据。提到‘用横向舱壁来分割货舱’，李约瑟（英国人，科技史专家）写道：‘我们知道，在 19 世纪早期，欧洲造船业采用这种水密舱壁是充分意识到中国这种先行的实践的。’”（《中国科技史·交通卷》）由此可见沙船设计与制造的先进性。

交通枢纽的地位，不仅带来舟船制造业的兴旺，同时也促进了其他方面的技术进步，其中最突出的是铜镜制造业。

扬州早就生产铜镜，扬州出土的汉代文物中就有大量的铜镜。1975 年至 1978 年，在扬州西门外的扬州师范学院和江苏农学院的基建工地上，发现了大规模的唐代手工作坊，并发现了五只熔铜用的坩埚和两个加热坩埚用的炉子。坩埚和炉子是熔铜铸镜的重要生产设备，证明了唐代扬州熔铜铸镜达到了一定的规模。周欣、周长源撰有《扬州出土的唐代铜镜》一文，文中说：“到目前为止，扬州博物馆藏有唐代铜镜近百面……根据扬州曙光仪器厂检验组化学分析唐四神镜和双鸾镜，其合金成份分别是铜占 68.60%、锡占 23.60%、铅占 6.04%和铜占 69.3%、锡占 21.6%、铅占 5.45%，并有微量的铁、锌等金属杂质成份。”（1979 年《文物》第 7 期）从这篇化学分析的报告看，这两面铜镜的铜、锡、铅三种金属元素的配比和含量都比较接近，杂质仅是“微量”，应该说，在没有现代化学分析手段的古代，达到这种高纯度的技术要求是很不容易的。当时，扬州铜镜被列为朝廷的专项贡品，古代诗文中多有赞誉。

农业一直是扬州的主导产业。中国农业生产最初是以黄河流域为最，但在六朝以后，长江流域开始崛起，呈现出赶超黄河流域的态势。长江下游地区的农业生产以水稻为主，以蚕桑为辅。反映这一时期南方一带农业生产技术状况的，就是在扬州仪征“刻而传之”的《陈旉农书》。

《陈旉农书》是当时扬州及周边地区农业生产技术的总结，是我国现存最早的记载江南一带农耕栽培技术的一部农书。作者提出了“地力常新壮论”、“粪药说”等一系列农业经营管理理论，并把这些理论与长江下游地区的农耕生产结合起来，解决当时农业生产中的实际问题，极大地丰富了我国古代的农学理论。

《陈旉农书》除了在上述两种理论上有所创新外，在其他方面也有若干独到的见解。如书中第一次专门论述了土地利用的问题，提出了高山、下地、坡地、葑田、湖田五种土地的利用规划。还讲述了牛畜等传染病的防治方法，指出了传染病是“气相染”所致，采取“隔离”措施，即可有效地防止传染，这在动物医学和人类医学上都是了不起的进步。另外，书中还提到桑间种植和桑下养殖，使种植和养殖相结合，形成立体的农业结构；指出多熟种植，使地力和阳光得到充分利用，可以提高单位面积的产量；介绍了水旱轮作的具体办法等等。这些都是作者对农业生产技术仔细观察、认真总结的结果，也是当时扬州及江南地区农耕生产技术先进性的直接反映。

中国是历史悠久的丝绸之国，是蚕桑生产的起源地之一，从商周起，蚕桑业就已相当发达。但在唐宋以前，有关蚕桑生产技术的文献却不多，中国现存最早的蚕桑专著，是高邮人秦观所著的《蚕书》，这也是目前世界上存世最早的关于养蚕和缫丝的科技专著。

《蚕书》的文字不多，但从浴蚕种到缫蚕丝的每一个操作阶段，作者都做了简明切实的讲述。书中提到的“沃以牛溲，浴于川”，实际上是一种“浴种”技术，但“浴种”为什么要在“腊之日”进行呢？用今天的生物技术来解释，就是利用冬天的低温来选择优良蚕卵，淘汰劣种。由此可见，宋元时期扬州的养蚕业已经从“浴种”增健，发展到生理上的择优汰劣，这是我国养蚕技术的一大进步，秦观的《蚕书》则是这一技术进步的最早记载。另外，书中还讲述了缫车的结构和用法，对缫车上的几个关键部件，做了特别细致的说明，这也是我国有关缫车机械的最早记载。

隋唐至北宋，扬州一直是中国东南的大都会，许多新技术的推广运用都集中到了这座城市。如扬州的纺织业，在唐代可以称得上是全国最先进的，杜佑的《通典》中所列江淮各地的贡物，广陵有 17 种之多，仅丝织品就有锦袍、锦被、半臂锦、独窠细绫等 6 种。王播任淮南节度使时，用扬州产的丝绢作为贡品，一次进贡就达 100 万匹，随后又每日进贡 2 万匹，五十日方止，前后共计进贡 200 万匹。扬州的丝织品不仅产量高，质量也是上乘，新罗人崔致远在《桂苑笔耕集》中有《进御衣段状》和《进绫绢锦绮等状》，其中说到所进贡的丝织品是“薄惭蝉翼，轻愧鸿毛，然而舒张则冻雪交光，叠积则余霞斗彩”。又如制糖技术，史料上记载贞观二十一年（647）唐太宗派遣使臣去印度学习用甘蔗汁熬糖，使中国的制糖技术前进了一步。使臣从印度学成回国，奉命在扬州制造出了中国最早的蔗糖，然后再向全国推广。再如唐代扬州的寺庙建筑，不仅规模宏大，结构也十分科学，日本奈良的唐招提寺至今保存完好，就是鉴真大师及其弟子东渡后依据扬州寺院样式建造的，扬州的土木建筑技术也因此传播到海外。

（四）扬州古代科技的持续发展阶段

明清时期扬州的商业经济有了长足的发展，尤其是盐业，明万历四十五年（1617）实行纲盐法，使得扬州产生了许多垄断性的盐商——纲商。这些盐商得到了政府特许的盐业运销专卖权，获利巨大，成为资财雄厚的盐商群体，扬州从此形成了以盐业为主导的商业经济。盐商的巨额财富大多数用在奢侈性的生活消费上，与生活服务有关的各类技艺便有了“用武之地”，诸如园林建筑、民间工艺及扬州三把刀等。扬州本地原来就有技艺高超的工匠，此时外地有一技之长的工匠也汇聚扬州，孔尚任云：“广陵为天下人士之大逆旅，凡怀才抱艺者，莫不寓居广陵，盖如百工之居肆焉。”

康熙、乾隆多次南巡，每次都驻跸扬州，为了接驾，扬州的园林修造蔚然成风，形成了从帝王离船上岸的高桥到蜀冈之上的平山堂，一路上楼台亭阁绵延十几里，“两堤花柳全依水，一路楼台直到山”的盛况。直至今日，那一时期扬州园林的修造，无论是规模之大或是构造之精，都是值得称颂的。

园林是技术和艺术的结合体，土木构造是手段，匠心独具是魅力，二者如同人的灵与肉，互为表里，相辅相成。扬州有广造园林的风气传统，又有技术与艺术的经验积累，叠石、理水、植木，砖雕、木雕、石刻等诸多造园技艺，到了明代已经相当丰富，相当成熟了。这时，一位总结造园技艺的大师便应运而生，他就是被誉为“造园宗师”的计成。

计成设计建造的园林，有著录可考者有三：一座在常州，是吴又予的东第园。另外两座便在扬州，其一是仪征汪士衡的寤园，其二是扬州郑元勋的影园。计成为汪士衡设计建筑了寤园后，又在寤园里居住了一段时日。在寤园的扈冶堂里，计成写成了我国第一部关于园林设计建造的专著，也是世界上第一部造园技艺的名著——《园冶》。完成《园冶》一书后，应主人之邀，计成来到扬州设计建造影园。计成将《园冶》总结的造园技艺，在影园中予以具体的运用，用可见的实物诠释了他在《园冶》中所说的“虽由人作，宛自天开”的造园理念。

明代，特别是计成的造园理论与造园实践，对后世影响很大。入清后，尽管有“屠城十日”，扬州城尽毁战火之中，但史可法殉难后仅十余年，即康熙初年，扬州北郊已是风景如画，游人如织。清代中叶，扬州园林建造达到了鼎盛，有大小园林六十余座，郊外已有了二十四景。清人笔下对康乾年间扬州园林的评介很多，其中，又以当时著名的文人、浙江嘉善人金安清的赞颂最为激赏，他在所著的《水窗春呓》中用了这样一语表述他独到的见解："扬州园林之胜，甲于天下。"

伴随着大规模的宅园修建，作为厅堂家具和室内陈设的重要器物——扬州漆器，在明代也进入了一个辉煌发展的时期。以周柱等著名艺人为代表的扬州工匠，制作了许多在中国漆器史上占有重要一席的漆器精品，形成了扬州漆器工艺的地方特色。

中国漆器史上有"周制"一词，就是指漆器匠师周柱创造的"百宝镶嵌"工艺。周柱原籍在苏州一带，长期寓居扬州从事漆器制作。这种工艺是选用多种经过加工的珍贵材料，镶嵌在漆器或硬木器具上。具体技法有两种：一种是镶嵌材料从胎地上隐然凸起，犹如浮雕；一种是镶嵌材料隐入胎地，摸之齐平，看去却有立体感。由于镶嵌材料是珊瑚、玛瑙、象牙、玳瑁、宝石等珍贵材料，故称为"百宝"。此种工艺用料讲究，做工精巧，融多种技艺于一体，工艺性强，故而所成的器具，价格也不菲，均为皇家贵族和商贾阶层所有。北京故宫就藏有"周制"的方形笔筒一件，笔筒四面用螺钿、寿山石、碧玉、绿松石、象牙等镶嵌成折枝花卉，有梅花、海棠等，所嵌纹饰隐起于漆地表面，工艺十分精湛，是"周制"的代表作。

明清时期扬州的漆器作坊众多，至今还有螺甸巷、漆货巷、大描金巷、小描金巷等街巷名。这些街巷作坊集中，业务量大，尤其是高手汇聚，利于技艺的交流和提高，这样的环境不仅成就了周柱一人，明末至清末民初，扬州催育了一大批著名的漆器大师，如江秋水、卢映之、卢葵生、夏漆工、王国琛、梁友善、梁体才等，这些大师的姓名与成就是和中国漆器史联系在一起的。

扬州玉器在中国玉器史上也占有一席之地。20 世纪 50 年代以来，扬州汉代墓葬中出土了数百件玉器，仅文物出版社出版的《汉广陵国玉器》一书，就用精美的照片展示了汉代广陵玉器的精品一百三十余件，品种之多，工艺之精，实为罕见。并且汉代的主要玉器种类都有发现，每一件都可以称为汉代玉器的精品。宋代扬州工匠不仅掌握了镂空雕的技术，还摸索出了高难度的"琏环"制作技术，"琏环"制作技术传承至今，依然是扬州玉器工匠的绝技。元代，扬州工匠又摸索出了山子雕的制作工艺。山子雕是利用自然形态的鹅卵石状的子玉（又叫籽玉）雕琢玉器作品，雕琢时要尽量保留玉石的天然外观，充分利用原有的色泽和纹理，重在追求材料、题材和工巧的完美统一。工匠既要掌握立雕、浮雕和镂空雕等多种技法，又要构思奇巧、随形施技、匠心独到。明清时期的扬州不仅作坊林立，匠师辈出，更重要的是形成了名闻遐迩的精、细、巧的地方风格，成为与北京、南京、苏州、杭州并列的中国五大琢玉中心之一。尤其是大型玉器的制作，堪称全国之首。北京故宫里，大型的扬州玉雕作品就有五件：《关山行旅图》、《云龙玉瓮图》、《丹台春晓图》、《会昌九老图》和《海马玉山》。

明清时期，扬州出现了被后人称之为“扬州八刻”的民间工艺。漆器、玉器位列其首，另外还有竹刻、牙刻、瓷刻、木刻、砖刻、剪刻纸等。“八刻”是个概数，表示为数众多，如同“扬州八怪”中的“八”，因此，可以忝列其中的还有核刻、贝雕、石雕等。“扬州八刻”的作品，砖刻、石刻、木刻多为建筑装饰件，竹刻、牙刻、瓷刻、核刻、贝雕多为陈设件和把玩件，剪纸初为刺绣的“花样”，后逐渐演变为艺术欣赏品。竹刻、牙刻、瓷刻和剪刻纸以平面刻绘为主，木刻和砖刻则以浮雕为主，都是以制作精巧、做工细腻、构思奇妙为技艺特色。

印刷术是中国古代四大发明之一，起始时间大约在唐代贞观年间（627—649），扬州是最早推广使用这项新技术的城市之一。史料记载，唐代中期扬州一带刊刻历书、图籍就已盛行，当时，著名诗人元稹为白居易的《长庆集》作序，序中说：“至于缮写，模勒炫卖于市井，或持之以交酒茗者，处处皆是。”并自注说：“扬、越间多作书，模勒乐天及予杂诗，卖于市肆之中也。”文中所说的“模勒”就是雕版印刷。当时元稹和白居易的诗深受民众喜爱，有人就雕版印刷出来，到处叫卖，甚至把白居易的诗集印本用来换酒换茶，而且“比比皆是”，可见当时扬州一带民间私刻书籍的风气很盛。

唐宋时的印刷术处于起始阶段，扬州雕版印刷真正成为一个拥有特殊技艺的行业，是在明清时期。清代，是扬州刻书业空前发展的年代，仅官办刻书机构先后就有扬州诗局、扬州书局和淮南书局。当时扬州的刻书业中，官刻、家刻、坊刻和寺院刻经，四业皆盛。不仅数量众多，品质也属上乘，成为与苏州、南京并列的江南三大刻书中心之一。

如今，“扬州三把刀”声名鹊起。三把刀不是指工具，而是指三种行业：烹饪业、修脚业和理发业。就其技艺的高超和服务的特色而言，“扬州三把刀”堪称是中国人传统生活方式的一种极致。

“三把刀”中的厨刀，是指扬州菜系。扬州菜系，又称为淮扬菜系、维扬菜系。烹调界把中国各地的菜肴分为四大菜系，其中之一就是淮扬菜系（另外三大菜系为：粤菜、川菜、京菜〔鲁菜〕）。扬州厨师的烹调技术是令人称绝的，可以总结出许多特点，诸如选料严格、刀工精细、注重火工、擅长炖焖等，具体的烹调方法也可以列数出烧、炒、熘、炸、蒸等数十种。扬州菜之所以成为中国的四大菜系之一，其中的一个重要原因，就是扬州拥有了一大批“独擅其长”的厨师。

“三把刀”中的理发刀是指理发技艺。旧时扬州有一种特殊的职业——“梳头妈妈”。“梳头妈妈”夹着布包，布包里有各种梳理用具，走街串巷，上门服务，专为爱打扮的女子梳理各种各样奇异的发式。这些“梳头妈妈”用现代语言来称谓，就是理发师。“梳头妈妈”的理发技艺就是后来发展成为“三把刀”之一的理发刀技艺。当然，有专为女子服务的“梳头妈妈”，也有为男子理发的理发师，正是他们的高超技艺，使得扬州理发成为“虽是毫末技艺，却是顶上功夫”。

“三把刀”中的修脚刀技艺是伴随着扬州休闲业的发展而兴盛的，并在清代末年逐渐独立成为一门别具一格的生活服务技艺。早先扬州的修脚师是在茶馆里为客修脚，用泡过茶的茶叶敷在客人脚上，使脚趾回软，就可修脚。后来沐浴业兴起，修脚师走进了浴室，修甲、捏脚、刮脚、治病，成为扬州沐浴的一部分。修脚师们发明出各种各样的工具，创造出多种技法，将修脚发展为融医疗、保健、休闲为一体的特种技艺。扬州人有“早上皮包水，下午水包皮”的习惯，“早上皮包水”是指上午进茶馆，“下午水包皮”是指午后到浴室，这其中都离不开修脚师的辛劳。

明清时期扬州的生活服务技术，是令人称道的。但是我们也应该看到，在生活服务技术带来休闲享乐的背后，扬州运河上实施的一系列事关国计民生的水利交通工程，相继解决了困扰人们千百年的诸多难题。从某种意义上说，正是这些难题的解决，保证了扬州的盐运和漕运，从而支撑了扬州的繁荣，支撑了这些生活服务行业。我们在谈论扬州人休闲享乐的同时，不应该忘记扬州人与大自然进行抗争的困苦和艰辛。

在一系列的抗争中，有三项工程最为重要，这就是河湖分离工程、阻水工程和排涝分流工程。其中，最富有智慧的是运河上的排涝与分流工程。

黄河夺淮以前，运河需要节水、补水。黄河夺淮入海后，淮水由入海转为归江，运河的水情发生了根本变化。明中叶后，淮河水受黄河水的顶托，一直渲泄不畅，洪泽湖、高邮湖、宝应湖等几个大湖的水位迅速上升，既威胁运河航运，又经常泛滥里下河地区。明清时期，扬州人在运河上先后建起了"归海五坝"和"归江十坝"这两项大型治水工程，显示了扬州人的聪明才智和创造精神。

清康熙十八年(1679)，靳辅出任河道总督。靳辅在继承宋明以来"导淮入海"治水思路的基础上，充分利用高邮城南的几条大河作为泄水通道，提出了在高邮城南的里运河东堤上修建五座减水坝的工程方案，引导淮水东流入海。这就是后世所称的"归海五坝"。"归海五坝"从高邮城向南依次为南关坝、新坝、中坝、车逻坝和昭关坝。"归海五坝"建成后，为保障运河大堤的安全和漕运的畅通发挥了重要作用，尤其是当水位高涨，运河大堤危在旦夕的时刻，开坝泄水，将肆虐的洪水导入里下河地区，使之东流入海。这种开坝泄洪的办法，能够达到保全局、护整体的目的。因此，历史上"归海五坝"的开启十分频繁，一遇洪涝，便开坝放水。当然，开坝放水也是有代价的，里下河地区是低洼地，每一次开坝放水，都使里下河地区成为一片泽国。里下河民众的损失，极为惨痛。

早在明代，人们便在"导淮入海"之外，寻找新的分黄导淮的工程方案。

明万历二十三年(1595),河臣杨一魁将"导淮入江"的思路付诸实施,他开高邮西南的茆塘港通邵伯湖,接着又向南开扬州东郊的芒稻河,从而构成了淮水向南到达长江的新通道,这是历史上正式导淮入江之始。此举在淮水暴涨时能泄水入江,减轻了"归海五坝"的压力,也减少了里下河地区的灾情,收到了一定的成效。到了明代末年,淮河入海通道因黄河的抢占,其泥沙淤塞更为恶化,向北流出清口者日趋减少,多为南下,侵入运河,故从清康熙元年(1662)起,人们便开始有计划地实施分淮入江的系列工程。这项系列工程历时一百多年,直至清道光年间才基本完成,这就是著名的"归江十坝"。

明清时期的这一河工工程,甚为科学先进。直至今日,上述入江水道大多数仍在使用,我们今天依然在享用古代扬州人的这一科技成果。当然,早先的"归江十坝"均为土坝,每一次的启闭,耗费甚巨。20世纪五六十年代,开始废坝造闸,先后建成了万福闸、太平闸、金湾闸、运盐闸、芒稻闸以及江都水利枢纽工程,千百年来"挹江控淮"的愿望,在今天的扬州人手中终于变成现实。

三

古代扬州的科技成果十分丰富,以上四个分期,仅是简述了扬州古代科技中实用技术方面的主要成就。扬州古代科技史上属于科学研究类的,如数学、地学、医学和科技史等,也都有令人瞩目的成就;近现代,扬州科技进入高速发展时期,尤其是改革开放后,科学技术日新月异,在各个分支领域都有不凡的成就,限于篇幅,以上两个方面兹不赘述。

从广义的哲学的角度来看,技术是人们改造自然、改造社会和改造人自身的全部活动中所应用的一切手段、方法、知识的总和。从狭义的器物生产的角度来说,技术是器物制造与知识运用的综合体,是物化了的文化。因此,无论从广义还是从狭义来理解,技术都属于文化的范围。但是,在地域文化的研究中,常常忽视技术文化的研究,之所以产生这种状况,除了未能认识到技术在文化构成中的重要性外,还有一个重要的原因,就是古代科技的研究有较大的难度。漫长的封建社会里，历代统治者都采取了重农抑商的政策，对工商业长期压制。尽管手工业者生产制造的各类产品，或成为民众生活的必需品，或成为皇家富室的奢侈品，但手工业者掌握的技术一直被看作是“奇技淫巧”、“雕虫小技”，遭到鄙视。其次，历代的士大夫和文化人受统治者的影响，视科学技术为末流，极少研究，他们专注于经史和伦理，著述多与历史、诗文等人文学科有关，科技方面的内容极少。如此种种，造成研究资料严重缺乏，科技史研究难度极大。我们的探寻和研究，常常是在片纸只字中寻找蛛丝马迹，在茫茫大海中拣拾珍珠宝贝。

扬州古代科技的发展是不平衡的，如同一段有起有伏的曲线，萌芽期十分久远，形成期起点较高，发展期达到相当的高度，持续期则发展平缓。这段曲线的波形，与中国科技发展史大体对应，但在某些阶段却有很大反差。例如，在中国科技史上，宋辽金元时期有一个科学技术的高度发展阶段，指南针、火药、瓷器等都产生于这一时期。而此时的扬州，处于南北交战的区域，社会经济遭受巨大创伤，科技发展也相应停滞。明清时期，尤其是明末清初，西方科学技术传入我国，沿海各地都受其影响，而扬州似乎影响不大。在盐业资本获得巨大利润的推动下，扬州的生活服务技术却有了异乎寻常的发展。这些不对应处，与扬州社会经济及文化环境的综合状况是吻合的。这说明了科学技术并不是纯物质性的，也不是纯技能性的，它是社会文化的一部分，是受经济状况与文化环境制约的。

但是我们也注意到，在大的社会背景下，扬州这座古代著名的商业城市，由于城市的特性，也产生了许多科技创新方面的特例。例如，明末至清代中期，扬州的“历算之学，吾乡可谓盛矣”，这在其他地域是很少见的。寻其根由，主要的还是因为当时的扬州经济繁荣，商业实用运算、园林土木建筑、运河修治工程等对自然科学特别是数学的实际运用产生了迫切的需要；加之扬州经济社会的主流群体是商家与儒士的结合体，有一种亦儒亦商、商儒互换的人文环境，也有一种尊重人才、尊重科技的文化氛围，这种社会环境的特殊性，是其他地域很难具备的；尽管封建社会里视科学技术为“奇技淫巧”，但扬州有阮元、焦循、凌廷堪等扬州学派中坚人物的示范倡导，使得扬州的有识之士普遍地对天文、历法、数学产生了浓厚的兴趣。三方面因素的综合作用，使得当时的扬州成为全国传统数学研究的重镇，促使了我国传统数学复兴时代的到来。

又例如，清代机械、光学发明家黄履庄的创造发明，也得力于扬州的人文环境。当时的扬州是一个商业、手工业十分发达的城市，经过清初的战争，城市的人口结构发生了很大的变化，外来人口很多，成为一个新兴的移民社会，在这样的环境里，人们提倡兼容并蓄，鼓励标新立异。李斗在《扬州画舫录》就多处记载了各种“奇异”，如卷一中讲述有人制作“子午鹤”；卷十二中记录了有人制作“自鸣钟”；《卷十四》又有“人工喷泉”的记载，等等，正是这种鼓励创造发明的社会氛围，催生了黄履庄这位科技发明家。另外一层因素也不可忽略。明代末年，出现了两部专述机械知识的书《诸器图说》和《远西奇器图说》，其作者是王徵和邓玉函。天启七年（1627）正月，他们合作完成了《远西奇器图说》。天启七年五月，王徵到扬州任推官。利用扬州雕版印刷兴盛的优势，当年七月就将《诸器图说》和《远西奇器图说》二书合刻于扬州。崇祯十三年（1640）冬，王徵又撰写了《额辣济亚牖造诸器图说》。以上这些书籍都是用图文参合的形式，把西方的机械技术和数学、力学等介绍到中国。黄履庄出生于1656年，十多岁时便来到扬州，此时，正是这些介绍西方科技知识的书籍在扬州刊刻不久之际，黄履庄一定会从中受益。由此可见，正是扬州这座经济振兴、文化繁荣的城市，在那样一个时代里，孕育了一位在中国科技史上颇享盛名的发明家。

另外，探寻扬州早期的铜铁冶铸与“即山铸钱”，还使我们多出另一层思考。早先有一理论认为黄河流域的中原地区为华夏文明的摇篮，许多重要的文化事项都起始于中原地区，然后再向周边地区扩散传播。但是，笔者认为古代的铜铁冶铸，尤其是冶山铁矿和六合程桥的铁丸、铁条的起源，都不是这一理论能够圆满解释的。近来有学者提出新的观点，认为华夏文明的起始是多源和多元的，中原文化在华夏文明的形成过程中起主导作用，其他各个地区、各种文化不断地相互交流，相互融合，最终形成了多元、多彩的中华文明。应该说，这种观点有一定的道理，这对我们研究扬州地域文化的发生、发展，无疑是一种很有益的启示。

在一盏灯、一把尺的指引下，我们发掘了一个极为宝贵的矿藏，看到了一个生机勃勃的百花园。尽管我们对扬州古代科技的研究是初步的，但掌握的资料已经为我们勾勒出了扬州古代科技的大致轮廓，使我们清晰地看到，扬州作为中国古代的重要都市和中心城市，科技方面的成就如同一棵棵参天的大树，累累硕果既造福于当时，为当时的社会创造了物质文化，其中的许多成就又恩泽于后人，甚至延绵至今日，使我们今人也受享到大树的庇荫。

科技成果是物质的，更是精神的；是物化的，更是人文的；是过去的，更是今人的。它与其他类型的地方文化事象一起，共同塑造了扬州这座历史文化名城的辉煌形象。

第一章　农学与生物学

扬州地处长江淮河之间，四季分明，气候温润。得天独厚的地理位置和气候条件，使得扬州地区从古至今一直是我国种植业和畜牧业的主产区。由此而产生的农学乃至生物学研究，不仅仅是农业生产经验的总结，更是代表了农学和生物学发展的一个时代。特别是新石器时期龙虬庄先民的稻种选育、世界上存世最早的养蚕缫丝专著《蚕书》、我国古代四大农书之一的《陈旉农书》以及当代的小麦育种等，这些都是中国东部地区农业生产科技成就卓然超群的象征和标杆。

新石器时期高邮龙虬庄的水稻栽培

史前时期，原始先民发展种植业，遇到的第一个难题就是野生植物的驯化。人们要从自然界千万种野生植物中发现可以人工栽培的植物，这些野生植物要能够驯化，要能够从中选育出适合人类需要的栽培植物。我国有一位神农氏，相传是他开创了古代的原始种植业，他教会先民制作出原始的农具耒和耜，并且翻山越岭，尝遍百草，从中发现可以食用的粮食以及可以治病的药草。扬州这块土地上也有一群"神农氏"式的先民，他们早在新石器时期就掌握了水稻的栽培和选种技术。

扬州的神农氏，是高邮龙虬庄人。

1993 年，高邮的龙虬庄发现了一处距今 7000~5500 年之间的新石器时期的人类活动遗址，遗址长 230 米，南北宽 205 米，总面积达 4 万多平方米，是目前江淮东部地区发现的最大的一处新石器时期遗址。当年，这处遗址被评为"中国十大考古新发现"之一。

龙虬庄遗址

遗址中出土的文物十分丰富，特别是遗址中出土了五千多粒炭化了的稻米，经专家鉴定，所有炭化稻米均为人工栽培的粳稻。南京博物院考古研究所和江苏农业科学院的有关专家对这一发现做了如下评价："龙虬庄遗址第 8 至第 4 层炭化稻发展演化的过程，不仅揭示了江淮东部地区漫长的人工驯化改良水稻种质的过程，而且反映了至少距今 5500 年之前人工选择优化稻种已取得了显著的效应。这是我国第一次发现于同一遗址同一探方中不同时期的完整的稻作农业的序列，反映了江淮东部地区延续了 1500 年之久的水稻栽培史，并将我国水稻栽培史上人工有意识地选育良种并产生效应的年代提早到距今 5500 年之前。"（张敏、汤陵华《江淮东部原始稻作农业相关问题的讨论》，《农业考古》1996 年第 3 期）龙虬庄炭化稻的发现不仅为我国人工优化水稻品种提供了第一例珍贵的实物资料，同时，它又是我国东南地区距今 7000 年前后纬度最高的一处稻作农业遗址，将我国东南沿海一带距今 7000 年的水稻栽培区向北推进，从长江以南划到了淮河以南。

炭化稻米

与其他地域的史前文化一样，龙虬庄先民也经历了一个从采猎经济过渡到农耕经济的漫长过程。7000 年前，龙虬庄先民以采集渔猎为生，他们采集周边湖荡滩涂里的菱藕、芡实等可食植物，猎获鹿类、鱼类、爬行类、软体类等可捕动物，作为生活必需的食物，龙虬庄出土了数以百件的叉、镞、镖、矛等渔猎工具，说明当时的采集渔猎是先民生活的重要组成部分，采猎经济相当发达。然而，采集渔猎毕竟是随机的，来源很不稳定，植物生长的季节性、动物的生殖和迁移等，都使得食物时有时无。稳定食物来源，尝试着栽培一些可食的植物，就成为先民们的必然选择。

人类经过了几百万年的采猎时代，才逐渐了解到植物有落种、发芽、生长、成熟的规律。根据这一规律，从可食的植物中选取可以作为粮食的植物，进行有规模的种植，其间又经历了一个漫长的过程。当这一过程完成时，原始先民清楚地掌握了粮食的种植知识，并年复一年地予以运用，人类社会便从采猎时代过渡到了农耕时代。这一历程在今人来看，显得十分简单，但却是人类发展史上一次巨大的质的飞跃，人类由此进入到掌握知识、运用规律、发展生产的历史阶段。

龙虬庄先民早在新石器时期就跨入了原始农业的生产阶段，是因为具备了下列几项基础性的条件：一是这儿有原始的野生稻谷；二是这儿有适合栽培稻生长的气候、土壤等自然环境；三是要发明创造出可供农耕生产的劳动工具。特别是劳动工具，只有具备了一定数量的科学而又实用的劳动工具，规模化的稻谷种植才成为可能。上述三项条件中，前两项属于客观因素，后一项则是先民们为了适应环境，为了自身的发展而做出的发明和创造，这些发明创造是古代科技的萌芽。

古人类的栖居地通常都是依山傍水，要求地势较为平坦且相对干燥，最好有高地或低丘，高地低丘中的禽鸟和四蹄动物是他们丰富的食物来源，同时又最好有河流或湖泊，方便生活取水、渔猎水产。龙虬庄遗址位于高邮市区东北约9里处，高2.4米。先民们独具慧眼，选择了这一不可多得的宝地，这儿恰好是在西部隆起的山丘与东部坳陷的湖泊之间，处于过渡的地带，于此便获得了自然环境带来的种种便利和机缘。

打开地图，可以看到遗址位于长江与淮河之间的江淮平原上。江淮平原是燕山运动以来长期和缓沉降的苏北坳陷带的一个组成部分。地质第四纪的最后一次海侵，坳陷带受到海水的浸淹，成为浅水海湾。长江、黄河、淮河带来的泥沙淤积，使之逐渐露出海面，形成陆地，一些洼地便积水成湖，这就是史书上所称的“古射阳湖”。如今的白马湖、宝应湖、氾光湖、高邮湖、邵伯湖等，以及高邮、宝应、兴化一带众多的湖泊水荡，都是由范围巨大的“古射阳湖”淤塞、分隔而成的。在此后的地貌演变中，大大小小的湖泊水荡，上接淮河之水，下入流向大海的通道，这些排水的通道后来便发育成为纵横如网的河流，这就是我们现今看到的港汊密布的里下河平原。

龙虬庄属北亚热带温湿气候区，阳光充足，雨量丰沛，四季分明，寒暑明显。新石器时期这儿的年平均气温比今天可能还要高些，大约高1~2度，降雨量也比今天充沛，相比之下更适宜亚热带植物的生长。这一带的泥土都是黑色或是灰褐色的湖沼沉积土，富含腐殖质，十分肥沃。在这样的气候、土壤条件下，当时的龙虬庄及其附近地区是一种集低丘、平原、河谷、湖沼、湿地为一体的景观，低丘高地上覆盖着落叶阔叶林和常绿阔叶混交林，洼地为湖泊沼泽，生长着成片的芦苇和芡实、菱角等水生植物，大片的平原地带则是河谷草地和灌木丛林。

有利的地理气候，非常适合动植物的繁衍生长。起初，龙虬庄先民很可能是在靠近湖泊的低湿平地上开始了原始的稻作。他们在采集野生稻谷作为食物时，发现水稻具有可栽培性和可储藏性，同时又发现水稻还具有可选育性，于是，先民们便有意识地选择那些落粒性低、颗粒大的稻粒作为稻种，在低洼的浅水地带进行人工栽培。在随后的1500年间，依旧是在这块土地上，龙虬庄遗址的原始稻作得到了持续稳定的发展，完成了野生稻向栽培稻的转化。考古专家根据各土层植物蛋白石的数量，推算出水稻种植时序变化的过程："第8文化层时期，龙虬庄遗址的先民开始在荒地上种植水稻，由于稻的生长环境的改变，加之原来就很粗放的稻作水平，导致稻的产量很低。从第7层开始，稻的生长环境得到改善，栽培水平不断提高，另一方面，在栽培过程中，原始种质开始向适应人工栽培的方向发展，如植株的生长快，不易倒伏，穗型大，稻谷不易落粒、无芒、粒大等。两者的综合结果，导致水稻产量的提高。然而，这种通过人工栽培对原始种质的驯化是一个漫长的过程，因此从第7至第5层，稻的产量经历了一个较长的缓慢增长阶段。由于这一阶段的驯化过程的累积作用，至第4层时稻的种质产生了一次质的变化，表现在稻的产量又出现了一次急剧增长的过程。"（《龙虬庄——江淮东部新石器时代遗址发掘报告》，以下简称《龙虬庄发掘报告》）

据此，似乎可以将龙虬庄遗址第 8 层至第 4 层的稻作生产分为三个发展阶段：第 8 层为第一阶段，是野生稻的栽培阶段，稻作生产水平低下。第 7 至第 5 层为第二阶段，是野生稻向栽培稻的过渡阶段，稻作生产保持了一定的增长。第 4 层为第三阶段，稻作生产出现了大的进步，在籽粒的大小及重量上已接近现代农作物品种的水平。三个阶段中，第一和第二阶段属于野生稻向栽培稻过渡的原始稻种植阶段，从第三阶段开始，人工栽培稻基本形成，进入了初级栽培稻的生产阶段。有专家学者将第 4 层与第 8 层水稻植物蛋白石的含量换算成稻谷产量，竟得出一个令人震惊的结论：龙虬庄遗址第 4 层的产量比第 8 层的产量增加了近 18 倍(《龙虬庄发掘报告》461 页)，可谓是农业生产史上的一大奇迹，其功绩可与今天的袁隆平院士媲美。

龙虬庄先民的水稻栽培，除了自然环境的有利因素外，劳动工具的发明也起到了至关重要的作用。

起初，先民们面对的是灌木丛生的荒地。要在这样的野地里种植水稻，当时的先民仅靠双手，借助极为简单的石斧、木棍等原始工具，拔除灌木荒草，匡出一块大致平整的地块，撒下稻种，开始了人工意义上的耕种。新石器时期，人类已经有意识地使用“火”，但“火耕”仅是烧掉地面上灌木荒草的主干和枝叶，不能除掉地下的根，稻秧萌芽时，荒草也生长了，甚至比稻谷

石锄 石刀 石斧

还要茂盛，此时的“火耕”便无计可施，这便产生了“刀耕”。“刀耕”所用的“刀”，是“石刀”，即利用类似“刀”的石斧、石刀、石锄，或是用石器加工出木锄、木铲，用这些石制、木制的工具将稻地里的荒草除去，除草的同时还可以为稻秧松土。这些石制、木制工具，相对于“火耕”来说，效率和功能都有了显著的改善和提高。然而，对于龙虬庄先民来说，石斧、石刀、石锄等是十分稀罕的物件，因为遗址地处水荡沼泽，周围无山，更无石块，最近的山丘便是高邮湖西的那一座“天山”，遗憾的是这座“天山”是远古时的一座死火山，火山岩是一种多孔洞的岩石，石质疏松，无法做石斧类坚硬锐利的砍削器。虽然遗址中也出土了一些石斧、石刀，但石料都不产于当地。

石制工具稀有，木制工具又不够坚硬，如何改进工具，提高水稻耕作的功效呢？颇有灵性的龙虬庄先民，在猎获的动物身上有了新的发现。

江淮东部的浅水沼泽地带，野生动物资源十分丰富，良好的自然环境非常适宜麋鹿、梅花鹿、小麂、獐、猪獾等偶蹄类动物的生长繁衍，龙虬庄先民也以这些动物作为狩猎的对象。先民们捕猎这些动物，最初的目的是为了获取肉食和皮毛，后来，先民们渐渐发现这些动物的骨骼不能随意丢弃，另有更大的用途：细长坚硬的肋骨，稍作加工，可以制作成骨镞和骨镖，可以成为狩猎时更为锋利的锐器；再细一些的小肋骨经过磨削，还可用来做成骨针、骨箸、骨笄；而粗大结实的腿骨穿孔加工后，可以制作成骨刀和骨凿；鹿角也十分有用，尤其是麋鹿的角，角型巨大，多枝丫，因势加工，略加磨削，可制作成角叉、角斧、角镐等。这些都是十分有用的劳动工具。

龙虬庄遗址中出土有许多由于使用而磨损了的骨刀和角叉、角斧、角镐。在出土的文化遗物中，骨角器为仅次于陶器的第二大类，不仅数量多，种类也十分复杂。这些骨角器大致可分为生产工具、生活用品和装饰用品三大类，器型主要有叉、斧、镐、矛、镞、镖、锥、凿、针、匕首、箸、梱、杯、笄等，因而考古专家认为：“发达的骨角器是龙虬庄遗址最具特征的文化遗物之一。”

龙虬庄遗址共出土了17件角叉，完好者有6件。这些角叉是利用麋鹿角的分叉制成，因外形呈“丫”字形，故名之“角叉”。这些角叉的叉长大致

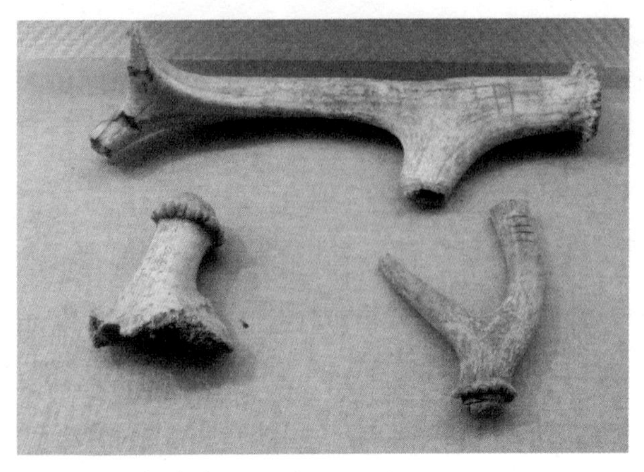

刻文麋鹿角

在14至15厘米，上部磨成尖刃或扁刃。下部刳空成銎，銎径为3至4厘米，銎孔中可以纳入长长的木柄。如果纳柄，则木柄的直径在4厘米左右，人手可以紧紧握牢，十分利于双手的操作，其器型类似于今日农家的锹和铲。极为奇特的是，这些角叉的中部，有的在一面凿出一个长方形的孔，另一面钻出一个圆形的小孔。还有的是将长方形的孔，凿成两面对穿。凿出长方形的孔，估计是在长方形的孔内纳柄，柄与叉呈直角，其器型便类似于现今农家常用的二齿镐、二齿耙了。而角叉中部的小圆孔，实际上是一个销孔，其作用大概是便利安装固定木柄的销子(木销或是骨销)，使木柄与角叉紧密地联为一体，不致脱落，十分巧妙，也十分实用。

这种所谓的“角叉”，在顶端的銎孔内装木柄，可为铲或锹。在侧面的方孔内装木柄，则为二齿镐或二齿耙，故而又可名为“角铲”、“角锹”、“角二齿镐”或是“角二齿耙”了。角叉的这些名称都是今人所定，怎么命名是次要的，重要的是角叉在不同的部位装上木柄后，便具备了极为有效的农耕工具的多种功能：有了角锹、角二齿镐，龙虬庄先民可在灌木林中，更为便利地开垦出成片的荒地；角锹、角铲又可将开垦出的荒地平整、疏松，以利稻谷播种；角二齿镐或角二齿耙可在稻田中更为有效地开沟、除草，大大提高了田间耕耘的功效；等等。所有这些劳作，都比“火耕”、“刀耕”先进了一大步。劳动工具的发明创造，极大地提高了生产力，为先民们改善原始稻的生长环境，培育出高产的稻谷，提供了必要的物质条件。

遗址中还出土有“角斧”和“角镐”。角斧是充分利用麋鹿角的自然形态，截取角的主干及第一分叉的叉枝制作而成，斧高18厘米多，上端截为平面，

角器(镐、斧)

下端磨出略带弧形的刃口,这便成为一件可以砍削的锐器。最为合理的是斧的长柄,柄长40多厘米,为防止用力时滑脱出手,聪明的制作者在柄的末端留有一节疙瘩头,并刻有一周凹槽。为什么要刻上一周凹槽,目的还不清楚,大约是系上绳索,方便携带。角镐则更科学了,遗址中出土了好几件角镐,也是取麋鹿角的主干及第一分叉的叉枝制作而成,镐的大小与斧差不多,不同之处在于镐的两头都磨成锐利的尖角,更利于翻松土壤,刈除杂草,开沟排水等。当然,如前所述,新石器时期的劳动工具都是多用途的,角斧和角镐不仅可以用来稻田的耕作,同时也是捕猎的锐器。聪敏的龙虬庄先民在角镐的顶端开出一条凹槽,凹槽中部的两侧各留出两个方台形的小丁,从形态推测,应是在凹槽处捆绑鹿角的角尖,一个角尖用秃了,再换上一个,可以反复使用,始终保持角镐的锐利。

龙虬庄遗址出土的骨角器种类有数十种,生产工具占绝大多数。从人工造物的角度看,龙虬庄的角叉、角斧和角镐都是充分运用了物理学的尖劈原理,以小力发大力,使人的臂力得到了放大。后来,这类形制的骨角器都演变为铁质的劳动工具,至今仍在广泛地使用,足见其构造的科学性和实用性。

龙虬庄遗址使用骨角器并不限于某一文化层的某一年代,从第5文化层至第8文化层都发现有骨角器,也就是说从野生稻到初级人工栽培稻的整个演化过程中,骨角器都贯穿其中,都是当时主要的生产工具。这一现象说明,龙虬庄遗址的骨角器在长达1500年的史前时期,主导着江淮稻作的发展。原始野生稻的零星播种发展成为初级栽培稻的规模种植,骨角类生产工具是实现这一转变的关键因素。

在人类发展史的分期中,有一种时代分期理论是以主要生产工具作为划分时代的主要标志，如旧石器时期、新石器时期等，按照这一理论，江淮地域的人类发展史就具有了相对的独特性，正如考古专家所说：“骨角器是龙虬庄遗址中颇具地方特色的器物。”“发达的骨角器是龙虬庄遗址最具特征的文化遗物之一。”（《龙虬庄发掘报告》）以此为依据，长达千年的龙虬庄文化，似乎可以从“新石器时代”中分离出来，划分出一个独具地域特征的“骨角器时代”。

骨角器时代的龙虬庄先民，在中国农业发展史上率先摸索并掌握了水稻的栽培和选种技术，极大地改善了水稻的性状，提高了产量，完成了野生稻向栽培稻的转化。我们完全可以这样赞誉龙虬庄先民：他们是扬州的“神农氏”，同时也是中国的“神农氏”。

世界上存世最早的养蚕缫丝专著《蚕书》

世人大约都读过北宋婉约派词人秦观的诗词，其中《鹊桥仙》中的“两情若是久长时，又岂在朝朝暮暮”，堪称千古名句。民间又广为流传《苏小妹三难新郎》的民间传说，秦观与苏东坡的妹妹苏小妹在新婚之夜的趣事佳话，妇孺皆知，故而有“风流不见秦淮海，寂寞人间五百年”之说。

遗憾的是，很少有人知道，这位著名的文学家还曾写过一本中国现存最早的蚕桑专著——《蚕书》，这本《蚕书》在世界蚕桑史上也具有特殊的地位，只是因为秦观的文名太盛，在科技专著不被关注的古代，知其写文学作品的多，知其写科技专著的就十分有限了。

中国是历史悠久的丝绸之国，是蚕桑生产的起源地之一，蚕桑业在中国农业结构中占有相当重要的地位。早在商周时，蚕桑业就已经相当发达。但在唐宋以前，有关蚕桑生产的文献却不多，在一些综合性的农书中虽有提及，但篇幅有限。如现存的《汜胜之书》中有“种桑”一节，文字百余，十分简略，有种桑的技术指导，却没有养蚕的内容。《齐民要术》中有“种桑柘”篇，其中虽然提及“养蚕”，但仅是“种桑柘”的附录。隋唐宋元以后，有关蚕桑的著述逐渐增多，如《旧唐书·经籍志》和《新唐书·艺文志》中，分别记载有《蚕经》；五代时蜀人孙光宪也著有《蚕书》二卷。遗憾的是，这些著作后来都失传了，后人仅知晓作者的姓名和书名。

秦观像（故宫南薰殿历代圣贤名人像）

中国现存最早的蚕桑专著,即是秦观所著的《蚕书》了,这本书也是目前世界上存世最早的养蚕和缫丝的科技专著。

秦观(1049—1100),字少游,号淮海居士。宋代扬州高邮人,为北宋婉约派的著名词人,著有《淮海集》40卷等。秦观《蚕书》的篇幅不长,一千余字。正文前有“前言”一节,叙述了作者的写作动机和写作背景等。其后的正文分为十节,分别为:种变、时食、制居、化治、钱眼、锁星、添梯、车、祷神、戎治。其中“种变”、“时食”、“制居”三节是讲述育蚕技术,“化治”、“钱眼”、“锁星”、“添梯”、“车”五节是讲述煮茧、缫丝技术,“祷神”一节是讲述养蚕的崇拜和禁忌,最后的“戎治”一节是介绍西域栽桑养蚕的实例。

“种变”,讲解蚕种的孵化方法。强调培育蚕种要注意时令,农历十二月初八(腊八)开始聚集蚕种,第二年初春雷初动(惊蛰)时进行孵化,其间要注意“毋伤其籍”,不能损伤蚕纸。孵化时要注意蚕种颜色的变化,第五天蚕种变青,第六天颜色转白,第七天便可孵化出蚁蚕。

“时食”,讲解四眠蚕喂食的方法。提醒养蚕人在蚕“初眠”、“再眠”、“三眠”、“大眠”的不同阶段,要按时、按量喂养,从“昼夜五食”、“昼夜六食”、“昼夜八食”到“昼夜十食”,桑叶要新鲜,不能有水,撒叶要轻,不要喂残叶。

“制居”,讲解编“蚕筐”的方法。提醒养蚕人随着幼蚕长大,要适时地分筐喂养,说明了蚕筐的用料、尺寸、形状等。蚕作茧时要有“蚕簇”,作茧后过

二眠

三眠

大起(大眠)

分箔　　上簇　　练丝

七天就可收采。蚕室要保温、通风，“居蚕欲温”，“居茧欲凉”。

“化治”，讲解煮茧的方法。用鼎煮茧，水温要高，“汤如蟹眼”。用竹筷挑丝，丝线不能过多，“毋过三系”，过多嫌粗，不足易断，要“其审举之”。丝线从鼎里引导到“钱眼”，再上升到“锁星”，“锁星”受“车”牵动，丝线过了“添梯”，就绕到了“车”上。

其下的“钱眼”、“锁星”、“添梯”和“车”，分别讲解了缫丝车的结构、功能和操作方法。特别是“添梯”一节，着重讲述了缫车各部件的尺寸、作用和操作原理，其中有床、柄、钩、鼓、绳、鱼等。

《蚕书》的文字虽然不多，但从浴蚕种到缫蚕丝的每一个操作阶段，作者都做了简明切实的讲述，犹如一本简明的育蚕缫丝技术教科书。如讲述浴种、孵化的技术，作者说明：“腊之日，聚蚕种，沃以牛溲，浴于川。”是说到了农历十二月初八这一天，蚕农就要聚集蚕种，先用牛尿将蚕种浇浸一下，然后将蚕种放在河里洗净收藏。作者在这里所说的“沃以牛溲，浴于川”，实际上是一种“浴种”技术，但“浴种”为什么要在“腊之日”施行呢？用今天的生物工程技术来解释，其作用是利用冬天的低温来选择优良蚕卵，淘汰劣种。由此可见，宋元时期扬州的养蚕业已经从“浴种”增健，发展到生理上的择优汰劣，这是我国养蚕技术的一大进步，秦观的《蚕书》则是这一进步的最早记载。

缫丝作坊

另外，从“化治”到“车”这几节，讲述了缫车的结构和用法，对缫车上的几个关键部件，做了特别细致的说明，这也是我国有关缫车的最早记载。文中没有说到缫车的传动方式，从秦观描述的操作人员的动作看，这架缫车是用脚踏作为动力的，这比早期的手摇缫车要先进得多。这不仅可以减轻操作者的劳动强度，还可以把一只手从摇柄中解放出来，进行理丝操作，有利于提高蚕丝的品质。元代有一位农学研究者王祯，是《农书》的作者，他将秦观漏记的脚踏传动的内容，予以了补充，使秦观记载的缫车更为完整。有学者认为，秦观缫车是我国北派缫车的代表。古代缫车有南派、北派的区别，北派用热釜，南派用冷盘。王祯有诗云：“南州夸冷盘，冷盘细缴何轻匀。北俗尚热釜，热釜丝圆仅多绪。即今南北均所长，热釜冷盘俱此轩。一头转机须足踏，钱眼添梯丝度滑。”秦观说煮茧时的水温要“汤如蟹眼”，据此，可认为《蚕书》中描述的缫车是北派了。

南缫车（明·徐先启《农政全书》）

秦观缫车最富创造性也是最奇特的装置，便是专业人士称之为“络绞”的机构。秦观《蚕书》中讲解：“车之左端，置环绳，其前尺有五寸，当车床右足之上，连柄长寸有半，合柄为鼓，鼓生其寅，以受环绳，绳以车运，如环无端，鼓因以旋。鼓上为鱼，鱼半出鼓，其出之中，建柄半寸，上承添梯。添梯者，二尺五寸片竹也。其上揉竹为钩，以防系窍。左端以应柄，对鼓为耳，方其穿以闲添梯。故车运以牵环绳，绳簇鼓，鼓以舞鱼，鱼振添梯，故系不过偏。”文中的“绳”是一种传送带，所说的“鼓生其寅”，是装置的主体，寅处即是受绳处。鼓上之鱼及柄，后人称为摇钉头，添梯后人称作丝秤，即今人称作的络绞杆，梯和秤都是形象化的叫法，简单地说可称之为送丝杆。杆上揉竹为钩，钩即导丝钩。整个络绞装置就是为了使丝均匀卷绕，不至于过偏。若是没有络绞装置，生丝就会在一条直线上运动，无法均匀卷绕。有了这一装置，生丝的卷绕就能在一定范围内来回往返，自动调节，设计构思极为奇妙。

综上所述，秦观的《蚕书》在中国乃至世界蚕桑史和机械史上都占有重要的地位，故学术界认为，秦观《蚕书》的主要科技成就包括三个方面：一、对蚕体生理的定量描述；二、对多回簿饲养技术的系统记载；三、对缫车的改进。《中国农史》1987 年第 1 期中有魏东《论秦观·蚕书》一文，对此予以了较为详细的论述。

治丝图(《天工开物》卷上)

需要说明的是，关于《蚕书》，历史上素有争议。焦点有二：一是《蚕书》的作者究竟是谁？二是《蚕书》中所述的养蚕技术反映的是哪个地区？

关于《蚕书》的作者，有一说认为是秦湛。秦湛，字处度，号济川，是秦观之子。此说以《宋史·艺文志》和《四库全书总目提要》为代表，清人周中孚的《郑堂读书记》卷四十有这样一段论说，较为集中地表述了这一派的观点：“

(《蚕书》)宋秦湛撰,旧题秦观撰,误也。《四库全书总目》附陈旉《农书》后。《书录题解》、《通考》俱误作秦少游《蚕书》。《宋志》则作秦处度《蚕书》,最为有据。”另一派的余嘉锡则根据南宋陈振孙的《直斋书录题解》和王应麟的《困学纪闻》,认为应该是秦观。今人黄世瑞在《农史研究》第五集中也有《秦观·蚕书·小考》一文进行了考证,他指出:据《重编淮海先生年谱节要》,元丰七年(1084)秦观36岁时编有《淮海闲居集》;作者在《逆旅集自序》中亦云:“予闲居,有所闻辄书记之。”此二处“闲居”一词与《蚕书》前言中“予闲居,妇善蚕,从妇论蚕,作蚕书”在语气和笔调上是一致的,从而论定《蚕书》的作者是秦观。据此,关于《蚕书》写作的时间便可作这样的分析:秦观是元丰八年踏上仕途的,此后便仕途劳顿,从未在家乡闲居过了,由此可以推断秦观的《蚕书》写于他踏上仕途之前,也就是编《淮海闲居集》那一年或以前,换言之,《蚕书》的成书时间大约在元丰七年或元丰七年之前。另,据徐培均《秦少游年谱长编》可知,秦观是在元丰六年著述了《蚕书》。元丰五年,秦观第二次赴京应举,应试落第后曾游洛阳等地,此后便闲居在家,发愤读书,此间写了《蚕书》。

笔者认为,《四库全书》收录的陈旉《农书》,在陈旉《农书》之后附录了《蚕书》,而《蚕书》后有南宋孙镛为《蚕书》所撰的跋文,跋文中即认定《蚕书》是秦观所撰。孙镛写跋文是在南宋嘉定七年(1215)腊月,与秦观写《蚕书》仅相距一百多年,孙镛认定《蚕书》的作者是秦观,这要比我们今人的考证更为可靠、更为可信,这是从时间上说。若从空间上论,孙镛在跋文中提到“一日,郡太守汪公取秦淮海《蚕书》示予曰:‘子谓高沙不可以蚕,此书何为而作乎?岂昔可为而今不可为耶?’”文中的“汪公”,是指汪纲。“高沙”,是指高邮。据高邮州志查考,汪纲在宋嘉定年间(1208—1224)知高邮军。当时汪纲和孙镛都在高邮,汪纲取出署名“秦淮海”的《蚕书》给孙镛看,说明宋代版本的《蚕书》上即有秦观的署名,同时也说明当时的高邮人都认为《蚕书》是秦观所著。

另外,从秦观的生平来看,秦观的老家在高邮城东40里的武宁乡,境况是有“敝庐数间，足以庇风雨。薄田百亩，虽不能尽充膳粥丝麻，若无横事，亦可给十七”（《淮海集》卷三十《与苏公先生简》）。如若“更遇岁饥，聚族四十口，食不足，终月忽忽无聊赖”。可见秦观的生活仅能勉强自给。这样的家境决定了秦观年少时，除读书游历外，还直接参加过蚕桑生产，这使得他有机会观察和研究蚕桑，得以写出《蚕书》。秦观在高邮闲居时写过《田居四首》，其中一首云：“入夏桑柘稠，阴阴翳墟落。新麦已登场，馀蚕犹占箔。……家妇饷初还，丁男耘有托。”另一首亦云：“辛勤稼穑事，恻怆田畴语。得谷不敢储，催科吏旁午。”由此可见，秦观熟知农事之艰，对蚕桑生产是十分熟悉的。

关于《蚕书》所述养蚕技术的地区性争论，其分歧源于对《蚕书》开篇那一段前言的理解。这一段前言为：“予闲居，妇善蚕，从妇论蚕，作蚕书。……而桑土既蚕，独言于兖。然则九州蚕事为最乎？予游济河之间，见蚕者豫事时作，一妇不蚕，比屋詈之，故知兖人可为蚕师，今予所书，有与吴中蚕家不同者，皆得之兖人也。”有学者据“予游济河之间，见蚕者豫事时作”，认为秦观《蚕书》反映的是北宋兖州的养蚕技术。其实，就这一段文字也不能认定《蚕书》是写的兖州养蚕技术。此文开头说“予闲居，妇善蚕，从妇论蚕，作蚕书”，已经言明秦观是因为“妇善蚕”，方才“从妇论蚕，作蚕书”。关键的问题是“秦妇”是哪里人？她的养蚕缫丝技术是从哪里学来的？

《苏小妹三难新郎》中说秦观的妻子是苏轼的妹妹，那仅是民间传说，不足为凭。事实上，秦观妻姓徐，名文美。在秦观的《淮海集》卷十六中，秦观著有《徐君主簿行状》一文，其中说道：“君姓徐氏，讳某，字成甫。其先泰州兴化人，远祖湘自兴化徙扬州之高邮，家焉。湘生嗣，嗣生亮，亮于君曾祖也。……子男五人，曰文通、文仲、文刚、文饶、文昌。女三人，曰文美、文英、文柔。……以文美妻余。”这段文字叙述了秦观妻徐文美的家世，可见徐文美从远祖起，就是兴化、高邮（两县紧邻）这一带的里下河地区人氏。徐文美养蚕有专长，故谓“妇善蚕”。她之所以“善蚕”，在当时的社会条件下，一个妇女是不可能远赴北方取经，而只能在家乡就近学知。也正是由于徐文美“善蚕”，秦观方能“从妇论蚕”，写出《蚕书》。可见《蚕书》中的养蚕缫丝技术一定出于高邮,而绝不会是北方的兖州。

当然,秦观也的确游历过"济河之间",到过兖州。秦观幼时入学,至元丰元年(1078)方才第一次入京应举,当时苏轼知徐州,秦观经孙莘老的推荐,途中拜访了苏轼。苏轼十分赏识秦观,除赞扬他的诗词外,还称赞他"博综史传,通晓佛书,讲习医药,明练法律"。秦观在《别子瞻》中也云:"我独不愿万户侯,惟愿一识苏徐州。"大约也就是在这一次的进京赶考和拜访苏轼的途中,秦观得以"游济河之间,见蚕者豫事时作。一妇不蚕,比屋詈之,故知兖人可为蚕师"。可见,秦观是因为兖州人养蚕有独到之处,认为"兖人可为蚕师",便将兖州人养蚕缫丝的技术和经验吸收到自己所写的书中,并说明"今予所书,有与吴中蚕家不同者,皆得之兖人也"。这里的"吴中"指高邮。春秋战国时期,今扬州、高邮地域属吴。西汉初年刘邦的侄子刘濞受封为吴王,都广陵(今扬州)。由此,高邮又称"吴中"。

综上所述,关于《蚕书》所反映的养蚕技术的地区性问题,似乎应该这样表述才更为全面、准确,即:秦观《蚕书》主要讲述了北宋时期高邮的育蚕缫丝技术,其中也汲取了北方兖州育蚕缫丝的某些方法,是一部在总结高邮育蚕缫丝技术的基础上,向南方地区推介北方养蚕经验的科技专著。

秦观是著名的文学家,文学家写科技著作,是别具一格的。这部科技著作流传至今,又成为世界上存世最早的一本养蚕缫丝的专著,故而不能再说是"风流不见秦淮海,寂寞人间五百年"了,实在应该改成"风流又见秦淮海,奉献人间数百年"。

我国古代四大农书之一的《陈旉农书》

唐代中期的“安史之乱”，使得北方的社会经济遭到严重破坏，大批难民南迁，导致了整个中国的经济中心，从黄河流域逐步地转到长江流域，江南地区明显地富裕起来。经济中心南移的过程，肇始于魏晋南北朝，唐代中期是重要的转折点，至宋代则大致完成。与此相应，这一时期北方的农业科技，由于战乱的原因，发展相对缓慢，而南方的长江下游地区，没有战乱的干扰，自然条件又相对优越，经过六朝的开发和隋唐五代的经营，至北宋末年，农业生产已有较高的水平，特别是在精耕细作方面，远远超过了北方。

除了社会政治的因素，长江下游的自然气候和地理环境与黄河流域也有很大的不同。在自然气候上，长江下游地区气温较高，无霜期较长，降雨较多，相对湿度较大，地下水位也较高；在地理环境上，长江下游地区河流纵横，湖泊密布，有丘陵山区，也有水网湿地。气候、地理的综合因素，使得长江下游的农业生产形成了地域的特点，这就是以水稻为主，以蚕桑为辅。

历史上，宋以前也有若干论述农业生产的《农书》问世，如《汜胜之书》、《齐民要术》等，全都是讲述黄河流域的农业生产技术。而黄河流域多为北方旱地平原，农作物以黍稷、小麦为主，其生产技术基本上不适用于长江下游地区。到了宋代，处于经济逐渐繁荣阶段的长江下游的水稻蚕桑地区，迫切需要一本讲述本地农耕技术的农书，藉以指导当地的农业生产。

在这样的历史背景下，南宋绍兴十九年(1149)，家住西山的陈旉主动拜访了当时仪真的主官洪兴祖，拿出自己撰著的《农书》交给洪兴祖审阅。洪兴祖阅后十分赞赏，“取其书，读之三复，曰：如居士者可谓士矣！”当即将《仪真劝农文》附其后，交“属邑刻而传之”，以官府的名义刻版印刷，广布天下。

洪兴祖是江苏丹阳人，字庆喜，北宋政和八年(1118)与弟洪造同中进士，知真州时，为了让兵荒马乱中流离失所的农民重返家园，恢复生产，他曾两次上书朝廷，要求减免两年的捐税，并组织民众开垦荒地达七万余亩。陈旉的《农书》讲述长江下游的农耕生产技术，与洪兴祖"兴学辟荒"的想法一拍即合，这是洪兴祖赞赏陈旉，出资刊刻《农书》的主要缘由。陈旉的《农书》在仪真问世后，为了区别其他的《农书》，史学界常把陈旉的《农书》称为《陈旉农书》。

陈旉，自称"西山隐居全真子"，籍贯不详，生平事迹也不详，史籍上没有查阅到关于他的其他记载，史学界所有关于他个人的研究资料，都源于其《农书》的内容以及附于书后的"后序"和"后跋"。洪兴祖的"后序"云："绍兴己巳（绍兴十九年，1149），（陈旉）自西山来访予于仪真（今扬州仪征），时年七十四，出所著《农书》三卷。"由此得知陈旉在南宋绍兴十九年完成了《农书》的撰著，此时年已74岁，据此推算，他应出生于北宋熙宁九年（1076）。又据"后跋"云："此书成于绍兴十九年，真州虽曾刊行，而当时传者失真，首尾颠错，意义不贯者甚多。……故取家藏副本缮写成帙，以待当世君子采取……后五年，甲戌元日，如是庵全真子题。"这就是说陈旉81岁高龄时还在世。

关于陈旉的生平，仅从"后序"中知道他曾经"躬耕西山"，"平生读书不求仕进，所至即种药治圃以自给"。在"后序"中洪兴祖对陈旉的渊博知识有一段高度的评价，他说："西山陈居士，于六经诸子百家之书，释老氏黄帝神农氏之学，贯穿出入，往往成诵，如见其人，如指诸掌，下至术数小道亦精其能，其尤精者《易》也。"可见，陈旉既重视前人书本，更注重农耕实践，他说："非苟知之，盖当允蹈之，确乎能其事，乃敢著其说以示人。""若徒知之虽多，曾何足用。"治学态度十分严谨。正是由于陈旉具有这样的知识和素养，才得以写出内容丰富、见解精辟、通俗易懂、实用性强的《农书》，故而史学界称陈旉为研究我国南方农业的第一位学者，其《农书》是中国现存最早的一部专述南方水田以种稻养蚕为中心的农书，"从内容到体裁都突破了先前农书的樊篱，开创了一种新的农学体系"（范楚玉：《陈旉的农学思想》，《自然科学史研究》1991年第2期）。

《陈旉农书》篇幅不大，全书一万两千余字，分上、中、下三卷。上卷不设卷名，总体论述土壤的耕作和作物的栽培；中卷《牛说》，讲述耕牛的饲养与管理；下卷《蚕桑》，阐释种桑养蚕的相关技术。

上卷是全书的主体，内容有12篇，各篇以“××之宜”作篇名，“宜”是合宜、宜于、适宜之意，意思是按照此法操作，便可恰到好处。具体为：一、财力之宜篇，论述农业生产要集约经营，量力而为，耕种的规模要与人力、财力相称。二、地势之宜篇，着重讲述土地的规划和利用，特别强调耕地的地势有高有低，应有因地制宜的适当规划。三、耕耨之宜篇，讲述土壤耕作，重点说明土地高低不同，耕作有“先后迟缓”之别。四、天时之宜篇，指出要顺天应时，量地利用，指出“农事必知天地时宜，则生之、蓄之、长之、育之、成之、熟之，无不遂矣”。五、六种之宜篇，讲解如何安排各种作物的多种经营，增加复种次数。其中“六种”即为“陆种”，着重讲述了几种旱地作物的栽培。六、居处之宜篇，指出农户住宅与农田的关系，要予以合理安排。农家靠近农田居住，有利于耕作和田间管理。七、粪田之宜篇，提出提高土壤肥力还要靠耕作者的努力，要“治”田。在这一篇里，陈旉提出了两个杰出的关于土壤肥力的学说：一是“用粪犹用药”的观点，指出施肥要因地制宜；二是“地力常新壮”的论断，即肥料不仅可以改良土壤，还可以用来维持并增进地力。八、薅耘之宜篇，说明稻田除草，不同季节要用不同方法。九、节用之宜篇，指出丰收后要“节用御欲”，有备才能无患。十、稽功之宜篇，强调要“稽功会事，以明赏罚”，加强管理。十一、器用之宜篇，说

祭神（《耕织图》）

明“工欲善其事，必先利其器”，强调“先时预备，则临事济用”。十二、念虑之宜篇，讲述对农事要时刻“念虑”的道理，要善于“料理缉治”，“积小成大”。后附两篇专论：一是“祈报篇”，记叙农事活动中春祈、秋报的祭祀仪礼；二是“善其根苗篇”，专论“凡种植先治其根苗，以善其本”的道理和办法。

中卷《牛说》，分 2 篇：一、牧养役用之宜篇，讲述养牛“必先知爱重”的道理，阐述耕牛饲养技术；二、医治之宜篇，指出耕牛的病疫会传染，要及时隔离和养治。《陈旉农书》第一次系统地讨论了耕牛问题，其中又以江南水牛为主，是我国现存较早的论述有关水牛知识的专卷。

下卷《蚕桑》，分为 5 篇：一、种桑之法篇，讲述桑树栽培技术；二、收蚕种之法篇，说明收蚕种，如同“婴儿在胎中，受病出胎，便病难以治也”的道理，讲述蚕种收与藏的办法；三、育蚕之法篇，阐述三眠蚕的饲养技术；四、用火、采桑之法篇，说明蚕室里温度、湿度的控制要领和桑叶喂养的技巧；五、簇箔、藏茧之法篇，讲述簇箔的结构，简介缫丝技术和蚕茧收藏办法。

《陈旉农书》力求突破前人的樊篱，创建一个新的农学体系，这从上、中、下三卷的谋篇布局中可以看得出来。上卷论耕作，是全书主体。中卷说牛，是因为牛是农耕的主要动力。下卷讲蚕桑，也是因为蚕桑在中国是农耕生产的重要组成部分。全书从内容到编排，构成了一个完整的农学体系。陈旉的这一农学研究思想，对后世农书的撰著产生了重要的影响。

耕(《耕织图》)

《陈旉农书》是我国现存最早的总结长江下游地区农耕栽培技术的一部农书。在《陈旉农书》之前的古农书，大都侧重于具体耕作栽培技术的记述，而《陈旉

择茧(《耕织图》)

窖茧(《耕织图》)

农书》则从农业生产全局出发，把农业经营管理和生产技术结合起来，二者并重。陈旉把农业经营管理视为生产成败的关键因素，最早提出了“地力常新壮论”、“粪药说”等一系列的农业经营管理理论，并把这些理论与长江下游地区实际的农耕实践结合起来，解决了当时农业生产中存在的某些问题。这不仅极大地丰富了我国古代的农学理论，促进了我国古代农耕技术的进步，还应该看到，陈旉的这种理论联系实际的治学思想，在封建社会里是十分进步的。

地力常新壮论，是我国古代关于土壤肥力的一个重要学说，它的萌芽可以追溯到战国时代，而形成一种学说，则始于宋代的陈旉。唐宋时期，我国农业生产增长很快，土地利用率有了很大的提高，如何保持和提高土壤肥力以适应农业生产的需要，到了宋代已成为突出的问题。《陈旉农书》指出：“或谓土敝则草木不长，气衰则生物不遂，凡田土种三五年，其力已乏。斯语殆不然也，是未深思也。若能时加新沃之土壤，以粪治之，则益精熟肥美，其力常新壮矣，抑何敝何衰之有？”陈旉认为，土壤也要养护，只管种植，不问养护，时日一久，地力必然敝衰。如果重视施肥，或掺加新土，土壤就能改良，地力也能提高，并且能保持地力常新壮。这就是我国古代著名的地力常新壮论。陈旉的地力常新壮论，表明了我国早在宋代即已知晓肥料不仅可以改良土壤，而且还可以用来维持并增进地力。这一认识，是对土壤科学的一大贡献。《中国科学技术史·农学卷》对陈旉的"地力常新壮论"评价道："地力衰竭曾经是农业史困扰世界的难题，陈旉不仅提出了地力常新的思想，而且还提出了解决这一问题的办法，在世界农业史上都是难能可贵的。"

粪药说，是陈旉率先提出的一种合理施肥的理论。土地使用肥料的办法，战国时期即已采用，此后，人们又创造了基肥、追肥和种肥等施肥办法。但如何合理施肥，则长期没有解决。最早接触这一问题的是《陈旉农书》，在"粪田之宜篇"中陈旉云："相视其土之性类，以所宜粪而粪之，期得其理也。俚谚谓之粪药，以言用粪犹用药也。"从这段文字可知，所谓粪药，也就是看土施肥，要根据不同的土壤特质采用不同的施肥方法。陈旉的粪药说，不是一般意义上的肥料，而是用来改良土壤的"药物"，这反映了当时的长江下游地区在肥料施用方法上，已经积累了相当丰富的经验，这是我国古代在肥料科学上取得的一项重大成果。

《陈旉农书》除了在上述两种理论上有所创新外，在其他方面也有若干独到的见解。如《陈旉农书》中的"地势之宜篇"，是我国古代农书中，第一次用专门的篇幅来系统地论述土地利用的问题。和北方相比，南方的地形地势较为复杂，以仪征为例，北有丘陵山区，南有沿江平原，向东还有高邮湖水网地区。《陈旉农书》指出了土地的地势、地貌和土壤性质是多样的，利用方法也应该因地制宜。书中还提出了高山、下地、坡地、葑田、湖田五种土地的利用规划，尽管这些规划仅适用于长江下游地区，但陈旉的这种统筹规划的观点，在中国农学史上也是可贵的进步。

再如，《陈旉农书》在"牛说"的"医治之宜篇"中，还讲述了牛畜等传染病的防治方法："方其病也，薰蒸相染，尽而后已。……又已死之肉，经过村里，其气尚能相染也。欲病之不相染，勿令与不病者相近。能适时养治，如前所说，则无病矣。今人有病风、病劳、病脚，皆能相传染，岂独疫疠之气薰蒸也。"陈旉在这里指出了传染病是“气相染”所致,并提出采取“隔离”的措施,可以防止传染,这在医学上也是一个了不起的进步。

《陈旉农书》还提到桑间种植和桑下养殖,使种植和养殖相结合,形成立体的农业结构。“高田视其地势,高水所会归之处,量其所用而凿为陂塘,约十亩田即损二三亩以潴畜水。春夏之交,雨水时至,高大其堤,深阔其中,俾宽广足以有容。堤之上,疏植桑柘,可以系牛。”又云:“牛得凉荫而遂性,堤得牛践而坚实,桑得肥水而沃美,旱得决水以灌溉,潦即不致于弥漫而害稼。高田早稻,自种至收不过五六月,其间旱干不过灌溉四五次,此可力致其常稔也。”虽然书中没有说到在所凿的陂塘中蓄水养鱼,但在池塘中养鱼是完全可能的。于是,种桑、栽稻、养牛、养鱼便有机地结合起来,成为一种种植和养殖综合规划的立体农业结构,这种农业生产综合经营的思路,现代农业生产中仍在推广运用。陈旉在说到桑苎间作时还提到:“若桑圃近家,即可作墙篱,仍更疏植桑,令畦垄差阔,其下遍栽苎,因粪苎,即桑亦获肥益矣,是两得之也。桑根植深,苎根植浅,并不相妨,而利倍差……诚用力少而见功多也。”这种桑苎间作,利用了深根植物对浅根植物的互利因素,利用了“因粪苎,即桑亦获肥益”,一举两得,从而取得“用力少而见功多”的效果。早在宋代,就有这种关于人工群落生态效益的阐述,也是十分了不起的。

《陈旉农书》还提到多熟种植,使地力和阳光得到充分利用,提高单位面积的产量。又率先提出水旱轮作的具体办法,其办法是“早田获刈才毕,随即耕治、晒曝,加粪壅培,而可种豆、麦、蔬茹”。所有这些,都是前人没有提及,或虽有提及但未能提出解决问题的办法。《陈旉农书》提出了许多先进的思路和先进的技术,是十分领先的。

中国农史学家万国鼎教授说:“陈旉《农书》篇幅虽小,实具有不少突出的特点,可以和《氾胜之书》、《齐民要术》、《王祯农书》、《农政全书》等并列为我国第一流古农书之一。”万教授的观点代表了农学界对《陈旉农书》的评介。

有必要指出,对陈旉的“躬耕”之地,学术界存有争议。《陈旉农书》是一部农书,只有弄清楚作者的“躬耕”之地,才能明白书中所述的地理位置和耕作环境，才能准确地理解书中的相关论述。

陈旉在书中自叙“躬耕西山”。这个“西山”是一个泛泛的地名，查阅《中国古今地名大辞典》，“西山”一词共有26处之多，因而不能根据辞典来确定“西山”的所在地。如，扬州有西山，是指扬州之西、仪征县城东北的丘陵山区；杭州也有西山，是指杭州西湖西边的山区；太湖也有西山，是指太湖西边的洞庭西山，等等。那么，陈旉“躬耕”的“西山”，究竟是哪儿的“西山”呢？

一种意见认为，这西山的所在地应该是杭州。理由之一是书中提到湖中安吉（今浙江省安吉县）的种桑法，可见陈旉对安吉比较熟悉。理由之二是陈旉成书时的宋绍兴十九年（1149），正是金兵在完颜亮的率领下南犯江淮之时，扬州是战场，陈旉难以安静著书。而杭州是南宋都城，相对安定，利于著书。

另一种意见则认为，这西山应是扬州西山。陈旉成书时已是74岁高龄，亲自到仪征访问洪兴祖，这西山不可能是杭州西山。而扬州西山即是仪征东北部的丘陵山区，陈旉从扬州的西郊到仪征县城拜访洪兴祖，距离并不远，74岁的老人完全是可能的。

笔者认为后一种意见是正确的，并有以下几点理由予以补充：

一、《陈旉农书》中有洪兴祖写的“后序”，“后序”开头便云：“西山陈居士……”随后又说：“自西山来访予于仪真时，年七十四，出所著《农书》三卷”，最后又说明：“以《仪真劝农文》附其后，俾属邑刻而传之。”将三句话连起来看，洪兴祖写“后序”时，本人是在其“属邑”仪征县城，扬州和仪征紧邻，扬州之西，就是仪征之东，扬州西山就在仪征城郊，故不必再言明西山的所在地。若陈旉“躬耕”处是在杭州西山，因距离较远，作者一定会说清楚是“杭州西山陈居士”。

二、洪兴祖特意提到陈旉到仪征来访时的年龄，是想说明陈旉以74岁的高龄前来访问，实在不易。如若陈旉是从数百里之远的杭州来访，则更为不易，洪兴祖一定会在文中说明“自杭州西山来访予于仪真时，年七十四……”洪兴祖之所以未说明，是因为西山就在仪征的县城郊外，距离不远，也就不必说了。

三、如若前一种意见成立，即陈旉著书时，正是金兵在完颜亮的率领下南犯江淮之时，扬州是战场。那么，既然扬州是战场，74 岁高龄的陈旉能从杭州的西山赶到战乱中的扬州仪征，来见仪征的主官洪兴祖吗？即便洪兴祖愿意帮忙刊刻印刷，74 岁高龄的陈旉也不必亲自赶到仪征，派他人代为将书稿送达即可。因而也就不存在书中的“自西山来访予于仪真时，年七十四”这句话了。可见，此种意见是不成立的。

四、前一种意见中又说到《陈旉农书》中提到湖中安吉（今浙江省安吉县）的种桑法，认为陈旉对安吉比较熟悉，即断定陈旉“躬耕”于杭州西山。此说也值得商榷。扬州地处长江和京杭运河的交汇处，是南北、东西交通的枢纽，尤其是运河从扬州直达杭州，交通十分便捷。陈旉年轻时曾经去过安吉，或从他人处了解到安吉的种桑法，也是可能的。陈旉对安吉种桑法有所了解，并在书中予以介绍，也是十分正常的。但并不能据此断定陈旉“躬耕”的就是杭州西山。

综上所述，陈旉“躬耕”的西山当是扬州西山。《陈旉农书》所述的农业经营管理和农耕生产技术，当是以扬州一带为主要论述对象的。

古典生物学专著《芍药谱》

扬州人大约都知道“四相簪花”的掌故。

北宋年间，韩琦为淮南节度使镇守扬州，府署的后花园中，忽有一株芍药开了四朵大花，花瓣深红，有上下两层，花的顶端有芍药花原本就有的正常花蕊，但在上层与下层的花瓣之间，竟然又有一圈黄色的花蕊围绕着。韩琦知道，这便是名叫“金带围”的芍药名品，世所罕见，十分珍奇。宋代，男子也有簪花的雅兴，韩琦见花有四朵，便想再请三位客人，一同赏花、簪花。大理寺评事通判王珪、大理寺评事佥判王安石，都应邀前来了。另外邀请的一位判钤辖诸司长官，因为拉肚子未能前来。韩琦心想，花有四朵，人仅三个，未免美中不足，便查看了过境住宿的官员登记簿，正巧，大理寺丞陈升之路过扬州，韩琦便邀请他前来一同赏花。席间，韩琦与三位友人将四朵“金带围”采下来，每人各簪了一朵。不料，此后的三十年间，这四人先后都做了朝中的宰相。这便是广为流传的“四相簪花”故事。

扬州芍药名品“金带围”

宋代科学家沈括在《梦溪笔谈·补笔谈》卷三中专门记载了此事，沈括描述“金带围”形状是“上下红，中有黄蕊间之”。宋代陈师道的《后山谈丛》亦云：“花之名天下者，洛阳牡丹、广陵芍药耳。红叶而黄腰，号金带围，而无种,有时而出,则城中当有宰相。”可见,此事当为不虚。

芍药是我国的特产,是芍药科多年生草本植物,块根可以入药,其花可供观赏,是我国栽培的传统名花之一。芍药的人工栽培历史十分悠久,早在周代,芍药就十分有名。汉时,长安地区已有人工栽培。适合栽培芍药的地域很广,隋唐时,始盛于扬州,宋代为极盛期。历史上,扬州芍药与洛阳牡丹一直并称于世。宋代刘攽《维扬芍药谱·序》云:“天下名花,洛阳牡丹,广陵(即扬州)芍药,为相侔埒。”明代周文华《汝南圃史》称:“扬州之芍药冠天下。”清代陈淏子《花镜》中也认为“芍药推广陵者为天下最”。可见隋唐以来,扬州一直是芍药的主要产地。

现存的古代有关芍药分类和栽培技术的专著共有四本:一是刘攽撰著的《维扬芍药谱》;二是王观撰著的《扬州芍药谱》;三是孔武仲撰著的《芍药谱》;四是明代高濂撰著的《芍药谱》。高濂所撰的《芍药谱》是他的《遵生八笺》中《花竹五谱》之一。前三本都产生于宋代,都是扬州芍药的种类和栽培种植技术的专论。

扬州相继出现了三本《芍药谱》,不是偶然的。宋代是我国科学文化十分繁荣的一个时期,许多重要的学术理论和技术发明都出现在那一时期。生物学上,已经在动物化石、人体解剖学和金鱼育种等方面取得了突出的成果,有关生物的学问已逐渐从原来更为广泛的知识门类中分离出来,形成了一门称之为“鸟兽草木之学”的学问,学术界将此叫做“古典生物学”。在各种生物学著作中,有一类资源记述型的著述,独树一帜。这类著述是通过作者的亲自调查,将各地动植物的资源记述下来,内容详实,方法新颖,有点类似于后来的地区性的动植物志。其中有一类别,是记述当地突出的生物资源,尤其是带有地区特色的花卉果木资源的著作,即后人常说的“谱”、“录”。这类著作有的侧重于耳闻目睹的第一手资料的汇集,有的除了文字描述外还绘有图形,还有的在资料汇集的同时,论述其种植栽培的方方面面。这些,都极大地提高了人们对地区性的著名花卉果木的认识,促进了生物学知识的积累,极具中国古代生物学特色。扬州的三本《芍药谱》,就是在这样的背景下问世的。

最早的一本《维扬芍药谱》是刘攽所撰。刘攽，字贡父，是宋代清江（今江西樟树）人。他于宋熙宁六年（1073），罢海陵守来到广陵，时值四月，芍药正茂，刘攽便邀请友人一同前往观赏。别的友人仅是一赏而已，刘攽却是有心人，他不仅目赏，目赏的同时又作手记，由此成谱。成谱后，他又请画工将各种芍药的形状描绘下来，此谱便以图文并茂见长。此谱无单行本，宋代陈景沂的《全芳备祖·前集》、宋代祝穆的《事文类聚·后集》均收其全文。

刘攽的《芍药谱》中记有扬州芍药31种，作者将其分为七等，从高到低，按序排列：

上之上：冠群芳、赛群芳、宝妆成、尽天工、晓妆新、点妆红

上之下：叠香英、积娇红

中之上：醉西施、道妆成、掬香琼、素妆残、试梅装、浅妆匀

中之下：醉娇红、拟香英、妒娇红、缕金囊

下之上：怨春红、妒鹅黄、蘸金香、试浓妆

下之中：宿妆殷、取次妆、聚香丝、簇红丝

下之下：效殷妆、会三英、合欢芳、拟绣鞯、银含棱

作者对以上各个品种的芍药花，做了简要的文字描述和点评。

刘攽作《芍药谱》的第三年，也就是熙宁八年（1075），如皋人王观（字通叟）来到扬州，任江都知县。王观见到了刘攽的《维扬芍药谱》，认为刘攽所记的芍药品种有欠缺，于是在刘攽的基础上又重新撰写了一书，名为《扬州芍药谱》。

王观是仁宗嘉祐二年（1057）的进士，是一位词人，《嘉靖惟扬志》记载，他在知江都县事时，曾作《扬州赋》，神宗皇帝阅后甚喜，大加褒赏，赐予他"绯衣银章"。王观由于在扬州为官，得以详细观察芍药，因而在刘攽31种的基础上，又发现8种，合为39种。这新发现的8种芍药，王观没有按照刘攽的体例排列等次，而是作为"新妆八品"收录其后。这"新妆八品"是：御衣黄、黄楼子、袁黄冠子、峡石黄冠子、鲍黄冠子、杨花冠子、湖缬、黾池红。王观《扬

州芍药谱》自述："余自熙宁八年季冬守官江都，所见与夫所闻莫不详熟……今悉列于左。"

王观的《扬州芍药谱》若是刘攽《芍药谱》的简单补充，则意义不大。王观在辑录各种芍药形状姿态的同时，对芍药花的栽培种植技术，进行了前人未有的论述，见解独到，反映了宋代人对花卉种植技术的认识。故而，王观的《扬州芍药谱》成为今人研究古代生物科技的宝贵资料。

王观《扬州芍药谱》前有"序文"，后有"后论"。开卷时，王观就讲到了对花卉栽培中人工变异的认识，并对变异的原因作了说明，指出："今洛阳之牡丹，维扬之芍药，受天地之气以生，而小大浅深，一随人力之工拙。而移其天地所生之性，故奇容异色间出于人间。"又说："花之颜色之深浅，与叶蕊之繁盛，皆出于培壅剥削之力。"从这段文字可以看出，早在宋代，我们的先辈就已经知晓人工干预是产生变异的重要原因。由王观表述出来的这一"人工变异"观点，在世界农业科技史上是十分领先的，代表了我国古代生物科技的成就。

王观的《扬州芍药谱》还涉及到花卉种植技术的其他方面。比如，他研究了花卉的引种技术，提出了种苗在长途运输过程中如何提高成活率的具体办法："杂花根窠多不能致远，惟芍药及时取根，尽取本土，贮以竹席之器，虽数千里之远，一人可负数百本而不劳。至于他州则壅以沙粪，虽不及维扬之盛，而颜色亦非他州所有者比也。"又如，要使芍药年年保持花大叶茂，王观特别强调了芍药的分根技术，指出："凡花大约三年或二年一分，不分则旧根老硬而侵蚀新芽，故花不成。"具体的操作方法是："九月十月时，悉出其根，涤以甘泉，然后剥削老硬病腐之处，揉调沙粪以培之，易其故土。"再比如，花卉开花结果乃是自然规律，但结果过多，则养分消耗也多，必然影响来年的开花。王观观察到这一现象，便提出了"去子促花"的办法："花既萎落，亟剪去其子，屈盘枝条，使不离散，故脉理不上行，而皆归于根，明年新花繁而色润。"另外，王观的《扬州芍药谱》还分析了芍药在扬州栽培的繁荣与扬州气候和土壤等自然条件的关系，讲述了芍药繁殖、修剪和病虫害的防治技术。这些，都使得这本著作具有较高的生物学价值。

与刘攽、王观同时研究芍药花的，还有一位孔武仲。孔武仲也著有《芍药谱》一卷，全文收录在宋代吴曾著述的《能改斋漫录》中。孔武仲在他的《芍药谱》中记有扬州芍药名品 33 种，品名与刘攽的《维扬芍药谱》无一相同，与王观的《扬州芍药谱》新发现的仅有 3 种类同。今《嘉靖惟扬志》尚存原目。

宋代相继出现三本研究扬州芍药的专著，可见当时扬州的芍药的确十分繁盛，孔武仲盛赞道："扬州芍药，名于天下，非特以多为夸也。其敷腴盛大，而纤丽巧密，皆他州所不及。"王观《扬州芍药谱》也记载：扬州"今则有朱氏之园，芍药最为冠绝。南北二圃所种，几于五六万本。……当其花之盛开，饰亭宇以待来游者，逾月不绝。"宋代扬州出现如此多的芍药专著，其中主要的原因是当时扬州园林艺术的空前繁荣。当时是扬州造园的一个高峰期，平山堂、无双亭等都建于那一时期，园圃的花卉种植技术也相应地提高，从而引

扬州古运河边芍药园

起了文人墨客的关注，使得他们有条件将这些记述下来。另外，文人官吏的兴趣爱好也是重要原因，许多文人官吏对一般的农业生产的关心程度远远不及花草鱼虫，他们并不在乎一般的经济作物和粮食作物，认为那些是俗务，而关心花草则是雅事，可以得到更多的精神享受，这使得文人官吏对此类记述情有独钟，乐此不疲。再者，《芍药谱》等古代生物学著述，虽具科学技术价值，但当时文人的记述，主要还是从观赏的角度出发。除了实录性的记述外，还采用诗词吟咏等形式来抒发观感，这就产生了许多吟咏扬州芍药的诗词名篇，如秦观的"有情芍药含春泪，无力蔷薇卧晓枝"，欧阳修的"琼花芍药世无伦，偶不题诗便怨人"等等。虽说如此，三本研究扬州芍药的专著，都在客观上促进了古代生物学的发展，《中国科学技术史·生物学卷》评述："这类作品极大地促进了人们对地区性的著名动植物认识的深入，加速了人们生物学知识的积累。"

三本《芍药谱》中，是谁撰写了第一本，似有可商榷之处。历史上，一直认为第一本《芍药谱》是刘攽所著，然而确定是谁撰著了第一本《芍药谱》，其关键在于弄清三本《芍药谱》的写作时间。刘攽和王观的写作时间都很明确，刘攽写于熙宁六年(1073)，王观写于熙宁八年(1075)，而孔武仲的写作时间则一直不明。

孔武仲的生平不详。但据孔武仲《芍药谱·序》云："予官于扬学，讲习之暇，尝裁而定之，六氏之园，与凡佛宫道舍有佳花处，颇涉猎矣。惧其久而遗忘也，问之州人，得其粗。又属秀才满君方中、丁君时中，各集所闻，得其详。盖可纪者，三十有三种。世之有力者，或能邀致善工，列之图画，可揭而游四方，然未若书之可传于众也。乃具列其名，从而释之。"由此可知，《芍药谱》作于孔武仲"官于扬学"期间。尽管在《宋史》本传和其他史料中都找不到孔武仲在扬州做官的明确记录，但此事出于孔武仲的自述，且孔武仲其它诗文中也有"扬之官属相与属余为文以记之"、"昔公美为扬州都巡检使，余为州学教授"等说法，说明孔武仲担任扬州教授确有其事。有学者考证，孔武仲出任扬州教授是在熙宁二年至熙宁五年之间(1069—1072)。如果此说成立，相比刘攽写于熙宁六年，王观写于熙宁八年，孔武仲的撰写时间显然早于他们二人，由此而论，第一本《芍药谱》的撰著者则不是刘攽，而是孔武仲了。

植物学专著《野菜谱》

以野菜为对象的专著，是中国古代农书的独特组成部分。

人类早在原始社会就已经有过一段采集野生植物的经历，人们通过“尝百草”来找寻各种可以食用的植物，从中积累了大量的生活经验，为后来的农业耕作做了艰苦的准备。农业社会里，农耕技术逐渐成熟，人们的衣食住行都依赖农耕生产来解决，渐渐地，人类忘却了那一段原始的采集经历。但是，天有不测风云，当饥荒突然来临时，哪些野生植物可食？哪些野生植物不可食？又成为灾民们度荒救灾，事关生死存亡的话题。

明代，各地自然灾害不断，据邓云特《中国救荒史》（商务印书馆1937年第30页）一书统计：“明代共历276年，灾害之多，竟达1011次，这是前所未有的记录。”许多地方的灾民以稗子、草根、树皮充饥。明代中期的天顺初年至成化末年（1457—1487），全国各地外出逃荒的流民多达近200万户。在这种残酷的社会现实面前，一些关心民众疾苦的读书人和当政者，便想到人类早期“尝百草”的采集经历，他们根据自己的所见所闻，将能够充饥食用的野生植物记述成书，再传播到社会，以期有助于灾民度荒。虽然书中只是讲述自然界已有的产物，没有人类劳动参与其中，谈不上是农业生产，也谈不上是传统意义上的农书，但著述目的是要以天然的物产来补人力的不足，具有很明显的实用性，并且，有许多“百草”，作者除了耳闻目睹外，很可能是“口尝身验”，因而意义更为特殊。这类著述，其科技价值与《芍药谱》等谱录类著作一样，都是古代应用植物学的重要组成部分。

这一时期，扬州高邮有一位隐居乡土的读书人，便写了这样一本野生植物谱录类的专著——《野菜谱》，这位读书人叫王磐。

王磐（1470—1530），字鸿渐，高邮人。明代散曲家、画家，亦通医学。少年时曾经应试，不第，便寄情于山水诗画之间，一生从未做过官。他曾在高邮城西筑楼为宅,自号“西楼”,故世人称他为“王西楼”。他著有《王西楼乐府》,以散曲最享盛名,其散曲《朝天子·咏喇叭》是明代散曲中的名篇。此散曲字数不多,故录之:“喇叭,唢呐,曲儿小,腔儿大。官船来往乱如麻,全仗你抬身价。军听了军愁,民听了民怕,哪里去辨什么真共假?眼见的吹翻了这家,吹伤了那家,只吹得水尽鹅飞罢!”明眼可见,这篇散曲明里是“咏喇叭”,实际上是讽刺朝廷官宦乘船到高邮,骚扰民众。文字虽短,但曲中的讥讽嘲弄,堪称淋漓尽致。也正是由于王西楼同情民众的疾苦,想到了前人“尝百草”的经历,当灾荒来临时,这本解救灾民的《野菜谱》便及时地问世了。

1521年,江淮一带大灾。《野菜谱》自序云,王西楼因亲见江淮间连年水旱,饥民采摘野菜充饥,考虑到许多植物“形类相似,美恶不同,误食之或至伤生”,为防止民众误食,他翻阅群书,又亲自查访,经过仔细筛选,挑选了可食用的60余种野菜,编撰成书。

乌英(《野菜谱》)

此书仅为一卷。为了能够“因其名而为咏,庶几乎因是以流传”,他将所录的每一种野菜都配上图,附上诗。配图是为了便于识别,附诗是为了便于流传,目的是帮助人们记住和辨识。书问世后,影响很大,明代徐光启将《野菜谱》全书收入他的《农政全书》。后由滑浩删去了绘图,仍用原书名《野菜谱》刊行。明末,姚可成汇辑《食物本草》一书,也将《野菜谱》辑录其中。

荠菜儿(《野菜谱》)

《野菜谱》的诗都是歌谣体的,读起来朗朗上口,例如:

江荠

江荠青青江水绿,江边挑菜女儿哭。爹娘新死兄趁熟,只存我与妹看屋。

猫耳朵

猫耳朵，听我歌，今年水患伤田禾。仓廪空虚鼠弃窠，猫兮猫兮将奈何？

抱娘蒿

抱娘蒿，结根牢，解不散，如漆胶。君不见昨朝儿卖商船上，儿抱娘哭不肯放。

车前草

车前草，生道旁，马蹄轮毂春风狂。只今千里无人迹，萋萋野草生荒凉。

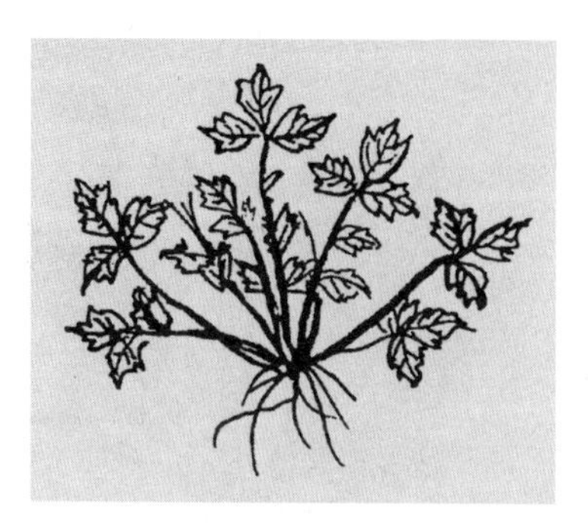

油灼灼（《野菜谱》）

猫耳朵（《野菜谱》）

王西楼擅长写散曲，《野菜谱》即发挥了其特长。从样式上说，《野菜谱》的诗是咏物类的民歌，是以野菜的名称起兴，吟咏自己的所思所想，所感所叹。写诗，对古代文人来说，十分常见，但是，以救荒野菜为题材，以关注民生为要旨，则是前无古人后无来者。读读这些歌谣，联想到灾荒的恐怖和民众的痛苦，王西楼的诗实际上是“以歌当哭”！

其实，就在王西楼的同时代，还有几个文人，也写了以野生可食植物为题材的专著，如明末著名文士周履靖撰有《茹草编》，风流才子高濂撰有《野蔌品》等。这类书中列举了各种野蔬，总结了调理加工的方法，写作意图，显然是教人如何尝鲜品异，这与王西楼的主旨是迥然不同的。故而，这一类的野蔬专著应该归入“清供类”。与“清供”文人相比，王西楼则是难能可贵，可歌可泣。

我国古代，药食同源，对野生植物的研究主要是从药物学的角度入手，如吴普的《吴普本草》和李时珍的《本草纲目》等，对这类研究，学术界称之为本草学。王西楼的《野菜谱》则是从食用的角度，对野生植物的经验性知识重新进行认识和总结，开辟了对野生植物的认识利用的新途径和新方法，可以看作是我国本草学从药物学向应用植物学发展的一个标志。

王西楼的《野菜谱》不是药物学专著，但对后世的药物学，尤其是本草学的

白鼓钉(《野草谱》)

研究产生了很大影响,最典型的例证就是李时珍的《本草纲目》。李时珍(1518—1593)是我国古代著名的医学家,他集前人本草学研究之大成,编著了《本草纲目》一书,全书记录的药物总数达1892种,其中矿物类药物355种,动物类药物443种,植物类药物1094种。李时珍晚于王西楼约半个世纪,编著《本草纲目》时,《野菜谱》是他的必备参考资料,《本草纲目》有多处就直接引用了《野菜谱》的文字,如《野菜谱》中有“地踏菜”,王西楼云:“一名地耳,状如木耳,春夏生雨中,雨后采,见日即枯,熟食。”李时珍《本草纲目》的《菜部》卷二十八《菜之五》有“地耳”,云:“地耳,亦石耳之属,生于地者也。状如木耳。春夏生雨中,雨后即早采之,见日即不堪。俗名地踏菰是也。”又如《野菜谱》中有“马兰”,王西楼云:“食苗叶,生湖泽卑湿处,赤茎白根,长叶有刻齿状,二月生苗,焯食可济荒。”《本草纲目》的《草部》卷十四《草之三》也有“马兰”,云:“马兰,湖泽卑湿处甚多。二月生苗,赤茎白根,长叶有刻齿,状似泽兰,但不香尔。南人多采,晒干,为蔬及馒馅。”两相对比,文字的相同处甚多,《野菜谱》与《本草纲目》的承继脉络,是十分明显的。因而,王西楼的《野菜谱》也在另外一个层面上为我国古代药物学的研究与发展,做出了不可磨灭的贡献。

第二章　舟船、航运与水利

隋炀帝诗句“淮南江北海西头”，十分准确地说明了扬州水网地区的地域特点。大运河的开凿又使得扬州成为中国东部的交通枢纽。从古代的独木舟到当代的远洋轮；从战国时期的“邗沟开凿”到当代的“南水北调工程”；从东汉的“扬州五塘”到当代的“江都水利枢纽工程”；以及历朝历代与国计民生息息相关的漕运、盐运、中外通商等，都使得扬州成为我国舟船制造、航运工程与水利科技的重镇。翻开中国交通史和中国水利史，几乎每一个时代，扬州人都写下了令人瞩目的一笔。

古代舟船的制造与使用

扬州濒江临海，地处水网地带，舟船一直是古代扬州以及周边地区主要的交通运输工具，生活在这里的民众，无论是经济生产还是日常生活，“不能一日废舟楫之用”，唐代诗人白居易在《盐商妇》一诗中说：“南北东西不失家，风水为乡船作宅。”姚合在《扬州春词》中感叹：“车马少于船。”罗隐在《炀帝陵》中则云：“入郭登桥出郭船。”都是说舟船对于扬州民众来说具有不同寻常的重要性，是古代扬州民众生产和生活不可缺少的一部分。

从原始的独木舟到当代的万吨远洋轮，千百年来扬州人用自己的聪明才智制造出了各种各样的舟船，许多舟船至今仍是历史学家和考古学家经常引用的范例。扬州的舟船制造，谱写了中国交通史上的重要篇章。

1. 独木舟

20 世纪 60 年代以来，扬州相继发现了三艘唐宋时期的独木舟，两艘在城内，另一艘在城南。

独木舟是人类最早的水上交通工具，《周易·系辞》说：“伏羲氏刳木为舟，剡木为楫。”是说伏羲氏发明了独木舟。中国古代常有将某项发现和发明归功于某人的做法，如燧人氏发明火、仓颉造字等。其实，独木舟的发明大约不会是某人在某一刻的突发奇想，应该看作是那一时代生活在水边、常在水上活动的部族或人群的集体创造，是他们在水上的活动，在与水的搏斗与抗争中摸索出了“刳木为舟，剡木为楫”的办法。有人率先使用了这一方法，最早的独木舟便诞生了。

“刳木为舟，剡木为楫”虽说只有八个字，却是准确地描述了独木舟的制造过程。“刳”是挖空之意。上古时期生产力低下，工具极为简陋，主要是石斧、石锛等。仅靠石制工具要挖空一株大树的树干，并非易事，有学者推断，挖空大树时要借助火。是在树干的外侧涂上湿泥，用火烧烤未涂泥的部位，待这些部位烧焦成炭时，石制工具才能挖动，边烧边挖，待树中心挖成又宽又深的凹槽时，便是“独木成舟”了。有了舟，还须有桨，这就是“剡木为楫”。“剡”是削平之意，“楫”是指木桨。“剡木为楫”，是说削木成桨，以便划水行舟。有舟，又有楫，便能如《周易注疏》所云：“舟楫之利以济不通，致远以利天下。”

独木舟出现的年代十分久远，因树木易腐，埋入土中数千年而能完好地保存至今，几乎是不太可能的，所以考古专家们至今没有发现过原始社会的独木舟实物。但独木舟的制作工艺较为简单，在有了铁制的刀、锯、斧、凿后，制作更为方便，于是，独木舟制造和使用的历史也就延续了很长一个时期，即使后来人们已经使用木板船等先进的船型，独木舟仍在制作使用。扬州出土的唐宋时期的独木舟，说明到了唐宋，人们仍在使用这一古老的船型。

唐代的独木舟，是1978年在扬州“七八·二”工程的工地上发现的。据《扬州“七八·二”工程工地唐代文化遗存清理记略》一文介绍，当时“在工程中段，市革会门口的主干道上，发现了一条南北向的河流。河床宽约30米。在向北通到市革会内的支干道中，发现了二号桥址和独木舟遗迹。……一号独木舟。出于桥墩南侧，系楠木凿成……舟残长6.3米，宽0.7米，口宽0.52米，呈‘U’形，舟内有对称的隔仓凹槽及隔仓板。此舟已腐残，但还可以看出其形体，舟尾部平齐，头端尖翘，舟内发现竹篾片。……二号独木舟，舟长6.1米，宽0.6米，两端平齐”。这两艘独木舟都沉没在木桥的桥墩处，估计这两艘船都是扬州市区内河用于短途运输的小船，因桥墩处的航道相对狭窄，有大船的挤逼，便撞上了桥墩，先后沉没。具体的沉没时间，由于在独木舟附近出土了唐代的碗、罐、“开元通宝”等遗物，考古专家以此为据，确定为晚唐时期。

宋代的独木舟，是1960年3月在扬州城南施桥镇的挖河工地上发现的。施桥镇距长江不远，镇东300米处有一条长江的夹江，由东向西再折向南，与长江汇合。独木舟就是在距施桥镇400米新开河的西坡发现的，与独木舟同时发现的还有一条大木船，两船紧靠在一起，大木船在东，独木舟在西。《文物》1961年第6期上发表的《扬州施桥发现了古代木船》一文介绍：独木舟“是以一棵大楠树当中刳空而成。船的两头微翘，以檀香胶合并钉补木板，树

宋·独木舟(扬州城南施桥镇出土)

根为船尾;树梢为船头。圆底。整个船作长条形,全长13.65米,宽75厘米,深56厘米,舷和底厚各6厘米。船头右边,有一拴绳子的木扣,船尾有两个方形的穿孔。”另外,文中还介绍在独木舟的前头发现一根已经断为四截,残长1.6米,共44环的铁链一根。从发掘现场的描述可以看出,这条独木舟估计就是那条大船的附属船,是船民离开大船时使用的短程交通船,铁链的用途可能是将独木舟拴连在大船后。关于年代,文中说明:“由于掌握的材料不够全面,木船的绝对年代尚无法肯定。……我们认为属于宋代的可能性较大。”也有学者认为施桥的古船应该属于唐代,朱江先生的《海上丝绸之路的著名港口——扬州》和王冠倬的《中国古船》,都持这一看法。

古代的独木舟如今不再使用了,但人们并没有忘记它。在扬州里下河水乡的民间歌舞中,有一个深受民众喜爱的节目叫《荡湖船》,其中“湖船”的形制十分独特,窄窄的,长长的,仅容一人站立其中,虽说是歌舞表演的道具,却是独木舟的形象。水乡的民众借助歌舞表演,表达出对祖先们使用过的独木舟的怀念。

施桥的独木舟如今保存完好,现作为扬州的出土文物,在扬州博物馆常年展出。

2. 木板船

木板船是指船体用木板组合拼装而成的船舶,从产生的年代顺序看,应是在独木舟的基础上创造出的一种新型船只。木板船的出现,改变了独木舟船身狭窄、承载量小的缺点。木板的拼装组合,不仅放大了船体,增加了承载量,同时为后来风帆、船舵等舟船专用器具的发明提供了基础条件。木板船的出现,是人类舟船制造史上的一大创举。

木板船的最早出现是在商周时期,到了春秋战国时期,舟船制造技术即已达到相当高的水平。

春秋时期,诸侯国之间战争频繁,幅员辽阔的中原主要靠车马,水网密布的江南则离不开舟船,故《越绝书 · 逸文》云:"山行而水处,以船为车,以楫为马,往若飘风,去则难从。"战争的需要,推动了水上运输业的发展,也推动了舟船制造业的进步。《吴越春秋》一书中说当时吴国的战船有大翼、中翼、小翼三种,又称"三翼"战船,另外还有突冒、楼船、桥船等。其中大翼战船,长12丈,宽1.6丈,折合成今天的米制,长达27.6米,宽达3.68米。《太平御览》卷三百一十五云,可"容战士二十六人,棹(卒)五十人,舳舻三人,操长钩、矛、斧者四,吏仆夫长各一人,凡九十一人"。有这等规模的舟师,吴国便图谋争霸,北上伐齐。公元前486年,吴王夫差利用江淮之间的湖泊开运河,使长江、淮河这两大水系贯通起来,这就是《左传》中所说的鲁哀公九年"吴城邗,沟通江、淮"。邗沟初凿,河道迂曲浅窄,估计大型的战船难以通行,吴王夫差便将伐齐的舟

春秋时吴国 · 大翼战船

师，一部分从邗沟通过，另一部分则沿黄海北上，《左传·哀公二年》云：公元前 485 年吴王夫差派大夫"徐承帅舟师自海入齐"。这次"自海入齐"是我国历史上第一次舟师船队的航海活动，是海上航行近千里的战略包抄，可见当时的吴国不仅在内河，在沿海也有了相当规模的航行能力。

以上的叙述，说明当时的邗地已经广泛使用舟船。是否已经建造舟船了呢？因缺乏文字和考古资料，尚不明确。能够有证据说明的扬州制造舟船的年代，那是到了汉代。考古发现表明，汉代广陵已设有"船宫"，"船宫"管理造船的"木客"，为当时的诸侯王制造舟船。

1980 年，高邮的天山发现了汉广陵王刘胥的墓葬，墓椁是用巨大的楠木拼合而成，计用 857 块，其中墓椁盖板长达 12.8 米，断面为矩形，边长 0.53 米。引起我们注意的是有的楠木上面刻有用汉代隶书书写的"广陵船宫材板广二尺四……"等字样。在墓椁用料中出现"船宫材板"，估计是修建墓椁时，备料不足，临时动用了"船宫"造船用的"材板"。因是临时动用，"广陵船宫"的字样来不及去除，就被移用到了墓椁中。船宫，是汉代设立的造船工场，在工场里劳作的造船工匠称为"木客"。据有关资料介绍，汉代船宫规模相当宏大，船宫里分造船台和木材加工场两个作业区，船台上有用枕木搭建的的滑道，滑道有一定的高度，可以让工匠在船底进行钻孔、打钉、艌缝等作业。如果以广陵王墓椁盖板楠木的长度来推算，估计当时的广陵船宫可以造出宽约 5 米，长约 30 米的大木船。

汉代的木板船为提高船体的抗冲击强度和抗沉没能力，已采用横隔舱结构技术。在舟船的推进和操纵设施上，已广为采用风帆和尾舵。舵是古代中国的一大发明，直到公元 10 世纪前后，阿拉伯地区才从中国引进了船舵技术，12 世纪前后这一技术才又从阿拉伯地区传到欧洲。

橹和锚是舟船上的另外两种重要的器具，发明和使用也是在秦汉时期。橹是从长桨演化而成。划桨是用桨叶一次次地划水，是间歇性的；而橹是左右连续不断地摇，是连续性的。另外，橹叶摇动时是在水中滑动，很省力，却能像螺旋桨的叶片那样产生较大的升力推动船体前进，所以橹比桨更高效。

橹也是中国对世界造船技术的重大贡献。

木板船直至近代仍在民间使用。其中江淮一带最常见的木板船便是小舢舨、打渔船和农用船，这类船的共同特点是船体狭长，船头和船尾尖瘦，头尾都铺木板为甲板，以利船夫操作。中间为舱，舱容积不大，或搭卷篷遮风雨，或敞口载货物，用途多样。扬州的里下河水乡，农家也会造木船，江都的邵伯镇和兴化的竹弘乡，都曾是木船制造的专业乡镇，许多木匠师傅都会造船，造木船在木工行业中称之为“水木作”。

3. 沙船

漕运，在中国古代社会被视为事关国家兴亡的大事。早在秦汉，政府就从盛产豆麦的河南，把粮食转运到缺粮少米的陕西，这是我国古代最早的粮食转运。隋唐时期农业经济的重心南移，有了南粮北运的需求，要满足这种需求，首要的问题就是交通运输。《隋书·高祖上》云：“庚戌，于扬州开山阳渎，以通漕运。”隋炀帝即位（605—617），把原有的运河沟通连接起来，引洛水达于河，遏河水入汴，拓邗沟入江、淮。南北之间，运道由此通达，转输日益便利。于是大运河就被人们称为“运粮河”，位于长江和运河交汇处的扬州也就成为漕运中转的大港。

另外，一直由政府垄断的盐业，到了唐代管理更严。唐玄宗开元二十二年（734）江淮转运使裴耀卿在扬州设转运院，专门运销淮南各盐场的盐。唐代晚期制定了榷盐法后，扬州商运盐的数量大增，淮南淮北的盐都集中到扬州，再转发各地。日本僧人圆仁在《入唐求法巡礼行记》中写道：日本入唐大使船在大江口外见到“近侧有盐官”，“申终，到延海乡延海村停宿。……半夜发行。盐官船积盐，或三四船，或四五船，双结续编，不绝数十里，相随而行。乍见难记，甚为大奇”。运盐船之多，反映了运盐量之大。可见唐代扬州既是“漕粮”的中转大港，又是“漕盐”的运销中心。

唐代扬州还是中外交往的通商大港，当时来扬州贸易的“胡商”达数千人。这些胡商多数为阿拉伯地区的商人，也有东南亚、西北亚和北非的客商。胡商的一部分是从陆上丝绸之路进入中国，再由京城长安出发，沿洛水、汴水和淮水南下扬州。而另一部分则是从海上进入扬子江口，再溯江而上直达扬州。特别是中国与日本的交往，其中有中路航线，是从日本九洲西北的值嘉岛（今日本的平户岛及五岛列岛）向正西方向横渡东海，即可到达扬州或明州（今宁波）。这条航线是中唐时期开辟的，是中日之间最短的航线，若遇顺风，十日左右即可由日本到达中国。唐代扬州高僧鉴真大师东渡日本弘法，曾有六次东渡日本的计划，最后一次东渡成功，是从扬州先乘小船到长江口的黄泗浦（今张家港），再搭乘日本遣唐使的船启航。

粮运、盐运、对外交往，事关国计民生，扬州交通运输枢纽的作用十分明显。交通运输的需求，也带来扬州造船业的兴旺，当时中国沿海造船的主要地区，北方有登州、莱州，南方则有扬州、明州、福州和广州。尤其是“当时的扬州不仅是中国一大港口，而且也是中国最大的漕船设计和制造中心”（辛元欧《上海沙船》）。

扬州造船业的发展中有一个人起到了非常重要的作用，他就是唐代的“理财专家”转运使刘晏。《新唐书·刘晏传》、《资治通鉴》卷二百六十六等资料记载，刘晏曾为唐朝廷的户部侍郎、吏部尚书，安史之乱后，宝应二年（763）刘晏任转运使。在漕运上他改进了前人的分段运输法，以扬州为起运点，江南各地米粮先运至扬州集中，再组织漕船沿运河运往北方，这样可以缩短等候水位涨落的时间。同时又“以江、汴、河、渭水力不同”，“各随便宜造运船，教漕卒”，使“江船不入汴，汴船不入河，河船不入渭。江南之运积扬州，汴河之运积河阴，河船之运积渭口，渭船之运入太仓”，“其间缘水置仓，转相受给”。为适应改进了的分段运输法，《资治通鉴》卷二百二十六记载：“建中元年（780）……（刘）晏于扬子置十场造船，每艘给钱千缗。”扬子，即今扬州城南的瓜洲、仪征一带，唐代曾设扬子县。所设的10个造船场，可以建造江船和汴船。江船，即可在长江下游走沙的平底漕船。汴船，当时又称“歇艎支江船”，艎是指船上的艎板，即舱口盖板，盖板隆起在舱口之上，故谓之“歇艎”。这种平底的漕船载重量很大，据《新唐书·食货志》云，此船体形肥阔，底平舱浅，可载一千斛，装卸方便，当时共造2000艘。航行时，以十船为一组，每组有船工 300 人,可见规模之大。

扬子十场造的船都是平底船,俗称沙船。沙船的得名,是由于唐武德年间(618—626)长江口经长年的流沙冲积,在入海口处形成一岛,名崇明,俗称崇明沙。江船有时也从长江口入海,在北洋浅水海域航行,往返都要经过崇明沙,故沿海一带名此船为"沙船"。沙船十分适合于长江、运河的漕运,因而在内河航运的沙船又称之为"漕船"。

运河不是天然的河流,是人工开挖的,本身无水源,运河水要靠江水、淮水、河水及沿途湖泊的接济。由于是人工开挖,不可能挖得很深,因而运河水通常都比较浅,为了阻水、蓄水,运河上还筑有多道堰埭。特殊的航道和漕运的特殊作用,对沙船的船型设计提出了特殊的要求,要求沙船吃水浅,但载重量要大;要能行沙涉浅,不致倾覆;顺风逆风都能航行;还要能过堰埭,综合的适航性能要好。按照这些要求,沙船的船体便设计成又长又宽又扁,底部平,头部方,尾部也方,尾部通常出方艄,遇到浅水,尾舵可升降,可借助其宽阔的平底坐落在浅沙上。由于沙船有诸多优点,不仅官方的漕运所用,民间运输也广为采用,逐渐成为我国古代沿江近海的四大基本船型之一。这四大基本船型为沙船、福船、广船和乌船。

1961 年《文物》第 6 期上发表了江苏省文物工作队的《扬州施桥发现了古代木船》一文,文中报道扬州施桥出土了唐代的一艘木船和一艘独木舟(即前文已经提到的施桥独木舟),据专家分析,这条木船即是沙船,出土时"船艄部分已被破坏,残长 18.4 米(原长 24 米),中宽 4.3 米,底宽 2.4 米,深 1.3 米,船板厚 13 厘米。……平底。从残存的情况来看,全船大体可分作五个大仓,其中还可能分若干小仓"。船的隔舱板及舱板枕木都与左右船舷榫接,船舷由四根大木拼成,用铁钉成排钉合而成(铁钉长 17 厘米,钉帽直径 2 厘米。平均每隔 25 厘米钉一根钉),船底也采用了同样的方法,整个船身都是以榫头和铁钉并用衔连的方法建造的。木料上有节疤和裂痕处,则用小块木片补塞,木板之间都用油灰填缝。全船制作精细,结构坚固。

《新唐书 · 食货志》记载:"(刘) 晏为歇艎支江船二千艘,每艘受千斛。"

按“以粳米一斛之重为一石。凡石者以九十二斤半为法”计算,刘晏所造的“受千斛”的船只,载重量应该在46吨左右。按照施桥唐船船长、船宽及吃水的深度,其净载重量足可以达到45吨之数,与“受千斛”相当,据此推测施桥唐船可能就是刘晏所造。《中国科学技术史·交通卷》也认为,施桥木船的特点是:“船体肥阔,底平舱浅,正与当今的‘半舱驳’相类似,适于在长江与黄河之间的运河上运输粮食和盐巴。”

1973年6月,在今扬州以东的如皋县一条叫马港的河旁,也出土了一条沙船型的木船。据1974年《文物》第5期《如皋发现唐代木船》一文介绍,出土时这条船“现存船身实长17.32米,船面最狭处1.3米,最宽处2.58米,船底最狭处0.98米,最宽处1.48米,船舱深1.6米。船身用三段木料榫合而成,

唐·广陵郡如皋沉船复原示意图

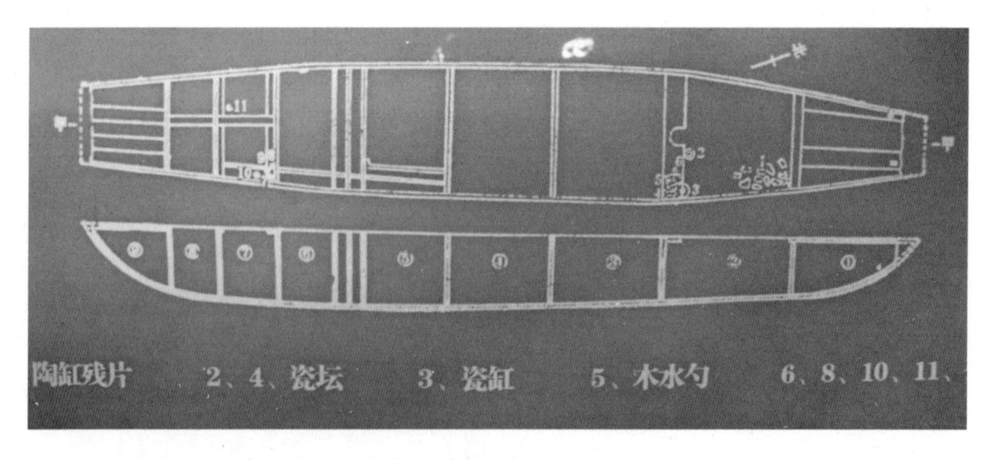

唐·广陵郡如皋沉船平面、断面结构图

形状细长，头尾部稍狭，船底横断面呈圆弧形，船舷厚 4~7 厘米，船底厚 8~12 厘米”。文物专家根据船中的遗留物推断这条船“应属唐代，约在高宗以后”。从整体结构看，船身窄而长，底平，吃水浅，有单桅。从它的容积来计算，可载重 20 吨左右。从船形特征看，应为沙船。

这条船沉没的地点是在今江苏如皋的蒲西，如皋在唐武德年间，属淮南道广陵郡。专家评价，这条船的制造工艺在当时是比较先进的。船舱及底部采用了用铁钉钉成人字缝的榫合技术。所谓“铁钉人字缝榫合技术”是指这条船“除底部是用整木榫接外，两舷和船隔舱板以及船篷（舱面）盖板均用铁钉钉成，它的两舷共用七根长木料上下叠合，以铁钉成排钉合而成。……铁钉共分两排，上下交叉钉成，平均每排隔 12 厘米一根，上下交叉钉成，相隔 6 厘米。这种重叠钉合的办法，称为人字缝”。木板缝和钉眼还要填上桐油、石灰，使船体更加严密坚固。“铁钉人字缝榫合技术”虽然没有现代的木船榫合技术先进，但据日本学者桑原考证，唐时大食（波斯）船舶“不用钉，以椰子树皮制绳缝合船板，其隙则以脂膏及他尔油涂之，如此而已”（《中国科技史·交通卷》）。相比之下，如皋的这条木船采用“铁钉人字缝榫合技术”，并且用我国特产的桐油保护船木和铁钉，这些都是十分先进的。直至今日，用桐油、石灰和麻丝仍是木船捻缝所必需的，我们至今还在使用这一技术。

唐代扬州的施桥木船和如皋木船都是沙船船型，故而有许多相似之处。两条船的船身都用榫接和铁钉衔接，铁钉的长度也相仿，一为 17 厘米，一为 16.5 厘米。钉帽直径也差不多，一为 2 厘米，一为 1.5 厘米。铁钉使用方法都是成排钉合，只是钉与钉的间距不同。船舷都是用几根大木叠合而成，施桥木船是用 4 根，如皋木船是用 7 根。这些都说明唐代扬州沙船的制造不仅具备了一定的规模，其生产制作的工艺技术也比较普及、比较规范、比较成熟。尤其值得一提的是两条船都采用了设水密舱的造船技术，施桥木船有 5 舱，如皋木船为 9 舱。“此种分成多舱的船型有两大优点：一者若因触礁或碰撞即使某舱有破洞而淹水，也将不致波及到邻舱，从而可保证全船的安全；二者由众多舱壁支撑的船底、船舷和甲板，使全船具有整体刚性，当可增加船舶的总体强度和局部强度。船舶的水密舱壁是中国的一项创造。……江苏如皋唐代木船所见的舱壁，则是迄今所能见到的最早的实物证据。提到‘用横向舱壁来分割货舱’，李约瑟（注：科技史学者，英国人）写道：‘我们知道，在19世纪早期，欧洲造船业采用这种水密舱壁是充分意识到中国这种先行的实践的。’”（《中国科学技术史·交通卷》）

唐代扬州善造平底沙船的造船优势，一直沿续到宋元时期。北宋时，扬州造船工场集中在沿江的真州（今扬州仪征）一带，宋代史料中有多处记载。《宋史·食货上三》云：“熙宁七年（1074）……增置漕舟。……又令真、楚、泗州各造浅底舟百艘，分为十纲入汴。”《宋会要辑稿·食货五〇》也有记载：“元丰三年（1080）……六月二十七日诏：真、楚、泗州各造浅底船百艘，团为十纲，入汴行运。”两则记载中都提到的“浅底”船，即为沙船。宋代扬州所造的船，不仅有货物运输用的漕船（又叫纲船），同时还制造供官员乘坐的客船（又叫座船）。漕船又分运盐船和运粮船两种，其中所造的运盐船可达60~80吨。

由于沙船具有在黄海浅沙水域航行的特长，到了元代，漕运改以海运为主时，扬州便成为我国重要的沙船型海船的建造基地。《元史》中有多处记载，都提到扬州一带造海船，如卷十《世祖纪七》中记载，至元十六年（1279）二月甲申，“……以征日本，敕扬州、湖南、赣州、泉州四省造战船六百艘”。这批战船是为征战日本所用，必定是海船。卷十二《世祖纪九》中也记载，至元十九年（1282）九月，“壬申，敕平滦、高丽及扬州、隆兴、泉州共造大小船三千艘”。至元十九年所造的三千艘船也是海船，也就是这一年，元朝廷试行漕粮海运，并取得成功。从此以后，我国海上运输的数额逐年上升。海运发展后，扬州一带的海船造船业更加兴旺，因此《元史》卷十三《世祖纪十》中便提到元朝廷在江淮增设了专门督办造船的政府机构“造船提举司”。《行水金鉴》卷七九中还记载了在扬州训练出海漕船水手一事：“元之海漕……其行船者又顾募水手，移置扬州先加教习，领其事者，则设专官，秩三品而任之。”这些记载都说明，元代扬州在建造内河船的同时，也能大规模地建造海船。

明代江南的经济要比元代发达了许多，并逐步成为全国的经济中心之一。入明以后，虽说仍有海运，但由于海上倭寇的侵扰，海运数额锐减，到了永乐十三年（1415），运河北端的会通河开凿通航后，便废止了海运。此时扬州在南北运输上的重要作用又恢复到和唐宋一样，《读史方舆纪要》卷一二九有这样一段描述："（永乐年间）自是除河南、山东、两淮诸处运米各由近道达北京外，其浙西漕粟凡一百六十五万余石，皆自瓜洲坝达于扬州；上江及江西、湖广漕粟，凡八十八万余石，皆自仪真坝以达于扬州。扬州盖东南漕粟之咽喉矣。"扬州成为南北交通的"咽喉"，江淮一带的造船业也随之带动，当时最著名的造船场是在扬州北的清江，清江造船厂的创办人是明朝廷派来督办漕运的平江伯陈瑄，《漕船志》卷一中记载："（清江船厂）厂地界山阳、清河二县之间，东西去县各三十里，在宋元为沙河。永乐初，平江伯陈公瑄督漕，查闲旷之地，建盖厂房，令各卫所官旗鳞次而居，以为造船之所。其地南枕运河，淮水萦回，钵池环拱，肆烟津树，映带帆樯，亦淮南之形胜也。"除清江船厂外，当时的仪征卫、高邮卫、兴化所、泰州所也各有造船厂。这些船厂都是官营船厂，所造的船多为江海型的沙船，也有少量的用于黄海海上运输近海型的遮洋船。

明代造船技术又有新的发展，关于这一时期漕船建造的技术细节，明代人宋应星在《天工开物》卷九中列有"漕舫"一节，图文并茂地予以介绍和说明："平江伯陈某，始造平底浅船，则今粮船之制也。……粮船初制，底长五丈二尺，其板厚二寸，采巨木，楠为上，

漕舫（《天工开物》）

栗次之。头长九尺五寸，梢长九尺五寸，底阔九尺五寸，底头阔六尺，底稍阔五尺，头伏狮阔八尺，稍伏狮阔七尺，梁头一十四座，龙口梁阔一丈，深四尺，使风梁阔一丈四尺，深三尺八寸。后断水梁阔九尺，深四尺五寸。两廒共阔七尺六寸。此其初制，载米可近二千石。”这里所述的是陈瑄所造漕船主要的外部尺寸，其后还记载了造船的工艺程序和方法，桅、篷、舵、锚的制作工艺也一一介绍，十分详尽。在这本书的第十卷“锤锻”和第八卷“冶铸”中还讲述了四爪铁锚的锻造工艺和锚爪的焊接工艺。明代的《漕船志》也是一本与江淮一带造船技术有关的重要著作。此书是明代人席书编撰，后经朱家相增修。席、朱二人先后主持过清江船厂，他们以其亲身经历，在记述船厂历史沿革和生产管理的同时，也记述了漕船制造的相关技术和工艺。

4. 画舫

画舫是一种有华美装饰的船，专供人们游览之用。为能在水面上登高望远，画舫上常建有楼阁。

画，指彩绘装饰。舫，指连体方舟。东汉许慎《说文解字》解释：“舫，并舟也”，可知，舫不是普通的单体船，而是指两只单体船并连在一起的船。起初，单体船因其宽度小，稳定性差，不能在上面建楼。为了提高船的稳定性，就把两只船并起来，使舱面连为一体，其上也就可以造楼盖阁了。东晋时无锡大画家顾恺之的《洛神赋图》上就画有一艘画舫，这艘画舫就是连体的雕梁画栋的楼船。唐以后，船体越造越大，单体船上也能造楼阁，画舫也就不再需要两船连体。渐渐地，游览船为了稳定和舒适，也不再建楼阁。这样的一些船，后世仍称为画舫。

江南画舫，起源很早，史书上有吴王阖闾和夫差乘华美的船在太湖游玩的记述。《三国志・吴书・贺齐传》也说到吴国大将贺齐“所乘船雕刻丹镂，青盖绛檐，干橹戈矛，葩瓜文画，弓弩矢箭，咸取上材，蒙冲斗舰之属，望之若山”。贺齐的船是战船，战船上也是“雕刻丹镂，青盖绛檐”，当时的画舫则可以想见。 西晋时文学家左思有名篇《吴都赋》，其中写道：“泛舟航于彭蠡，浑万艘而既同。弘柯连轴，巨槛接舻，飞云盖海，制非常模。叠华楼而岛峙，时仿佛于方壶。”赋中所写的是孙权所乘的巨舟“飞云”和“盖海”，远远望去，巨舟上华楼重叠，如岛屿耸峙，人居其中，如入蓬莱仙境。徐坚《初学记·卷二十五·舟》也记载南朝时宋孝武帝“度六合，龙舟、翔凤以下三千四十五艘，舟航之盛，三代二京无比”。这里的“龙舟”、“翔凤”都是专供皇家乘坐的大型画舫。这些史料都说明长江下游的画舫，早在隋唐以前就已经“制非常模”，在中国造船史上独树一帜了。

也是因为江南有上述建造画舫的传统和技艺，故而到了隋代，隋炀帝便有了两次在扬州大造龙舟的“壮举”。《资治通鉴》有两则记载，一则是在《隋纪四》中，云：“大业元年（605）三月……庚申，遣黄门侍郎王弘等往江南造龙舟及杂船数万艘。”另一则是在《隋纪六》中，云：“隋炀帝大业十一年（615）……杨玄感之乱，龙舟水殿皆为所焚，诏江都更造，凡数千艘，制度仍大于旧者。”这两次造龙舟，可称是盛况空前，《扬州图经》转引《炀帝纪》云：所造“龙舟四重，高四十五尺，长二百尺。上重有正殿、内殿、东西朝堂，中二重有百二十房，皆饰以金玉，下重内侍处之。皇后乘翔螭舟，制度差小，而装饰无异。别有浮景九艘，三重，皆水殿也”。除龙舟和翔螭舟外，其他的奇船异舶也多达5191艘，据司马光《资治通鉴》卷一百八十云，有浮景舟9艘，大朱鸟航24艘，苍舫航24艘，白虎航24艘，玄武航24艘，飞羽舫60艘，青凫舸10艘，凌波舸10艘，五楼船52艘，三楼船120艘，二楼船250艘，板舱200艘，黄蔑舫2000艘，平乘500艘，青龙500艘，艨艟500艘，艚舟500艘，八棹舸200艘，艋舸200艘。这些舟船供“后宫、诸王、公主、百官、僧、尼、道士、蕃客乘之，及载内外百司供奉之物，共用挽船士八万余人，其挽漾彩以上者九千余人，谓之‘殿脚’，皆以锦彩为袍。……并十二卫兵乘之，并载兵器帐幕，兵士自引，不给夫。舳舻相接二百余里，照耀川陆，骑兵翊两岸而行，旌旗蔽野”。（《扬州图经》转引《炀帝纪》）隋炀帝分别于大业元年（605）、大业六年（610）和大业十二年（616）三次乘龙舟驾临扬州，可以看出，隋炀帝几乎是把他的皇宫、兵营、寺观等悉数搬迁，从陆上搬到了水上，远行千里之遥，从东都洛阳来到扬州，随身而行，贴身而侍。其规模之大，数量之巨，装饰之美，在中国及世界造船史和航运史上都是十分罕见的。

清代《南巡盛典》中载有一首乾隆皇帝的诗，其中云："清晨解缆发秦邮，落照维扬驻御舟。"即是叙说了乾隆皇帝沿运河南下，乘龙舟到扬州的史实。清代乾隆皇帝下江南，所乘的龙舟在形体上虽不及隋炀帝的那么宏大，但在华美精致上毫不逊色。据《扬州画舫录》卷一云，乾隆所乘的龙舟"名安福舻、翔凤艇、湖船、扑拉船，皆所谓大船也"。关于船上的装饰，《南巡秘纪》一书中有几处描述，其一云："御河如带，画鹢衔尾而进，锦缆牙樯无虑千百。……大舟楼船之上层，冠珠被锦，金龙璀璨附其体。"其二云："是日龙舟凡二艘，上乘其巨者……舟以绣幡锦屏为四幂，中嵌五色玻璃，映日成霞彩，四围立象玉为柱，鲜花绕之，香风披拂，缆则以锦带纂组为之，二十五女各挽其一端。舟行甚缓，而其上复有荡桨女数人，故牵挽者实不劳用力也。"可见，乾隆的龙舟绝不亚于隋炀帝的龙舟。有意味的是乾隆和隋炀帝相距一千多年，但他们都不约而同地用女子充当龙舟的纤夫。如文中所云，这些女子拉纤，"实不劳用力"，明眼人一望便知，帝王的目的是要借助为龙舟拉纤，将皇家后宫里宫女如云的场景"随身携带"，如此一来，帝王乘坐的龙舟也就必定要装饰得如同金銮殿一样了。帝王的龙舟，是中国画舫这一特殊用途的船型在造船史上的极致。

除帝王乘坐的龙舟外，民间也有各种各样的画舫，这些画舫在雕梁画栋上虽不及龙舟那样华贵，但在样式上却更有特色。江淮一带的画舫，无论是数量之众多还是形制之精巧，当以清代扬州为最。

清代扬州有一位著名的学者，名李斗。他以毕生的精力，历时三十年，撰写了中国地域文化史上的名著《扬州画舫录》。这本书虽然名为"画舫录"，却不是专言"画舫"，而是借"画舫"为题，以笔记体的形式，记述了康乾年间扬州民众丰富多彩的生活场景，堪称是清代康乾年间的气势恢弘的"清明上河图"。李斗虽然托名，却在书末专列一卷，即书中的第十八卷"舫扁录"专门讲述了画舫的各种形制和名称。

李斗笔下的画舫多是民间用以经营的游览观光船，关于扬州民间画舫的起源，李斗认为“扬州画舫，始于鼓棚”。鼓棚，是一种用于驳盐的船，这些驳盐船因年久腐朽，不能用于长途运输，便拖入内河，经过一番改造装修，“架以枋楣椽柱”，便为画舫。由于这些驳盐船原本体量较大，改造后可在画舫上置办酒席，最大的可置三席，谓之“大三张”，席面稍小的，谓之“小三张”。还有一些船原本是驳盐船的脚船，船型小巧，改造后的“枋楣椽柱”如同架空的“瓜蔴架”，便谓之“丝瓜架”。又有一类船叫“飞仙”，是木顶船，原本是扬州一位姓沙的所造，后来这类木顶的画舫又称为“沙飞”。“沙飞”原本是用船篙撑着行进，梢舱里常设有炉灶，以备客需。如果没有炉灶，就谓之“江船”。如果用橹作动力，就叫“摇船”。用单桨划行的叫“划子船”，用双桨的就叫“双飞燕”，又叫“南京篷”。“沙飞”船如果是前部是席棚，后部为木顶，则俗称“牛舌头”。若是重檐飞舻，有小卷棚的，就叫“太平船”。用棕麻盖顶，就叫“棕顶”。高档的“沙飞”两侧舷窗镶嵌玻璃，则谓之“玻璃船”。

扬州画舫都有舫匾，民众即以舫匾或民众的俗称以呼其名。《扬州画舫录》中逐一列举了从明代末年到乾隆年间各条画舫，有 261 条之多。有的不仅列出其名，还指出船的特点和船名的来历，如有一条船，名“红桥烂”，李斗的注释为：“‘大三张’无灶。惟此船设茶灶于船首，可以煮肉。自码头开船，至红桥则肉熟，遂呼此船为‘红桥烂’。”又有一船，名“孔三张”，这条船是一条“大三张”，是因为“中有孔东塘（孔尚任）书‘壶觞须就陶彭泽，风俗犹传晋永和’一联”而得名。可见扬州画舫的形制是多种多样的，有的偏于实用，有的重在雅致。这些画舫都相对固定地停靠在扬州城里的各个码头，以待游客租用，这些码头有高桥、便益门、广储门、天宁门、北门、小东门、大东门、南门上下两码头、西门、虹桥和平山堂等。画舫的数量多，码头也多，可见扬州画舫之盛。

5. 车船和课船

南宋时由于战乱，扬州造船以战船、马船（运送兵马的船）为主。尤其是战船，需要快速行进，其推进技术得到了极大的改进。《“车船”考述》（《文史知识》1988 年第 11 期）一文云：“到宋朝，我国古代车船进入了大发展的时代。

宋朝水军备有桨轮战舰的最早记载是1130年。其时宋室南渡，江淮之间成为南北对峙的主战场，江防的重要性上升到首要地位。”这里的“桨轮战舰”就是一种具有新颖动力装置的战船。

这时，在扬州的长江江面上出现了一种名为“飞虎战舰”的战船，据《建炎以来系年要录》卷五云：“右宣教郎和无为军王彦恢言：舟车之法，以轻捷为上。彦恢所制飞虎战舰，傍设四轮，每轮八楫，四人旋斡，日行千里。”这段文字中的“飞虎战舰”实际上就是《“车船”考述》中所说以“桨轮”作为动力的新型战船，又叫“车船”。车船上的“桨轮”是如何转动的呢？《梦粱录》卷十二说得较为明白：“……车船，船棚上无人撑驾。但用车轮，脚踏而行，其速如飞。”两则文字联系起来看，可知，原先舟船上的推进工具“桨”，被安装到了有转轴的“轮”上，划桨是间歇性的往复运动，成为“桨轮”后就变成了连续性的旋转运动。原先划桨是用手，“桨轮”则是“脚踏而行”，众多的人一起踏动，动力更大，功效更高，船速更快。显然，“桨轮”是模仿了农耕生产中的“水车”，“水车”上绕轴转动的刮水板变成了“桨轮”上绕轴转动的桨叶。原先水手划桨完全是靠人力的，而“桨轮”则成为半机械化的。近代西方发明了使用蒸气机的轮船，轮船的动力是安装在船尾的螺旋桨，我国宋代车船两侧的“桨轮”，无疑是西方近代“螺旋桨”的先声。车船上的“桨轮”是我国在机械设计上的一项重要发明。

车船在宋代抗金战争中发挥了巨大的作用。当时抗金的主战场在江淮一带，其中最著名的长江水战，是虞允文的“采石之战”。据元脱脱等所著的《金史·海陵传》云，宋绍兴三十一年(1161)十一月，40万金兵在国主海陵王完颜亮的亲自率领下，“驻军江北，遣武平总管阿邻先渡江至南岸，失利。上还和州(今安徽和县)，遂进兵扬州。甲午，会舟师于瓜洲渡，期以明日渡江”。这时驻守和州长江对岸采石矶(今安徽马鞍山市之北)的宋军，其兵力仅1.8万人，守军将领王权弃军逃去，前来犒师的虞允文临危而出，代替主帅。十一月初八日，完颜亮的几百艘战船强渡长江，为首的70艘战船已逼近南岸，虞允文当机立断，指挥名为“海鳅”的车船，利用速度快捷、船体坚固、水手隐蔽在船体内的优势，冲入敌船当中，左撞右突，将敌船犁沉过半，四下逃散。第二天又对金兵进行快速夹击，焚烧敌船300余艘，迫使金兵退败扬州。其后，为防止金兵从瓜洲渡江南犯，虞允文带兵赶到京口（今镇江），他“命战士踏车船中流上下，三周金山，回转如飞，敌持满以待，相顾骇愕”（《宋史·虞允文传》）。这一场长江水战，宋军以1.8万人战胜40万金兵，除了将领虞允文临危不惧、指挥有方外，战船推进技术的先进，也是获胜的重要因素。

到了明代，扬州一带还出现了一种名叫“江汉课船”，又名“淮扬课船”的小型快船。课，是指课税。课船是专门用于运送税银的船。因课船十分快捷，官员往返也经常乘坐，故课船实际上也是一种小型客船。

扬州制造小型快速舟船的历史，至少可溯源至唐代。《全唐文》卷一七三中载有与骆宾王同时的才子张鷟所作的《龙筋凤髓判》，其中说到：“五月五日，洛水竞渡船十只，请差使于扬州修造，须钱五千贯，请速吩咐。”五月初五是中国传统的“端午节”，各地都有水上龙舟竞渡的习俗，按常理言，这种窄而长的体量并不大的竞渡船，洛阳一带也能建造，但文中却言明要“请差使于扬州修造”，很可能扬州造的船比外地的更为灵便快捷，更适合比赛时使用。可知，唐代扬州制造的小型快船在当时已经十分有名。

唐代扬州修造的竞渡用快船是什么样的造型？因年代久远，史料中暂未发现具体的样式，但我们今天可以从明代宋应星的《天工开物》中看到这类快船的踪影。《天工开物》卷九绘有一幅六桨课船图，从图中可以看出明代的“课船”，类似于唐代的竞渡船，也是狭小而长，很可能是唐代竞渡船的一种演变。《天工开物》的文字记载

六桨课船（《天工开物》）

也云:“江汉课船,身甚狭小而长,上列十余仓,每仓容止一人卧息。首尾共桨六把,小桅篷一座。风涛之中,恃有多桨挟持。不遇逆风,一昼夜顺水行四百余里,逆水亦行百余里。”对这种六桨课船的得名和用途,《天工开物》中特别予以说明:“国朝盐课,淮、扬数颇多,故设此运银,名曰课船。行人欲速者,亦买之。其船南自章、贡,西自荆、襄,达于瓜、仪而止。”瓜、仪,即是扬州的瓜洲和仪征。这种专门用于押解课税银两、兼带载客的课船,其踪迹几乎遍及长江上下游,行驶范围很广。

大运河的开挖与航道工程

大运河是世界上规模最大，里程最长的航行运河。最初的河段，是公元前 486 年吴王夫差在广陵城下开挖的邗沟，隋代又进一步开凿，最终形成了北起北京，南抵杭州，全长 1794 公里的京杭大运河。这条运河沟通了海河、黄河、淮河、长江和钱塘江五大水系，纵贯北京、天津、河北、山东、江苏、浙江 4 省 2 市。两千多年来，在没有南北交通干线的中国古代，运河在政治、经济、文化等各个方面都发挥了极其重要的作用。

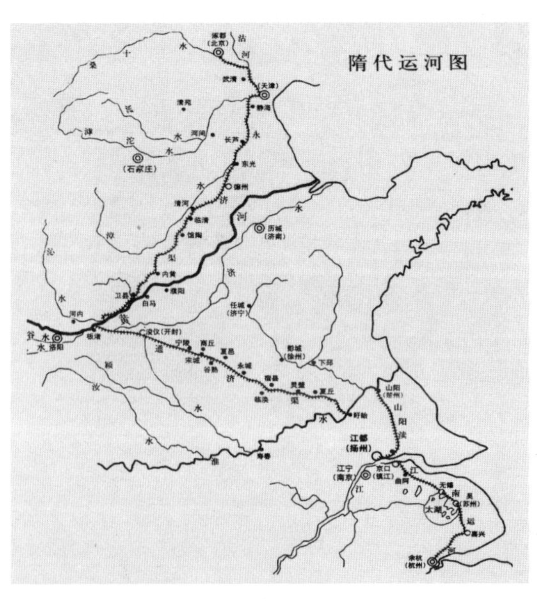

隋代运河图

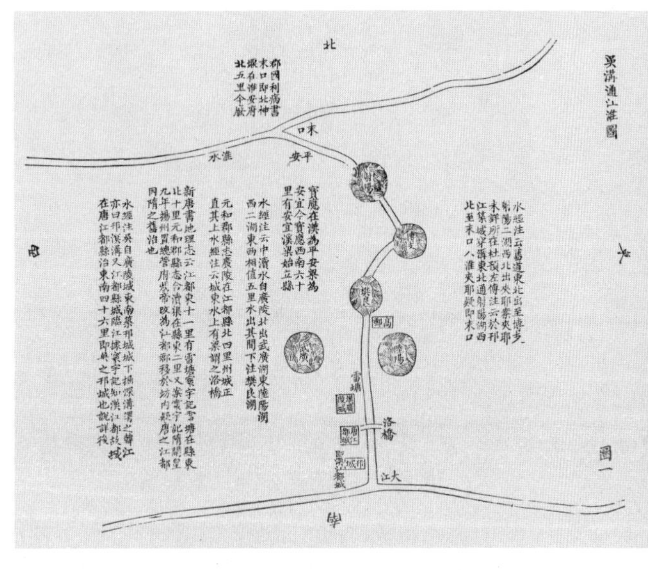

吴沟通江淮图(《扬州水道记》)

春秋战国时期，位于江南的吴国为了北上攻打齐国，运送兵马粮草的最佳途径，就是沟通长江与淮河两大水系，直接运兵北上。于是，周敬王三十四年(前 486)，吴王夫差开挖了邗沟，《左传·哀公九年》记载：“(鲁哀公)九年秋(即前 486)，吴城邗，沟通江、淮。”在我国，地势西高东

古邗沟遗址

低,天然的河流多为自西向东。当时,长江、淮河两大水系并不通流,故有“扬州贡道,沿于江、海,达于淮、泗”的记载。也就是说,在邗沟未开挖以前,从长江进入淮河、泗水的舟船,必须从长江出海,从海上进入淮河,再从淮河进入泗水。邗沟以及后来隋炀帝时期的大运河,改变了我国河流自西向东的局面,成为通连中国南北五大水系的大动脉,形成了以大运河为连线的水上交通网。

开凿运河要通过各种复杂的地理环境,在科学技术尚不发达的古代,工程十分艰难,因而大运河的开挖,既体现了古代帝王的战略眼光和气魄,更展示了历代水利专家的科技成就和千百万民众的智慧。

1. 堰埭

吴王夫差开凿邗沟时,因为河道的落差,面临的首要问题是如何阻止河水流失。如今,运河的地势是北高南低,有 30 米以上的高差。黄河夺淮以前,地势是南高北低，也有巨大的高差。开凿运河，首先要解决的是如何阻止运河水的大量流失。

运河“水贵似金”，为了拦蓄河水，保持航道水位，人们想到了筑堤建坝。筑堤建坝可以有效地拦蓄河水，但也产生阻断航道的矛盾。

怎么办呢？人们从船夫拉纤中得到了启发，设想把拦水坝筑成两侧都是斜坡，在拦水坝一侧的斜坡上用拉纤的方法把舟船拉上坝顶，再让舟船从拦水坝顶顺着另一侧的斜坡滑下去。这种翻坝而过的方法，既可解决舟船过坝，又能保持河水不流失。

这种能够阻止河水流失的航道设施叫做“埭”，又叫“埭坝”。埭坝的下部深入河床，用木桩、石块筑成坚固的基础，两侧则是双向平滑的斜坡，一直延伸到上下游的水中。舟船过埭，为了不伤船底，需在斜坡及埭顶覆盖草土，每日浇水，令其软滑。这样，舟船就可以在斜坡上面滑行。通常，是人力拖拉舟船，人力拉不动时，则用牛马畜力。舟船拉到埭顶后，船体借助自重从另一面的斜坡滑下。如此拖上滑下，舟船便进入了上游或下游。

舟船“翻坝”

有了埭坝蓄水，舟船便可通航。为了保持水位的稳定，维护河岸安全，又需要把超过要求水位的水，排到河道之外，这就需要另一种控制、调节水位的水工设施，这就是“堰”。堰又叫做“堰坝”，其作用类似于今日的溢洪坝。邗沟与淮河的交汇处，运河上的第一个堰坝是“北神堰”。关于北神堰，古籍中记载：“北神堰在楚州城北五里，吴王夫差于此立

“绞车”拖拉舟船“翻坝”

堰者。盖淮水底低，沟水底高，恐其泄也。”(《天下郡国利病书》卷二六)

“埭”是拦断河道但可以过船的壅水工程，“堰”是顺着河岸但有闸门的溢水工程，“堰”与“埭”相互配合，保证了运河的通航。“埭”与“堰”都是十分专业的名词，有时人们很难区分得清楚，常常“埭”、“堰”互用，或是合称为“堰埭”。

有了第一座堰坝后，运河上相继建筑了好几座堰和埭，如汉献帝建安五年(200)，广陵太守陈登在今扬州西北筑有“高家堰”；晋永和元年(345)，在今仪征境内，当时的运河与长江交汇处建有“欧阳埭”；东晋镇守扬州的中书监谢安在运河与邵伯湖的交汇处建筑“邵伯埭”等。埭坝的地点不同，大小、高低、坡度也不同，过船的方法也不尽相同。瓜洲埭位于长江与运河的交汇处，是一处大埭，大型舟船过埭仅靠人力、畜力还不够，埭顶就安装了绞车等木制机械，

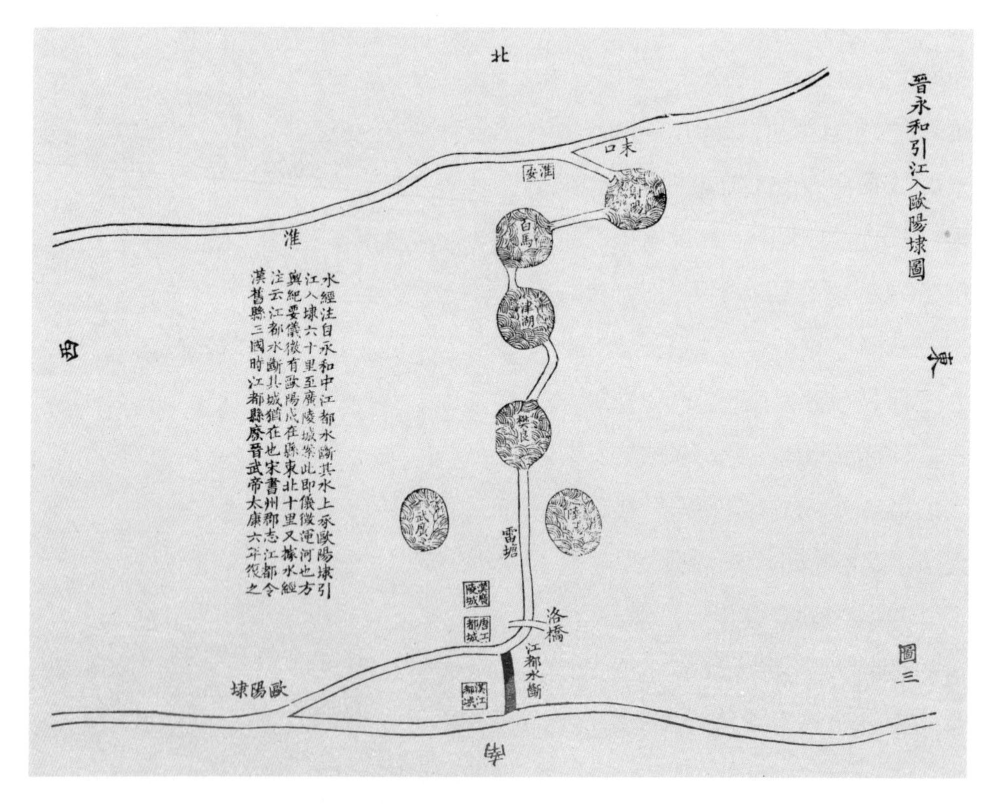

晋永和引江入欧阳埭图(《扬州水道记》)

利用绞车的力矩，增加舟船过坝的拖拽力，最多时，曾用22头牛拉动绞车，故有“牛埭”之称（日本僧人成寻《参天台五台山记》，载日本佛教会《书卷》15至卷16）。当时人们还掌握了长江江潮的水文规律，在瓜洲埭利用江潮上涨，水位差缩小时，及时翻越过埭。

如今，埭发展成为现代的船闸，堰发展成为现代的水闸。科技尚不发达的古代，堰埭的发明与建造，无疑是一项重大的科技成就。在当时的技术条件下，堰埭的施工可以就地取材，因而十分经济，也便于建造，数百年中，堰埭成为大运河上蓄水通航的主要设施，几乎每建一座堰埭都可以使运河的通航条件得到不同程度的改善。如谢安建成“召伯埭”后，既利于蓄水通航，又利于农田灌溉，《晋书》卷七九《谢安传》中赞誉：“随时蓄泄，岁用丰稔。”因而人们把谢安比作西周时造福民众的“召伯”，称此埭为“召伯埭”。由于有了“召伯埭”，这儿的地名后来便叫做了“邵（召）伯”，也就是今日的江都邵伯镇。北宋诗人王令曾感叹：“谢公已去人怀想，向此还留召伯名。”

2. 斗门

埭坝的升级换代是斗门，斗门是现代船闸的雏形。

埭坝的工作原理实际上是原始的斜面升船机，这种舟船过坝方法对于小型舟船而言，还算简单实用，但对于大船或重载的船只来说，就显得十分不利。重载船只过堰，先要卸载，让空船从埭坝上翻过，货物则由人工驳运，船只过埭后，再予装货。大型舟船过埭，不仅人畜劳苦，船只也极易扭坏，货物又多有丢损，行程也常遭阻滞。

诸多困苦，迫使人们创新改进，设计出新型的既能蓄水又可通航的航道。经过若干年的探索与实践，古代扬州人终于创造出了一种比埭坝先进的过船方式，这就是斗门。

“斗门”又叫“陡门”、“水门”，是一种既可节制水流又可通航的早期闸门。斗门始于何时，未见记载。《太平御览》卷二九六中说，南北朝宋景平年间（423—424），有人乘船过扬州斗门时，不慎落水致死，可见那时的扬州已经有“斗门”这种航道工程设施。最早的明确记载见之于唐《水部式》，其中说："扬州扬子津斗门二所。"《新唐书·食货志》中也有这样一段文字："开元十八年（730），宣州刺史裴耀卿……条上便宜曰：'以（江南）租庸调物，岁二月至扬子入斗门，又渡淮入汴……'"这两则记载都提到"斗门"，也都指明"斗门"在扬州。

唐代的斗门是什么样式呢？据有关资料分析，早期的斗门是木制的，是单闸。有两种：一种是门板式，是用巨木制成厚板作为插门，沿着闸槽提上、放下。另一种是叠梁式，是用长木方一段段地沿着闸槽放下去、提上来。开元二十五年（737）润州刺史齐浣在瓜洲开凿伊娄河二十五里，在通江口门处建了一座伊娄埭，同时在埭旁设一斗门。江潮上涨时，开斗门引船入埭。潮落时，关闭斗门以防止运河水外泄。如果是运河与长江的水位持平，则斗门大开，让舟船畅通（《中国水利史稿》中册，水利电力出版社，1979年，第21页）。

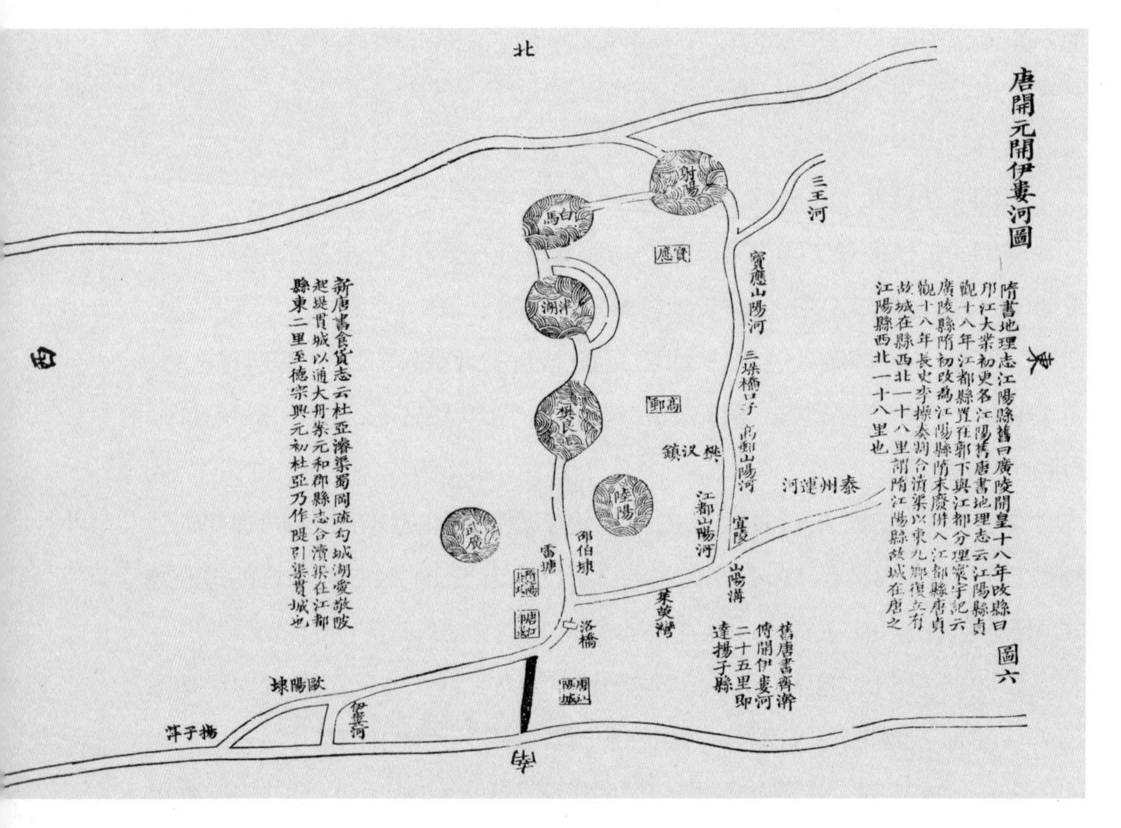

唐代开元年间开伊娄河图（《扬州水道记》）

斗门无疑是水利工程的一大进步，唐代大诗人李白多次来过扬州，多次在运河上搭乘船只，见到瓜洲伊娄河上的新型航道后，很有感慨，提笔写诗赞美："齐公凿新河，万古流不绝。丰功利生人，天地同朽灭。两桥对双阁，芳树有行列。爱此如甘棠，谁云敢攀折！吴关倚此固，天险自兹没。海水落斗门，湖平见沙汭。"（李白《题瓜洲新河饯族叔舍人贲》）诗中所说的"齐公凿新河"，即指润州刺史齐浣在瓜洲开凿的伊娄河，此河又叫瓜洲新河。这条河的开凿，省去了江中的迂回之累，岁利甚巨。斗门的建造，又使往来的船只可在潮平时顺利过船，免去了翻坝的繁险，这些都极大地改善了长江与运河交汇处的通航条件，故而李白盛赞："丰功利生人，天地同朽灭。"

3. 西河船闸

瓜洲伊娄河上的斗门是运河上有据可考的最早的门式过船设施。这种斗门，能使下泄的水有所节制，但频繁的启闭，仍会使河水流失，不能从根本上解决问题。另外，斗门一开启，河水奔涌而下，船只上行是逆水行舟，十分艰难。船只下行如脱缰之马，稍有不慎，船毁人亡。故很长一段时间里，人们不得不将堰埭和斗门交替使用。使用斗门也常常是利用江潮上涨、水位差缩小的时候，或是在夏秋雨水多、运河水源充足的季节。

为了有效地既节水又通航，人们又经过长期的实践与探索，终于在北宋年间在扬州的西河第三堰上，创建了有上下两个斗门的船闸，这就是被科技史界公认的世界上的第一座复式船闸——西河船闸。

北宋雍熙元年（984），乔维岳出任淮南转运使。乔维岳是一位富于创新能力和实干精神的朝廷大员，据《宋史 · 乔维岳传》记载："又建安北至淮澨，总五堰，运舟所至，十经上下，其重载者皆卸粮而过，舟时坏失粮，纲卒缘此为奸，潜有侵盗。维岳始命创二斗门于西河第三堰，二门相距逾五十步（一步相当于今之 1.47 米），覆以厦屋，设悬门积水，俟潮平乃泄之。建横桥岸上，筑土累石，以牢其址。自是，弊尽革，而运舟往来无滞矣。"这段文字记录了"西河船闸"的平面布置、平水情况和使用效果，据此可知这座古代船闸是复闸，有上、下两个斗门，闸室长 73.5 米。闸门为可升可降的平板门，当闸室中的水位与上、下游水位齐平时，先后开启上游闸门和下游闸门，船只便可通行。这座船闸的闸下还设有供水和泄水用的小门，构成船闸输水系统，以升降闸室水位。闸上设有“横桥”跨越，以利闸工操作，其工作原理与操作形式都与今天现代化的船闸基本相同。

关于西河船闸的具体位置，由于史料中的记载过于简约，引起了史学界的争议，归纳起来，共有三说：一说在今仪征境内，二说在淮安一带，三说在扬州城东的茱萸湾。史料中的“建安北至淮澨，总五堰”，其“建安”，即今之仪征，实际上是指长江与运河交汇处。“淮澨”，指淮河与运河交汇处。“总五堰”是指龙舟、新兴、茱萸、邵伯、北神五座堰埭，这五座堰埭是当时从建安至淮澨依次从南往北设立的。关于“西河”一词，有专家考证认为：“乔氏建闸为避免影响舟船过堰，故在堰之西河段上另觅一地建闸，称之‘西河’，亦无不可。”并认为“乔氏创建的二斗门船闸，似在古茱萸湾，即今天的湾头镇。”（徐从法：《关于邗沟、隋山阳、宋二斗门船闸异说辨析》，《扬州史志》1992年第1期）

笔者认为，关于“西河”的解释和“西河船闸”在“古茱萸湾”的认定是有一定道理的。姑且不论史料中所说的“第三堰”，无论从南往北数，或是从北往南数，均为“茱萸堰”。转换角度思考，从乔维岳选址的优先性上分析，这“第三堰”也应为“茱萸堰”。唐宋年间，扬州既是国内南北漕运的转运港口，又是中国对外贸易的国际性的通商大港，在这样的繁华都市，舟船的进出必定是十分繁忙的。茱萸湾位于扬州东，是当时从水路进出扬州的必经之地，乔维岳设计建造先进的船闸，选择地点时，五堰中也应当首选茱萸堰，决不会把先进的过船设施放在相对偏僻的其他四堰。这就如同现代的飞机场等先进的交通设施，选址时，一定优先选择建在经济发达的大城市一样。更何况有史料记载，真州闸、北神闸、邵伯闸都在西河船闸通航之后不久相继建造了，真州闸和北神闸建于宋天圣四年（1026），邵伯闸建于宋天圣七年（1029），而这三座船闸都是在堰埭旁侧另开引河建闸（欧阳洪《京杭运河工程史考》156页），这些都从另一侧面证明了“西河船闸”确是在当时的扬州城东的茱萸堰之西。

有一首词也可作为佐证。北宋诗人梅尧臣（1002—1060）是安徽宣城人，曾多次往返和寓居扬州，在他的诗集中，写扬州风物的诗词就有40余首。他写有《过茱萸堰》一首，词云："茱萸堰在吴牛死，茱萸堰废吴牛闲。吴牛闲，东南百货来如山。"吴牛，指吴地的牛，扬州旧属吴地，故云扬州的牛为"吴牛"。如前所述，船只过堰，是用众多的畜力全力引拉，十分辛劳，如遇大船过堰，所用牛多达二三十头，牛也会劳累致死，故词中云："茱萸堰在吴牛死。"茱萸湾建了船闸，茱萸堰便废弃了，引拉船舶过堰的畜力也不用了，故词中又云："茱萸堰废吴牛闲。"船闸的创建大大方便了货物的运输，故词末云："吴牛闲，东南百货来如山。"从梅尧臣生活的年代看，正是茱萸湾船闸刚刚建好，其他三闸正在建造的年岁，这些都是梅尧臣亲眼所见的。有感于茱萸湾船闸的首创，诗人便用形象化的笔墨写下了这首赞美堰、闸变迁的词作。

关于西河船闸的工程结构，《宋史》中的记述也过于简约。宋人胡宿有一则《通江木闸记》记述了在西河船闸稍后所造的宋代真州闸（天圣四年，1026）的建造样式，其中写道："扼其别浦，建为外闸，砻美石以甃其下，筑江堤以御其冲。横木周施，双柱特起。深如睡骊之窟，壮若金龙之津。引方舰而往来，随平潮而上下。……即其北偏，别为内闸。凿河开澳，制水立防。瞰下泽而迥深，截横流而中断。月魄所向，潮势随大。上连漕渠，平若置槷。湍无以悍其激，地不能露其险。木门呀开，羽楫飞渡，不由旧地，便即中河。"这段文字是胡宿用诗赋体写作的，较多地使用了文学的修辞手法，尽管如此，胡宿还是较为写实地记述了真州闸的外闸、内闸、塘澳和木门。从"砻美石以甃其下"、"横木周施"、"双柱特起"等词句可知，这座船闸是一种以石砌为基础，以木构为闸墩的石木工程结构。

真州船闸的"塘澳"，是伴随着新型船闸问世而产生的一项新的航道工程技术，是为了解决水源紧缺河段上的船闸用水问题，而特地设计的水工建筑物。所谓的"凿河开澳，制水立防"，是指塘澳有沟渠与闸室相通，并有闸门控制启闭，构成船闸供水系统。据《宋史・河渠志》等相关资料分析，塘澳有两种，一种叫积水澳，另一种叫归水澳。积水澳是高水位的，有的积水澳还有自己的水源。当积水澳里的水位高于或平于闸室高水位(即上游水位)时,船只进入闸室,用积水澳里的水充入闸室,补充船只过闸时的耗水。归水澳是低水位的,当塘澳里的水位平于或低于闸室低水位(即下游水位)时,可以回收船只过闸时的下泄水,使之不向船闸下游的河道流失。归水澳的水可以用水车等机械提升到积水澳里存储起来,以便重复循环使用。积水澳、闸室、归水澳,三者之间构成了船闸用水的循环系统,其省水、高效的性能是明显的。

真州船闸建成后,很快就在运河沿线推广使用,相继建成了更为完善的吕城、京口、奔牛三闸以及京城的长安闸。直到近现代,这种带有"塘澳"的船闸仍在使用,也就是省水型的船闸——澳闸。

运河上筑坝节水与船只通航的航道矛盾,困扰了人们长达千年。西河船闸的创建,基本上解决了这一矛盾,船闸真正代替了以往的堰埭和斗门。不但消除了船只翻坝而过的繁重和危险,节省了船只过坝的时间,也大大提高了船只运输吨位。当时运河上主要的运输船只——漕船的载重量从此翻了一倍多,沈括在他所著的《梦溪笔谈》卷十二中记载道:"运舟旧法,舟载米不过三百石,闸成,始为四百石。其后所载浸多,官船至七百石;私船受米八百余囊,囊二石。自后北神、召伯、龙舟、茱萸诸堰相次废革,至今为利。"功效十分显著。

扬州的"西河船闸"建成后,各地纷纷以闸代堰。宋熙宁五年(1072),有个叫成寻的日本和尚来到中国游历,后来他写了《参天台五台山记》,其中记录了他于熙宁五年四月至十月的运河之行,这时他所经历的运河上的闸堰已达二十一座之多。到了宋徽宗重和元年(1118),也就是扬州西河船闸建成后的一百年里,据《宋史·河渠志》记载,自杭州至泗州的1000多里长的运河上就有闸79座(包括一些引水闸和泄水闸),运河上已经基本上推广使用了这种航道技术。

当然,技术也在不断革新,初期的船闸是石木结构,由于木材易腐,漏水严重,需要不断维修,后来有些船闸便改为石闸。宋宁宗嘉泰元年(1201),真州闸重建,吏部尚书张伯垓在《重建真州水闸记》中记载了这种革新和变化:"闸,木为之,阅岁久,日以朽腐。潮涨于外,颓决罔测。水潴于内,走泄弗留。……谓

（木闸墩）不如石之寿，乃凿他山之坚，悉更其旧。……甃砌之余，苍然一色。二柱特起，渴虹倒吸。两岸夹扶，劲翮旁舒，无峡之险，有墉之崇。……门之广二丈、高丈有六尺，复为腰闸，相望一百九十五丈，规模高广，大略如之。”可见，重建的真州闸是以石砌为主，显然要比初期的石木结构坚固耐用，石闸遂成为后代船闸广泛采用的建造形式。

公元 984 年扬州西河船闸的问世，在世界科技史上占有重要的位置。英国科技史专家李约瑟博士对此有极高的评价，他说：“中国古代创建的二斗门，可称是世界上最早的船闸，它的出现不仅在中国内河航运史上有着划时代的意义，在世界科学技术史上也无不占有重要的位置。”在欧洲，单闸约在 12 世纪才首次出现于荷兰。到 1373 年，荷兰人才在梅尔韦德运河上的弗雷斯韦克建成了西方的第一座船闸，而意大利到 1481 年才开始建造船闸。直到 20 世纪，美国、苏联和西欧各国才开始广泛建造船闸。西河船闸的建造是扬州人对世界科技的一大贡献。

补水济运与河道整治工程

运河是人工开挖的河道，本身并无水源，不能构成独立的水系。运河扬州段一直以附近湖泊的水、长江水、淮河水以及一度入运的黄河水作为水源。水源有汛期，水量变化大。洪涝年月，运河处于灾害之中，极易溃决；干旱季节，运河又常常失去补给，浅塞断航。如何保持一定的水位，保证运河航道的畅通，一直是令人困扰的难题。历代扬州人在蓄水补水、河湖分离、航道疏浚等航道工程技术上取得了多项开创性的进展，使得运河保持正常通航达两千多年，为中国的社会发展做出了巨大的贡献。

1. 运河的蓄水、补水与阻水

明代“茶陵诗派”的著名诗人李东阳(1447—1516)有一首题为《扬子湾》的诗，其中云：“扬州久枯旱，河水缩不流。千夫力未强，曳缆用巨牛。漕舟百万斛，拥塞如山丘。……庶几沛甘雨，洗我苍生忧。”诗中用形象化的语言生动叙述了扬州干旱、运河断航的情景。

其实，历代都存在运河缺水断航的忧患。运河是人工开挖的河道，不是独立水系，运河水要依赖其他水源来补给。如何维持运河的必要水位，保证船只的航行，这是必须解决的河工技术难题。

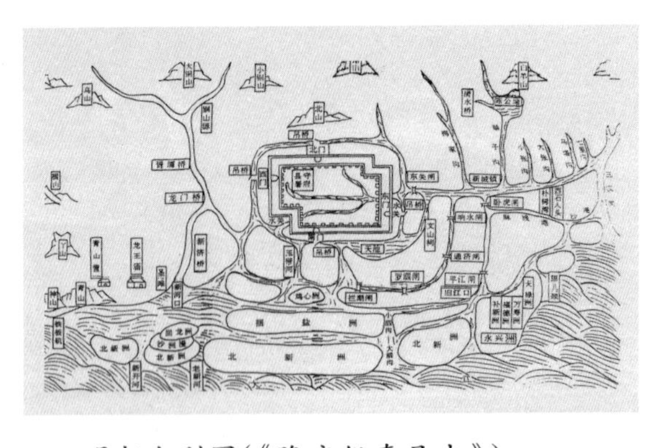

明朝水利图(《隆庆仪真县志》)

最初，人们发现长江与淮河之间有众多的湖泊，称之为“三十六陂”，是可资利用的水源。后来，又发现扬州的蜀冈西山一带，地势高耸，水易走下，于是又开挖了一些陂塘，蓄潴雨水和岗涧来水。这些陂塘，类似于今天的人工水库，古人称之为“水柜”。“水柜”，涝时可以蓄水，旱时可以济运。在明代以前，“水柜”的一个重要功能就是向运河补水，维护运河的正常航运。这些“水柜”中，最著名的就是“扬州五塘”，即上雷塘、下雷塘、陈公塘、勾城塘、小新塘。

运河仅有补水工程还不够，还要设法阻止水的下泄。阻止河水下泄最有效的办法是建筑埭坝或船闸，在船闸未能广为应用前，只有依赖埭坝，但是多筑埭坝又使往来船只受阻。能否在埭坝、斗门和船闸之外，另寻一种既能阻水又能通航的好办法呢?

扬州人创造出了一种巧妙的河工技术，这就是人们俗说的“三湾抵一坝”。

宋代，“诸粮岁漕，自真、扬入淮、汴，历堰者五，粮载盘剥，罢于牵挽”。所谓“历堰者五”，是说扬州至淮安之间的运河上有五座堰坝，即龙舟、新兴、茱萸、邵伯和北神。船只过堰时需要卸下货物，将空船牵挽过堰坝，再驳上货物。既繁累，又易损。宋天禧三年（1019），江淮发运使贾宗着手整治这种劳民伤物的运输方式，他从河湾多、水流慢的现象中受到启发，设计出从真扬运河和瓜洲漕河交汇处的古扬子镇引江水入运河的工程方案，并且新开一条河道，经新河湾，绕到扬州城南接通古运渠，向东到大水湾折向北，通过黄金坝再折向东，在扬州东部的湾头镇与老运河连接，然后北折，引向邵伯。他把河道有意设计成弯弯曲曲的，其目的就是想利用河道的弯曲，减缓河水的流速，使水流不致很快下泄，以保持运河的水位。因其功能近似于堰坝前的减速弯道，故历史上把这段河道称之为“近堰漕路”，人们又把它的阻水功能形象地概括为“三湾抵一坝”。

工程完工后，果然达到了预期的目的。新河开成，“水注新河，与三堰平”，这三堰就是龙舟堰、新兴堰和茱萸堰。水与三堰平，船只就能直接航行，可见“三湾抵一坝”的确发挥了阻水的效用。

到了明代，扬州人又一次运用了河湾阻水的技术。《行水金鉴》卷一二七所引的《南河全考》记载：明万历二十五年（1597）四月，扬州南门二里桥一带，运河水势直泄无蓄。人们便利用宋代扬州城南的部分河道，“自二里桥河口起，入西折而东，从姚家沟以入旧河”。此河也是三道河湾，“自四月兴工，八月告竣，

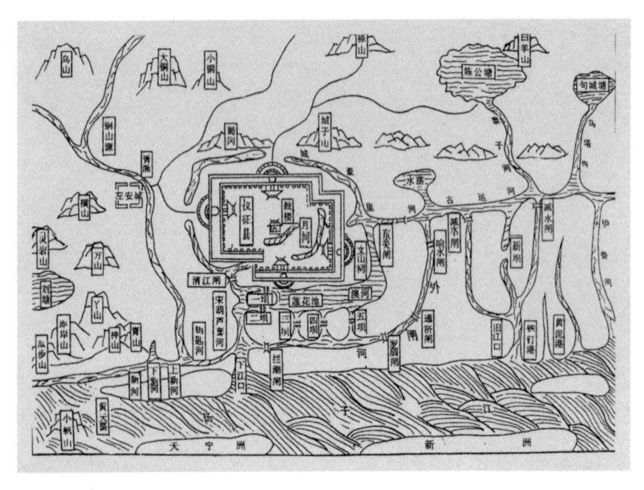

清朝水利图(《重修仪征县志》)

名宝带新河”,此河开凿后也起到了阻水的作用,故史料中赞誉“民漕便焉”。

宋明两代所开的这段“三湾抵一坝”的河道,前后相连,时至今日还可见到它的身影,这就是从邵伯湖的南端在湾头折向西,进入扬州市区,在市区拐了三道曲尺形的河湾,抵达市区南部的宝塔湾。过宝塔湾后,又绕了一段“U”形河湾,再蜿蜒南去,经三汊河与长江交汇。扬州宝塔湾处有一座文峰寺,寺内有高七层的砖木结构的文峰塔,宝塔湾即因文峰塔而得名。经过那道河湾时,可见文峰塔的身影,忽南忽北,或左或右,有水回舟转、原地徘徊之感。这就是“以曲代坝”的作用,故名“三湾抵一坝”。

2. 免除漂沉之忧的河湖分离工程

明代以前,扬州至淮安的运河多为湖道,沿途湖泊如珠,相互连串,古代称之为“三十六陂”。前人曾有“三十六陂帆落尽,只留一片好湖光”的描写。诗的描写是美丽的,但船家的苦难却隐匿在诗句的背后。当年,运河上往来的船只在这大大小小的湖泊中穿行,较窄的湖道上,河汊众多,曲折多弯,水遛难行,较阔的湖面上,则又是风大浪险,屡有沉舟之灾。尤其是金明昌五年(1194)黄河在河南阳武决口后,黄河夺泗入淮,三十六陂中的湖泊相连汇聚,成为巨浸,这就是今天所见的邵伯湖、高邮湖和宝应湖。到了明代,宽广无垠的湖上航道成为淮扬运河上航运的最大威胁。

其实,早在宋代人们就已开始治理湖道,当时运粮漕船的必经之地——高邮城北三里的古樊良湖,由于风大浪高,行船常遭不测 。宋真宗景德三年(1006),制置江淮发运使李溥下令:凡漕船东下经过泗州时,必须搭载石料,运到高邮樊良湖，抛入湖中，积为长堤，藉以阻挡风浪，此举收到了一定的成效。宋天禧三年（1019），制置江淮发运副使张纶在李溥抛石积堤的基础上，在高邮北筑漕河堤二百余里，并兴建石�（即今之减水闸），以泄横流。到了南宋绍熙五年（1194），陈损之又在前代的基础上“兴筑自扬州江都县至楚州淮阴县三百六十里（长堤）”。经过近二百年的积累，淮扬运河开始有了单堤。这一单堤既为当时的漕运提供了一定的保障，又为明代创建复堤，实现河湖分离做了卓有成效的技术探索和工程准备。

明洪武二十八年（1395）三月，明朝的治水官员采纳了宝应老人柏丛桂的建议，在今宝应县槐楼以南，高邮界首镇以北，动员了民工五万多人，沿湖筑堤开直渠（越河）四十余里，渠成后，行船不再绕行湖上，改在河渠中航行，避开了湖上的风浪，行船者无不称赞。这条河堤被后人称之为“柏氏旧堰”。“柏氏旧堰”使用了七十余年，在明成化年间堙没，船只依旧回到湖道中。

尽管这条河堤的使用时间不长，但却是河湖分离的大胆尝试，可以视为一次成功的河工技术试验。这次试验，为今后淮扬运河全面实行河湖分离，形成后来的里运河做了工程技术上的先期准备。

真正的河湖分离工程始于明弘治三年（1490）。乾隆《淮安府志》卷六《运河》记载，工部郎中吴君瑞对淮扬运河作了详细调查，适逢户部侍郎白昂从山东来到高邮视察，吴君瑞便向白昂进言：“高邮州运道九十里，入新开湖，湖东直南北为堤，舟行其下。自国初以来，障以桩木，固以碎石。其西北则与七里、樊良、甓社、石臼、平阿诸湖通，萦回数百里。每西风大作，波涛汹涌，再与沿堤故桩石，遇辄坏，多沉溺。前者董河事者，尝议修湖东，凿复河，以避风涛，便往来，不果行。今欲举运河便利，宜莫先于此者。”白昂经实地查勘后，采纳了吴君瑞的“进言”，从高邮北三里的杭家嘴始，至张家沟止，开了一条越河，此河长达四十余里，西为老堤，中为土堤，东为石堤，两头建闸，船只航行于中堤与东堤之间，安然无险，取名为“康济河”。康济河于若干年后堤坏闸损，又与湖水通连。到了万历四年（1576），河道总督吴桂芳将老堤加固，砌以砖石，废弃原东堤，改筑中堤为东堤，以便舟船纤挽。从此舟船又行于越河中，平安如初。这一段越河便

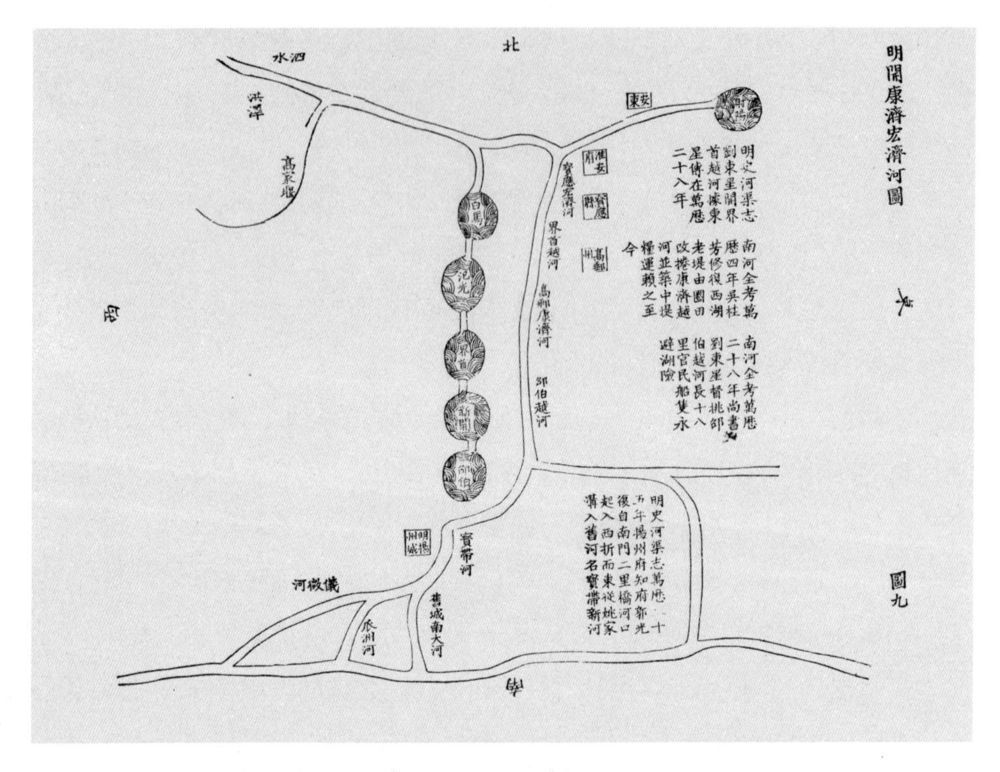

明代开凿康济宏济河图(《扬州水道记》)

构成了今日可见的里运河河堤的中段。

在挑挖康济河的同时,还从宝应的秤沟湾至宋家尖,筑临湖长堤1963.5丈。万历五年(1577)又增筑了长七十余里的山阳运堤及清江浦南堤,从而形成了里运河的北段,即宝应至淮安段。中段和北段越河挑挖后,其中还有一大段空缺,这就是高邮城北湖广一百二十里的氾光湖,万历十二年(1584),在此开越河三十六里,构成了里运河的中北段,也就是后来万历皇帝赐名的"宏济河"。高邮向北的里运河基本形成后,万历三十八年(1610),又从高邮向南挑长十八里的邵伯越河,同时又挑挖了高邮北连接高邮越河和宝应越河的长1889.7丈的界首越河。至此,扬州至淮安河堤相连,越河相通,里运河全线贯通,河湖分离工程宣告完成。

自公元前486年吴王夫差开挖邗沟,形成江淮之间水路交通以来,在长达两千年之久的漫长岁月中,数不清的船只因湖广浪大而漂沉,又有数不清的船家因湖道纡曲而丧身。扬州人开创出河湖分离的河工技术，经过二百余载数代人的持续努力，使得这项工程全线竣工，其中的艰辛和欣喜，我们今人很难体会。河湖分离工程竣工后，不仅使京杭运河的运输量得以提高，里下河地区也因为有了双重大堤的防护，农业生产也得到了巨大的发展。直至今日，我们仍在使用这条里运河，前人的丰功伟绩，后人是不会忘记的。

3. 结构奇巧有效的疏浚器具

至迟在宋代，运河就开始疏浚，宋天禧四年（1020），史籍中就曾经记载了疏浚淮扬运河一事。以后为保证航道的畅通，每隔一定的年份，运河都要予以疏浚。黄河夺淮后，由于泥沙淤积，运河的疏浚更加频繁，到了明清两代，运河除了定期疏浚外，还设立了专业的运河疏浚组织——浅铺，常年负责河道疏浚。《明神宗实录》记载："自仪真至山阳有五十一浅，浅设捞浅二小船，浅夫十名。"这些浅铺，配备有专业疏浚人员——浅夫，装备有专业的捞浅工具，划定在固定地段进行疏浚。运河岸边的地名也有以浅铺得名的，今宝应的"八浅"，即是当时的浅铺所在地。

关于运河上专业的疏浚方法和工具，英国学者李约瑟博士在《中华科学文明史》第五章"水利工程"中有这样一段描述："在1595年，明朝末期，一位钦差大臣就使河道保持畅通的最好办法提出了自己的观点，特别是对大运河。他推荐了三个方法。第一个方法就是在枯水期尽可能地开挖河床的传统方法。第二个方法是所有的官船和私船都来回拖动河床搅动犁，随风航行，在它们行走的时候刮擦底面，以便沙不能静止下来沉淀。第三个方法就是模仿水磨和水杵

浅夫捞浅

锤，并制造利用水流来转动和振动的机器，以使沙不断地被搅动，而不能沉积。”李约瑟所说的“第二种方法”指的是一种疏浚器械，民众称之为“混江龙”。《江北运程》一书记载：混江龙“其制大木径尺四寸，长五六尺，四面安铁叶如卷发，重三四百斤”。使用时，把“混江龙”沉到河底，由逆流而上的船只拖行，“混江龙”在河床上滚动，会搅翻起大量的泥沙。泥沙被流水冲向下游，起到疏浚的作用。

扬州段的运河上，浅铺使用的捞浅工具除了李约瑟博士列举的三种外，还有铁篦子、铁篴箕、五齿爬、杏叶杓、戽斗、方舟、竹笕、活闸、刮板等，这些都是运河上常用的疏浚工具。

铁篦子，“其制三角，横长五尺，斜长七尺，著地一面排铁齿三四十根，长五寸，约重四五百斤”（《江北运程》卷三六）。铁篦子的用法与混江龙类似，也是将其沉入河底，用船拖行。

关于铁篴箕，两江总督陶澍有一段描述：“其法用铁片作箕筐，使坚锐易于入土，用铁片八九条，纵横作箕底，使水去而沙留。箕尾用坚木柄，使人从船上持柄，将箕直插入水底，箕旁左右有铁耳，用长绠二条系之，数十人从岸上拽之起。”铁篴箕使用起来比混江龙、铁篦子更有效，混江龙和铁篦子仅是将河底泥沙搅泛起，让水冲到下游，并不将泥沙取出河外，而铁篴箕则可以取泥出水，“每铁箕四只，竟可出土一方”，并且“较之斛水后所挑之干土，更为得力，盖其载土既多，反借水势，助其滑溜，易于上岸”（《皇朝经世文编》卷一〇四）。

捞浅工具中，以明嘉靖年间河运总督刘天和发明的“方舟”较为有效。方舟是一种平底的船，疏浚时把几艘方舟横排于河道上，用木桩固定四周，浅夫用长柄铁五齿爬等，齐力爬挖，浚深一段后，方舟后移，再浚深下一段，如此逐段疏浚，十分有效。

用方舟也有缺点，作业时会影响船只通航，且只有在低水位的枯水季节才有利于操作。到了清代，治河官员黄树谷发明了新型的疏浚工具——清河龙。清河龙是一种人工挖泥船，通常由九节组成，最前头的为龙首，中间七节为龙腹，最后一节为龙尾，每一节之间有铁环钩连。其龙头长约二丈，上有绞盘柱，柱底端装有铁齿，能插入河底泥沙中。柱底后侧装有类似水车的装置，可将泥浆从龙口、龙舌送到龙喉。作业时，浅夫推动绞柱，绞柱底的铁齿随之搅动河床泥沙，并将泥沙挖起，此时船向前移动，泥沙便进入龙口，龙口处的水车装置由人工车动。只不过水车是用于车水，而此处是用于车泥浆。水车上有刮水的刮板，此处即为刮泥浆的龙舌。泥浆经过龙舌的提升，升到龙喉处便流进紧连其后的龙腹。龙腹是一节节往返运输泥浆的运输船，一节船装满，摘下环钩，将下一节空船钩连上龙头船，继续进泥。而满载泥浆的船则离去，就近靠岸卸泥。这种流水作业的疏浚方法十分有效，既不阻塞航道，又可常年作业，极为适合运河疏浚。在现代化的挖泥船出现前，这种“清河龙”挖泥船一直为人们所使用。

防洪工程与抢险技术

扬州地处江淮平原，在地质构造上为燕山运动以来长期和缓沉陷的苏北坳陷带的一部分，这一坳陷带从第三纪以来，一直处于沉陷运动中，并积淀了深厚的松散沉积物。运河扬州段的河床就从这一地带的中部穿过，运河西部为运西湖区平原，东部为里下河平原，运西湖区平原成陆较早，地势由东向西渐次升高。当运西湖区平原隆升成陆时，里下河一带仍是一片残留的海湾。海湾演变成为泻湖后，继续接受长江淮河的泥沙堆积，逐渐增高成陆。由于运河处在这种江河冲积而成的平原上，河床的地质状况较差，疏松的泥土所筑的堤坝不耐冲刷，极易坍塌。同时，运河的河堤是临湖而筑，湖面的风浪也极易摧毁泥土的堤坝。因此，古代扬州人必须寻找出行之有效的筑堤工程技术。

1. 抗浪消能的筑堤技术

《宋史·李溥传》记载，李溥任制置江淮发运使时，曾下令漕船东下经过泗州（即今泗洪县）时，必须“载石输高邮新开湖中，积为长堤，自是舟行无患”。这是扬州用石料筑堤的最早记载。李溥用石料筑堤虽然比泥土筑堤先进了一大步，但由于湖面宽广，风大浪急，河堤仍然时有溃决。到了明代，扬州的筑堤技术有了新的发展，据《天下郡国利病书》记载：明洪武九年（1376），官府采纳了宝应老人柏丛桂的提议，“发淮扬丁夫五万，令有司督甃高宝湖堤六十余里，以捍风浪”。甃，其原意是指用砖石砌筑的井壁、池壁，这里是指用砖石护砌在泥土堤坝的外侧，加固堤坝，使之具有防浪抗冲的能力。到了明成化年间，加修高邮宝应等处河堤时，其关键部位已全部用块石垒筑。到了明万历四年（1576），宝应所筑的河堤，除考虑垒筑河堤的用料外，还在长堤的外形结构上有所创新，这就是新型的连拱式长堤。这种长堤为“S”形，从空中看去，弯弯曲曲，状如游蛇，连绵数里。《续行水金鉴》卷一三二记载：

"临湖长堤长一千九百八十三丈五尺,石工长一千六百三十六丈五尺,计石十层。"这种特殊的长堤结构,不仅坝体坚固,同时还具有很强的杀浪消能作用,类似于今天的连拱坝。

这种连拱式长堤,原仅记载于古籍中,1982年的考古发现,予以了证实。1982年11月12日,在宝应县运河扩建工程中,挖到了两道弧形石埂,从宝应县城南七公里处的沿河乡境内,蜿蜒向南向北伸展,或隐或现,断断续续,前后长达1.9公里。据有关考古资料介绍,这段石埂的平面呈连续的"S"形,曲率半径为120米,高约3~4米。每道石埂的外侧用外光内毛的条石砌筑,内侧用砖块平砌。条石与砖块之间均用糯米汁和石灰粘合。砖石下有梅花桩、马牙桩、密排桩等多种形式的木桩支撑。两道石埂之间宽约15米,内砌砖柜,中间填土,构成一条宽阔的弯弯曲曲的石堤。此外,石堤向北,发现一条比较平直的石埂,长达5.7公里,一直延伸至宝应县城。石堤向南,也发现一条石埂,也比较顺直,长达2.25公里,直至槐楼湾。

这三道彼此相连的石堤,其位置正处于史书中记载的明万历四年(1576)修建的"宝应湖堤石工,自秤沟湾至宋家尖"的范围内,其高度也与史书中的记载相符,可以推断这石堤正是四百多年前的明代古堤。这一段长堤在明代正位于古汜光湖东岸的凶险之处,风浪大,水流湍。在迎风抗浪的石堤中段,古人创建了这种连拱坝式的水工工程结构,既增强了大堤御水的坚固性,又可平缓近岸的风浪,设计思想极具科学性和创造性,显示了扬州人早在明代就掌握了抗浪消能的水文知识,并予以了实际的应用。

2. 抗洪范例与抢险技术

黄河夺淮后,扬州经常发生水灾,河堤溃决,里下河地区便是汪洋一片,民不聊生。在与水抗争中,扬州人摸索出了许多堵塞溃堤的抢险技术,十分有效。

康熙十五年(1676),黄河淮河并涨,四下泛滥。"河倒灌洪泽湖,高堰不能支,决口二十四。漕堤崩溃,高邮之清水潭、陆漫沟之大泽湾,共决三百余丈","扬属皆被水,漂溺无算。"次年,安徽巡抚靳辅被任命为河道总督。靳辅是一位十分称职的治水官员，他到任后的第二天即到淮扬灾区视事，并在博采众议的基础上写成了《经理河工八疏》一文，上呈康熙皇帝，得到批准后立即施行。

《治河方略》记载，靳辅疏黄导淮的措施是多方面的，其中最重要也是难度最大的一件事，便是高邮清水潭的堵决。高邮清水潭历史上曾多次被冲决，仅康熙元年至康熙十五年（1662—1676），清水潭就被冲决过八次。每一次冲决，奔腾四溃的洪水都使里下河地区遭受灭顶之灾。

清水潭处于河道的险段，以往的堵决虽然采取了许多措施，但收效不大，且决口愈决愈宽，长达三百余丈。靳辅周视决口，认为："窃思决口不患其宽也，而患其深，然决口虽深，而决之上下五六十丈之外未尝加深，其法当避深就浅，于决口上下退离五六十丈为偃月形，抱决口两端而筑之。计所筑之堤，其长必数倍于决口，然较其浅深必减七八九倍不止。况湖底平坦，则桩埽易施，湖面宽缓则冲淌无患。因命于决口之上测之，果深不过六七尺也。"（《治河方略》卷二）

靳辅经过上述细致而认真的勘查论证后，决定在离清水潭决口约五六十丈的湖中，环抱决口的两端，先挑筑一道偃月形的长达 605 丈的西堤。另外，又在湖中挑一道全长 804 丈的月河。最后再将东西堤岸与两头的旧堤相连。这么大的筑堤工程，需要大量的老土，老土"性胶而凝"，所筑之堤才能坚固永久。而决口处，前后左右数百里内，"非一望汪洋，即芦洲沮洳之区"，无从取土。怎么办呢？靳辅便下令："大江以南回空漕船，随便带老土若干方赴工交纳，选廉能官司之，计方给价。"靳辅经过一番艰苦的努力，历时半年，终于将清水潭决口堵塞。从此，清水潭改名为"永安新河"。

高邮清水潭的堵决，是历史上运河扬州段若干次堵决中规模最大的一次，其堵决的方法，特别是在决口外侧筑偃月形环抱堤的方案，绕开了决口堵决口，既有技术上的创新，又节约了大量的资金。原先别的官员拟造的估工费为五十七万，最后"仅费帑九万"，成为历史上运堤堵决的成功范例。

宋以来，尤其是明清两代，运河扬州段溃决多，堵决实践也多，其水工技术也比前代进步，有些技术至今仍未失去实用价值，如用柴草护坡抢险的“埽工”，用木板护坡抢险的“板工”，用石块、砖块以及碎石护坡抢险的“石工”、“砖工”等，这些水工技术至今仍有参考借鉴作用。

比如抢险堵决时常用的“埽工”。埽，是一种护岸堵口用的材料和器具，因护岸堵口的作用不同，埽的形状、大小也不同。护岸用的埽，具有杀浪保堤的功能，是用秫秸粟藁“及树枝草蒿之类，束成捆把，遍浮下风之岸，而系以绳，随风高下，巨浪止能排击捆把，且以柔物，坚涛遇之，足杀其势”。而堵口用的埽，则是用竹索、柳条、树梢、芦苇、稻草，杂以土块碎石层层叠卷而成，有巨大的竹索横贯中心，卷束成不规则的圆柱形。卷成后的埽，体积庞大的，需千百人才能拉动。庞大的体积和重量，足以堵塞决口。

《治水筌蹄》载，明代的埽工按其作用和形状，分为八种：一为“靠山埽”，这是抢险工程中的主埽，以此作靠山，故名“靠山埽”。二为“裹头埽”和“箱边埽”，在顺水的堤坝上抢险，前用裹头埽，随后就是箱边埽。三为“牛尾埽”，是河上抢险时用的挂柳，又称凤尾埽。四是“龙口埽”，是在堵口合龙时所用的巨型埽。五是“鱼鳞埽”，前用一埽迎着水溜，其尾则用一埽藏着埽头，各埽顺序排列如鱼鳞状。六是“土牛埽”，是防御大堤崩塌，预先在岸上准备好的埽。七是“截河埽”，是堵沟截流用的埽。八是“逼水埽”，是在河中迫使水溜外移的埽。这些埽工，材料来源广泛，现场操作简便，紧急时能够就地取材，快捷方便，故而其中的许多方法，我们在现今的抗洪救灾中仍在使用。

3. 排涝分流工程

明代中叶，淮河水受黄河水的顶托，一直渲泄不畅，黄河淮河交汇处的大大小小的湖泊逐渐连成一片，形成了洪泽湖、高邮湖、宝应湖等几个大湖。这几个大湖的水位迅速上升，经常泛滥里下河地区。

黄河夺淮，带来大量的泥沙，使得运河水的流向彻底改变。以前，运河的河床是北低南高，河水向北流，最终流入淮河。黄河泥沙淤积后，增高了淮扬运河北端的河床，变成了北高南低，迫使河水向南，流入长江。此后，运河从忧虑水少，变成了苦患水多。扬州人也从千方百计地节水补水，变成了想方设法抗洪排涝。

大自然的沧桑变迁，给扬州人出了一道新的难题。迎接大自然的挑战，古代扬州人先后创建了“归海五坝”和“归江十坝”，这两项大型的防洪治水工程，又一次显示了扬州人的聪明才智和创造精神。

早在宋初，扬州人就已经筑有早期的泄水工程——石础。石础，又叫水础，是一种用石块筑起的起减水作用的溢流建筑物，前文说到的“堰”也有类似的作用。宋初运河两岸尚无大堤，湖水多时可以向东沿旧有的大小河道自由排泄。北宋天禧三年（1019），制置江淮发运副使张纶为便利运河漕运，在高邮垒筑了河堤。河堤有助于航运，但也截断了湖水东流的去路。如何既筑堤又不断水路呢？张纶周密地考察后，提出了用巨石修建十座泄水闸坝的河工工程方案，这泄水闸坝也就是古人用以“以泄横流”的“石础”。

宋代的这十座石础建于运河的东岸。其具体的工程样式今天已不可见，但从古籍记载中可知：石础是沿河堤而建的，其顶部距河底有一定的高度，可以保证运河航道有足够的水深。而超过石础顶部的多余的水，可以从础顶溢流东下，流入与之相连的河道中。其溢水的功能类似于今天的滚水坝。

明代洪熙年间，平江伯陈瑄着手治理江淮水患，受宋代石础的启发，他提出了“七尺以下蓄以济漕，水长则减入诸湖，会于射阳湖以入海”的工程方案，重新修建了淮扬运河上的减水坝闸。到了清代，黄淮灾害日益加剧，明代陈瑄所建的减水坝闸也已废圮，清康熙十八年（1679），靳辅出任河道总督。靳辅在继承宋明以来“导淮入海”治水思路的基础上，充分利用高邮城南的几条大河作为泄水通道，提出了在高邮城南的里运河东堤上修建五座减水坝的工程方案，引导淮水东流入海。这就是后世所称的“归海五坝”。“归海五坝”从高邮城向南依次为南关坝、新坝、中坝、车逻坝和昭关坝。

“归海五坝”建成后，在保障运河大堤的安全和漕运的畅通方面发挥了重要的作用，尤其是当水位高涨，运河大堤危在旦夕的关键时刻，开坝泄水，将肆虐的洪水导入里下河地区，使之入海，能够起到保全局、护整体的作用。因此，历史上“归海五坝”的开启是十分频繁的，一遇洪涝，便开坝放水。史料统计，“归海五坝”建成使用后的242年里，有65年开坝放水，平均每4年就要开坝泄洪1次，其中开坝频率最高的年份是道光咸丰年间，道光八年至咸丰三年（1828—1853）的26年里，有15年开坝放水。开坝放水是有代价的，里下河地区是低洼地，每一次开坝放水都使里下河地区成为一片泽国，里下河地区民众的损失极为惨痛。因此，20世纪50年代，“归海五坝”便已废弃。

早在明代，扬州人便开始在“导淮入海”之外，寻找新的分黄导淮方案。明万历十年（1582），有人上书朝廷：“淮扬古称沃壤，而地形洼下，大海环其东，诸湖绕其西，所赖堤厚支河通，斯田地可耕，民灶俱利。自范堤坍坏，高宝堤亦冲决不守，其中大小支河，所在淤塞，于是以高、宝、兴、泰四州县为壑，而泄水无路，民灶罹于昏垫矣。”面对里下河地区的这种状况，当时的河道尚书凌云翼提出：“臣等躬亲勘视，度地形，探水势，其治之道有二，惟疏上流使入江，泄下流使入海。”（《明神宗实录·卷一三〇》）凌云翼这里所指的“上流”是

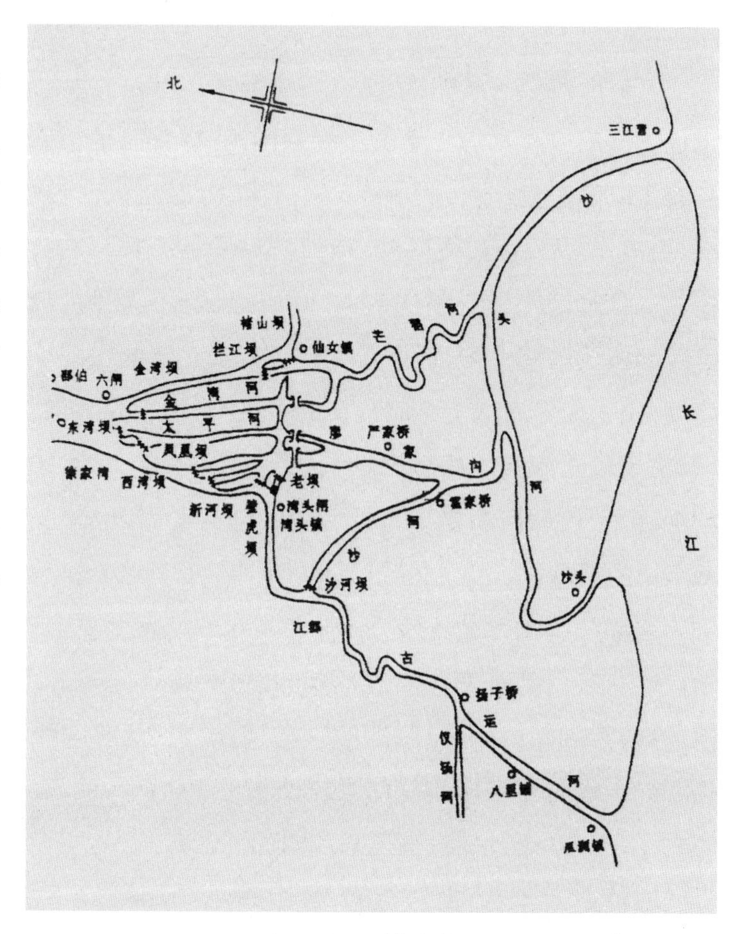

归江十坝（《京杭大运河史略》）

指运河漕堤上游的来水，即指淮水，可见，此时已经有了"导淮入江"的思路。

明万历二十三年（1595），河臣杨一魁将"导淮入江"的思路付诸实施，他开高邮西南的茆塘港通邵伯湖，接着又向南开扬州东郊的芒稻河，从而构成了淮水向南到达长江的新通道，这是历史上正式导淮入江之始。此举在淮水暴涨时能泄水入江，减轻了"归海五坝"的压力，也减少了里下河地区的灾情，收到了一定的成效。明代末年，淮河入海通道因黄河的抢占，泥沙淤塞的状况更为恶化，向北流出清口者日趋减少，多为南下侵入运河，故从清康熙元年（1662）起，人们便开始有计划地实施分淮入江的系列工程。这项系列工程历时一百多年，直至清道光年间才基本完成，这就是著名的"归江十坝"。

"归江十坝"不仅仅是建筑几座坝闸，它是一项复杂的系统配套的河工工程。淮河入江水道上承洪泽湖东南的三河闸，下至入江口处的三江营，全长有150多公里。在邵伯湖六闸以南，为淮水入江设计了八条通道：运盐河、金湾河、太平河、凤凰河、新河、壁虎河、湾头河和沙河。"归江十坝"就在这八条通江水道上渐次形成，并成为淮水入江的咽喉要道。这十坝为位于江都镇北的褚山坝，位于芒稻河上人字河头的拦江坝，位于金湾河口的金湾坝，位于太平河之上东湾河口的东湾坝，位于太平河之上西湾河口的西湾坝，位于凤凰河河口的凤凰坝，位于新河口的新河坝，位于壁虎河中部的壁虎坝，位于古运河东岸湾头镇境内的湾头老坝以及位于扬州解放桥北古运河东岸的沙河坝。

这项防洪治水的配套工程，尤其是八条淮水入江通道的设计，十分科学。这八条河都是南北向，自东向西依次排列。其上，承接里运河之水，其下，八条河则汇成四条河，即廖家沟、石洋沟、董家沟和芒稻河。又其下，四条河汇合成两条河，即廖家沟和芒稻河。再其下，两条河一同汇入沙头镇处的夹江，合为一条水道，直至长江口的三江营。

这种由一分八，由八合四，再由四合二，由二合一的河道设计，其目的是：淮水过坝前先一分为八，使河面由窄变宽，水势由紧变散，减轻对水坝的压力。过坝后，由八而四，由四而二，最后合二为一，使得河面从宽变窄，水势由散变紧，此举必然会提高水速，增加冲刷力，使河道自我加深，免于疏浚，不至淤堵。事实也证明，"归江十坝" 建成使用后的一二百年来，其河床的冲刷力一直不减。

"扬州五塘"与塘堰水利

治田必须治水,发展农业生产,离不开兴修水利。扬州地处江淮之间,西有丘陵岗地,东有低洼圩区,因而扬州的农田水利有自身的地域特点,这就是陂湖塘堰特别多。陂湖塘堰通常是利用环山抱洼的有利地形,修筑长堤,围成陂湖,就地调蓄泾流,灌溉农田,特别是在丘陵平原地区,修建陂湖塘堰成为农田水利的主要样式。在众多的塘堰水利工程中,在中国水利史上产生较大影响的,则是著名的"扬州五塘"。

东汉以前,扬州已有塘堰的修建,但规模较小。东汉至南北朝期间,北方频繁战乱,农田耕作的重点移到江淮地区,于是扬州的塘堰灌溉有了大规模的修建。扬州西北部的丘陵岗地,降雨时易发山洪,水退后又易出现旱情,人们便开始兴建陂湖塘堰,用作拦洪蓄水,以备农田灌溉。《后汉书·马棱传》云:东汉章和元年(87)马棱任广陵郡太守,因"谷贵民饥",马棱便发动民众"兴复陂湖,溉田二万余顷"。《东观汉记》卷七亦记载,马棱在广陵"兴复陂湖,增岁租十万余斛",塘堰灌溉有这么大的收获,深得民众称赞,故《后汉书·马棱传》记载:"吏民刻石颂之。"

东汉末年,为缓解饥荒,曹操在江淮一带兴修水利,发展生产,主其事者是广陵太守陈登。陈登,字元龙,下邳(今宿迁)人。25岁时因品高才绝,受推举为孝廉,先为东阳(治所在今盱眙东南)长,后为徐州典农校尉。建安二年(197)曹操提拔陈登为广陵郡太守。陈登在扬州有十余年,先从整治邗沟入手。原先的邗沟出广陵后要绕到东北方向的射阳湖,再折向西北,方才到达末口(今淮安)进入淮河,沿途多浅滩,舟船难以通航。陈登便组织民众将邗沟裁弯取直,此举大体奠定了后来大运河江淮段的基本走向。接着陈登又在广陵"巡土田之宜,尽凿溉之利"(《三国志》卷七《吕布附陈登传注》),开挖了中国水利史上著名的"扬州五塘"。

“扬州五塘”为上雷塘、下雷塘、陈公塘、勾城塘、小新塘。

五塘中，历史最久的是上、下雷塘。雷塘，古代又叫雷公塘、雷陂，在今邗江区槐泗境内。《漕河图志》云：“雷公上、下二塘，在县治北十五里平岗上……其地西、南、北峻昂，独东一面卑下，作堤于东，以蓄潦水。”此塘始凿于何时，史料中未见记载。《汉书》中有云：“子（刘）建嗣。……后游雷陂，天大风，建使郎二人乘小船入波中，船覆，两郎溺，攀船，乍见乍没，建临观大笑，令皆死。”可知，早在西汉时扬州已有雷塘，并且水面宽广，浪能覆舟。

五塘中最大的是陈公塘，陈公塘又叫陈登塘、爱敬陂，在今仪征市东北的龙河、张集两乡境内。清人刘文淇《扬州水道记》云：“汉建安中，广陵太守陈登之所凿，周广九十余里……依山为形，独一面为堤，以受启闭，凡八百九十余丈。冈势峻昂，环汉三十有六，毕汇于此。”又云此塘“百姓爱而敬之，因以为名，亦号陈登塘”。

面积仅次于陈登塘的是勾城塘，在今邗江区杨庙乡西南，与仪征张集毗连。《嘉庆新志》云：“勾城塘在仪征县东北四十里，与甘泉县接界，其水南流至乌塔沟入运。”

最小的是小新塘，又叫小星塘，在今邗江区平山乡平山村北。《扬州水道记》云：“小新塘接连上雷塘……其水注上雷塘，转入下雷塘，由槐子河东流入官河，长广共二里余。”

以上五塘的兴建，汇聚丘陵山冈的涧水，对山洪起到潴蓄、调节作用，既控制了洪水，又灌溉了周边千万顷农田，民众广为受益。因这五座塘堰都是陈登修建，后来的扬州民众也不仅仅是将仪征境内的陈公塘称为“爱敬陂”，而是将“扬州五塘”全部称做“爱敬陂”，以表达民众的感激敬仰之情。清代汪中《广陵通典》云：“登于城西浚上雷、下雷、小新、勾城、陈公五塘，四境沾溉，岁用丰稔，民呼为‘爱敬陂’是也。”刘文淇《扬州水道记》说得更明确：“其实五塘皆陈登所筑，五塘皆名为‘爱敬陂’。”

“扬州五塘”除了用于农田灌溉外，在济运补水方面也起到了重要作用。刘文淇《扬州水道记》中有一段详细的叙述：“宋靖康时，诏淮南运使陈遘引勾城、陈公两塘达于河渠。元人海运，疏于漕河，然至元十八年（1281）犹造闸于上雷塘者，盖漕河非塘水则南北不通故也。洪武八年（1375），开平王北征（注：开平王卒于洪武二年，此句疑有误）军需械船至湾头，河浅不能前进，奏开四塘，下水三尺五寸，官河增水二尺六寸，一时得济。十四年旱，解京御盐船至湾头浅搁，开塘放水，船始得行。是时塘务为两淮运司专管。永乐二年（1404），平江伯陈瑄总理漕河，全资塘水济运。十五年，钦取皇木，时值浅阻，亦开塘下水以济之。时设立塘长、塘夫，常用看守，塘内积水常八九尺，非遇至旱，运河浅涩，不敢擅放。”由此可见，“扬州五塘”实际上兼有运河“水柜”的作用，成为一项运河配套的河工工程，多次在运河水位下降，运舟遭遇浅阻的时候开塘放水，补济河运。因而，明代以前，五塘设有“塘长”，有“塘夫”进行管理，官府也多次拨付银两，修建闸坝、水础，使得扬州五塘“潦则减水，不致冲决塘岸；旱则放水，得以接济运河”（《漕河图志》卷四《奏议》）。

唐代扬州经济繁荣，更为重视陂湖塘堰水利，贞观十八年（644），扬州大都督府长史李袭誉重修勾城塘，灌溉农田800顷（《新唐书》卷四十一《地理志五》）。唐贞元初（785—805）淮南节度使杜亚又“浚渠蜀冈，疏勾城塘、爱敬陂”（《新唐书》卷五十三《食货志》），使爱敬陂水既接济漕河，又灌溉附近高仰农田。贞元中杜佑任淮南节度使，杜佑“决雷陂以广灌溉，斥海滨弃地为农田，积米至50万斛，列营30区”（《新唐书》卷一百六十六《杜佑传》）。宋代也多次修筑五塘。为防金兵南犯，使运河不为金兵所用，曾撤毁了真扬堰闸和陈公塘闸，绍兴四年（1134）淮南运判钱冲之进行了复塘工程，大修陈公塘堤坝。当时的楚州参军李孟传撰有《修陈公塘记》，详细记载了这一次的复建工程（隆庆《仪征县志》卷七《水利考》）。

北宋元丰年间（1078—1085）罗适为江都县令，罗适“兴复陂塘沟渠之利五十五处，溉田六千顷，植桑八十五万株”（乾隆《江都县志》卷十四）。宋代，仪征山区兴修的陂塘还有许多，道光《仪征县志》卷五引《宋志》云：“官塘无虑数十，陈公、勾城为大，北山、茅家山、刘塘次之。又有神、流、月、曹、黄、韩、柳、贺公、桑家、三丫、假皮、龙源、白水十三塘又次之。”

从东汉至唐宋，扬州人坚持不懈地在丘陵山区兴修塘堰，积累了大量的修筑塘堰的知识和经验。南宋时，家住扬州西山的陈旉对高田陂塘修筑技术和用水管水技术进行了系统的总结，并把他的见解写在所著的《农书》中，这本《农书》就是前文章节中提到的《陈旉农书》。这本《农书》送到了当时的仪征县令洪兴祖处，洪兴祖将《陈旉农书》与《仪真劝农文》一并付梓，推广运用。关于在丘陵地区修筑陂塘堰坝，《农书》的《地势之宜篇》说："若高田，视其地势，高水所会归之处，量其所用而凿为陂塘，约十亩田即损二三亩以潴蓄水。"提倡在汊涧山水会聚处开凿陂塘蓄水，以供自流灌溉。陂塘大小与灌溉面积的比例是"约十亩田即损二三亩"。另外，对堤坝的设计也有独到的见解："春夏之交，雨水时至。高大其堤，深阔其中，俾宽广足以有容。"建议："堤之上疏植桑柘，可以系牛。牛得凉荫而遂性，堤得牛践而坚实，桑得肥水而沃美。旱得决水以灌溉，潦即不致于弥漫而害稼。"丘陵山区采用此法进行农田灌溉，功效十分显著，"高田旱稻，自种至收，不过五六月，其间，旱干不过灌溉四五次，此可力致其常稔也"。

塘堰水利

《陈旉农书》对丘陵山地的用水管水技术也有总结。《薅耘之宜篇》中讲到丘陵地区水稻田不使水流失的方法:"耘田之法,必先审度形势,自下及上,旋干旋耘。先于最上处收蓄水,勿致水走失,然后自下旋放令干而旋耘。"是说丘陵山地水稻田薅耘时,要"审度形势",要在高处蓄住水,勿使水走失。耘田时,先在最低的一块田放干水,低田耘好后,再依次向上,逐块薅耘,如此"浸灌有渐,即水不走失"。如果上下各块丘田同时放水薅耘,则水走失过多,日后"欲水灌溉已不可得,遂致旱涸焦枯,无所措手。如是,失者十常八九"。这些用水管水的技术,早在南宋就已充分认识,陈旉将此总结记载下来,是扬州人对丘陵山地灌溉技术的一大贡献。

明代中叶以后,淮水南下,淮扬运河只患水多,不患水少,加之豪门贵族的侵占,"扬州五塘"逐渐占垦为田,到了明万历年间,便相继废弃。尽管"扬州五塘"不再使用,但它在水利史上发挥过的重要作用人们一直没有忘记。姚汉源著《中国水利发展史》总结有"五利":(1)拦蓄西来的山水不入湖,避免运河决堤;(2)干旱时,塘水可以济运;(3)又可引入运盐河济盐运;(4)可以灌田;(5)塘水引入扬州城,可供民用及灌注城壕。

"扬州五塘"的功能与作用如今早已消失,但"陈公塘"、"雷塘"等地名还在,表明今天的扬州人一直牢记着前人的不朽功绩。

第三章　医学、数学、建筑学与地理学

扬州地域人杰地灵。汉代医学家吴普、元代针灸学大师滑寿、清代地理学家孙兰以及从事数学研究的阮元、焦循、凌廷堪、陈厚耀、罗士琳等，他们都是中国医学史、中国数学史、中国建筑史和中国地学史上成就卓著的代表性人物。扬州这块土地上，还诞生了我国第一部园林建筑学专著《园冶》、第一部世界地理学著作《海国图志》和第一部科学家传记《畴人传》，这些冠名“第一”的著作，都是当时那一领域里科技成就的代表性事项，是我国科技发展史上光彩耀人的里程碑。

汉代医学家吴普

扬州汶河路的南端曾有一座太平桥，桥西曾有一座神医庙，名“华大王庙”，庙内两尊塑像长年供奉，一位是华佗，另一位是吴普。

华佗与吴普是师徒二人。神医华佗大家都很熟悉，他是东汉末年的著名医学家，《后汉书·华佗传》说他“兼通数经，晓养性之术”，尤其“精于方药”。吴普则是华佗的嫡传弟子。《后汉书》和《三国志·魏书》记载：吴普是广陵（今扬州）人，从华佗学医，多所全济。华佗曾把自己丰富的医疗经验整理成一部医学著作，名为《青囊经》。遗憾的是这部著作没有流传下来，后人是通过史书上的医案记载以及他的弟子们的医学传承来研究他的医学精华。以针灸出名的樊阿、著有《吴普本草》的吴普以及著有《本草经》的李当之等，都是华佗的学生。

华佗像

华佗（约145—208），字元化，沛国谯人（今安徽亳州市谯城区）。华佗的足迹遍及中原大地和江淮平原，在内、外、妇、儿各科的临证诊治中，创造了许多医学奇迹，尤其以创麻沸散（临床麻醉药）、行剖腹术闻名于世。后世每以“华佗再世”、“元化重生”称誉医家，足见其影响深远。华佗与广陵颇有渊源，曾救治过当时的广陵太守陈登，并将广陵人吴普培养为杰出的传人。正是因为华佗与吴普师徒都与扬州有不解之缘，扬州人便特意为他们立庙，常年祭祀，以示不忘他们的功绩。

《三国志·陈登传》记载：陈登在广陵任太守时，忽然面赤胸闷，不思饮食，华佗赶来为他医治。华佗仔细把脉后对陈登说：你体内有小虫数升，将要成为内疽，这是你食用腥物过多而致。华佗用汤药让陈登服用，不一会儿，陈登吐出好多盆红头的小虫子，病状很快就减轻了。华佗还告诉陈登，你这是吃鱼得的病，三年后还会复发，到时候再请他来。三年后，陈登果然旧病复发，立即派人去请华佗。可是华佗的药童只知道华佗上山采药，不知道华佗去了哪一座山，也不知道华佗何时回来，结果陈登不治而亡。从记载看，陈登得的是寄生虫病，可见华佗不仅是杰出的外科医生，也是一位治疗寄生虫病的专家。

吴普生于汉，卒于魏，从华佗学医，得青囊之传。作为华佗的高足，吴普是当时仅次于华佗的一代名医，他不仅承袭了华佗的医术，结合自己的实践，又有自己独特的贡献，这就是中国医学史上著名的《吴普本草》和“五禽戏”。

我国古代的大部分药物都是植物药，所以“本草”成了药物的代名词。本草学，是研究药物的学问，有关这方面的书籍也就称为本草书，从事这方面研究的专业人士便称为本草学家。古代药物学知识，主要靠疾病治疗经验的长期积累，靠反复的摸索和验证，过程相当漫长而艰辛。本草学专著的出现，表明人们的药物学知识已经积累到了一定的阶段，人们对疾病的认识和治疗有了新的总结和提高，因而古代某一册本草学专著的问世，都可以看作是那一时期临床用药经验的系统总结。最早研究本草的，是传说中“尝遍百草，寻药治病”的神农氏，相传他留下了《神农本草经》。为了怀念他，旧时的药铺里，常常挂有一幅画像，是一个浓眉大眼、笑容可掬、腰围树叶、手执草药的人，他就是“神农氏”。大约在后汉至魏晋时期，我国出现了一批早期的本草学著作，《吴普本草》便是其中重要的一本。

《吴普本草》又名《吴氏本草》、《吴普本草经》等。分为玉石类、草木类、虫兽类、果类、菜类、米食类六卷，载录各种药物四百四十一种。《吴普本草》的特点是广集博引，融会了前人的诸多成果，其中引用汉魏以前的本草学著作有十多种，如《神农本草经》、《黄帝本草》《岐伯本草》、《扁鹊本草》等。这些医学古籍大多失传，史书上或有提及，均属有名无存，《吴普本草》的引用，使得后人对这些古籍能够了解其一二。如今，现存的魏以前的本草学著作除辑复本《神农本草经》外，可资借鉴的还有《吴普本草》。正是《吴普本草》的被广泛引据，才使得许多本草学的珍贵史料得以保存。李时珍《本草纲目》中有这样的赞誉："吴氏本草，其书分记神农、黄帝、岐伯、桐君、雷公、扁鹊、华陀、弟子李氏，所说性味甚详。"

吴普除辑录注释了前人的药物学成果外，还结合自己的医学实践，新增了七十六种新药（尚志钧《论〈吴普本草〉和〈本草经集注〉之关系》）。在药物论述的体例上，《吴普本草》也有特色，首先介绍药物的正名，再依次论述别名、药性、产地、植物生态、药物形态、采摘时间、加工炮制、功能主治，最后介绍配伍宜忌等。在具体的某一药物的论述中，又是有详有略，各有侧重。如"石斛"条："神农：甘，平。扁鹊：酸。李氏：寒。"重在介绍各位医家对药性的认识。又"丹参"条："生桐柏，或生太山山陵阴。茎花，小方如荏，有毛，根赤。四月花紫，三月、五月采根，阴干。治心腹痛。"重在说明药物的植物生态，以利药农采摘。再如"樱桃"条："一名朱茱，一名麦英。甘酣。主调中，益脾气，令人好颜色，美志气。"重在论述药物的主治与功用。《吴普本草》开创的有规律地论述药物的体例，多为后世仿效。

值得注意的是，《吴普本草》中的多数药物都有一个或几个别名，这些别名在寥寥数十字的辞条中占有不小的比例，如"菟丝实"条："一名玉女，一名松萝，一名鸟萝，一名鸮萝，一名复实，一名赤网。生山谷。"整个辞条均是以介绍药物别名为主。这一现象说明，《吴普本草》是综合各地药物知识而成的。同时也说明，药物之所以有众多的别名，是因为这些药物名来自战国时期不同的国家，吴普不厌其烦地列出各种别名，是为了让各地的用药者能够准确地明白药物的来源，起到了交流药物知识的重要作用。

《吴普本草》在临床上具有很高的实用价值，为后世的医家广为应用。后代的本草学著述也时常引用《吴普本草》的内容，如梁代的《本草经集注》、唐代的《新修本草》、五代时期的《蜀本草》以及宋代的《嘉祐本草》、《证类本草》等都引用过《吴普本草》的条目。另外，古代的许多大型农书和类书，也多有采摘，如后魏的《齐民要术》、唐代的《艺文类聚》、《初学记》以及宋代的《太平御览》等，可见《吴普本草》在古代医学史上具有相当高的学术地位。由于年代久远，大约在唐宋年间，《吴普本草》渐渐地淡出了人们的视野，以致湮没失传。直至清代，《吴普本草》重新受到人们的关注，起初，清代学者孙星衍将《吴普本草》的佚文附于所辑的《神农本草经》的相应条目下。清代扬州学派的著名学者焦循，为弘扬乡邦文化，则将所能搜集、查考到的《吴氏本草》的散佚条目，单独汇为一书，其中载药 168 种。如今，又有尚志钧等人辑校的《吴普本草》问世，尚氏所辑的《吴普本草》更为完备，更利于今人认识和研究这一宝贵的传统医学遗产。

吴普在医学史上的另一重要贡献，是他身体力行地演练了中国最早的医疗保健操——华佗的“五禽戏”，并以亲身的经历和感受证明了“五禽戏”的有效功用。

关于“五禽戏”，《嘉庆重修扬州府志》卷五十四有这样一段记载：“吴普，广陵人，从华佗学（医）……佗语普曰：人体欲得劳动，但不当使极耳，动摇则谷气得销，血脉流通，病不能生。譬犹户枢，终不朽也。是以古之仙者，为导引之事。熊颈鸱顾，引挽腰体，动诸关节，以求难老。吾有一术，名五禽之戏：一曰虎、二曰鹿、三曰熊、四曰猿、五曰鸟。亦以除疾，并利蹄足，以当导引。体有不快，起作一禽之戏，怡而汗出，因以著粉，身体轻便而欲食。”吴普采用了老师传授的这套强身健体的方法，身体力行地予以实践，直到九十多岁时，仍然貌如童子，“耳目聪明，齿牙完坚”。

“五禽戏”图

虎、鹿、熊、猿、鸟这五种动物的生活习性不同，活动的方式也各有特点，虎雄劲豪迈，鹿轻捷灵敏，熊沉稳厚重，猿机灵变幻，鸟俯仰翻飞。人们模仿它们的姿态为戏，实际上是运用仿生的肢体运动使得全身气血流畅，起到了锻炼关节肌肉、调养脏腑的作用。传统医学又认为，五禽又对应着人体的五脏，对应着五行，能适应四季的变化。虎戏主肝，能舒肝理气，舒筋活络，春节尤其应该多练；猿戏主心，能养心补脑，开窍益智，对应炎炎夏日；鸟戏主肺，能补肺宽胸，调畅气机，秋季习练能够调开肺气；鹿戏主肾，能益气补肾，壮腰健胃，冬季学鹿有利于养藏；熊戏主脾，能调理脾胃，充实两肢，季节交替之时练习，有利于适应寒暑的变化。而人体又是一个有机整体，五脏相辅相成，五禽戏中任何一戏的演练，既能主治一脏的疾患，又可兼顾其他各脏，互为调养。

从现代医学的科学观点来看，吴普传承的这套“五禽戏”，是根据中国古代的导引、吐纳之术，结合虎、鹿、熊、猿、鸟五种动物的活动特点，结合人体脏腑、经络和气血的功能，创编了一套对应五脏的医疗保健体操。五禽戏中，肢体的运动和呼吸的吐纳有机地结合在一起，通过气功的导引使体内紊乱的气血恢复到正常状态，从而达到促进人体健康的目的。虽然，后世对五禽戏的锻炼方法的记载尚不准确完整，但我们从中可以获得一个科学而简单的锻炼理念，即调摄呼吸，在改胸式呼吸为腹式呼吸的同时，舒腰展体，活动关节，亦可益寿延年。吴普九十多岁仍然貌如童子，就是典型的范例。

元代针灸学大师滑寿

《仪真县志》有这样一段简短的文字："滑寿，字伯仁，先世许（州）襄城人，祖、父官江南，留家仪真。寿性警敏，读书日记千余言。京口王居中以医客真，寿从之游，叩《素问》、《难经》之旨，又传针法于东平高洞阳术，遂著。所至人争延致，名籍甚江淮间。在淮南曰滑寿，在吴曰伯仁氏，在鄞越曰撄宁生。著《素问钞》、《难经本义》、《十四经发挥》，皆行于世。"文字虽然简短，却为我们提供了一个重要的线索，元末明初的仪征，有一位在中国医学史上声誉卓著的医学大家——滑寿。

滑寿，字伯仁，祖籍在许州襄城（今河南许昌市襄城县），是名门望族。其时，祖父、父亲来到江南做官，全家迁徙到仪征，滑寿也出生在仪征。关于滑寿具体的生卒年月，查阅相关资料，记载各有出入，较多的说法是生于元大德八年（1304），卒于明洪武十九年（1386）。幼年的滑寿十分聪明，思维敏捷，学习儒家典籍，每天可诵记千余言，也就是《仪真志》中称誉的"性警敏，读书日记千余言"。天资好，再加上勤奋努力，滑寿便成为同辈中的佼佼者。年轻时，他善于作文赋诗，尤其擅长写作古乐府风格的诗歌，富有文采，且见解独到。

滑寿像

当时有一位京口（今镇江）名医王君迪客居在仪真，滑寿便拜他为师。王君迪，字居中，精研古方，善于诊脉。

王君迪见滑寿机敏好学，便有意培养他，给他讲解《黄帝八十一难经》和《黄帝内经素问》。滑寿“抄而读之”，同时参会古代张仲景、刘守贞、李明之三家之学，朝夕揣摩。此后，滑寿对《素问》、《难经》的研究愈发深入，颇有心得。他感到《素问》的论述虽然详尽、深奥，但原书“多错简”，而后世的注本又不够理想，于是想把原书“分象经度等为十二类”加以研究，即分脏象、经度、脉候、病能、摄生、论治、色脉、针刺、阴阳、标本、运气等汇粹分抄。他把这一想法告诉王君迪，王君迪大为赞赏，滑寿就根据读书的体会撰写了《读素问钞》十二卷。这些都收于《汪石山医案》(李涛:《明代医学的成就》,《医学史与保健组织》1957年合订本第一号)内。其后，滑寿又撰写了《难经本义》二卷，将《难经》中的脱文误字一一校订，疏其本义，析其精微，探其隐赜，使得《难经》一书词达理明，书中之奥，由是而得。

为广泛求学，成年后的滑寿离开了仪真，到江南、浙江一带边行医，边拜师。综合《仪真县志》、《浙江通志》和《绍兴府志》的记载可以看出，此后的滑寿曾经投东平(今山东东平)高洞阳的门下，拜其为师，学习针灸术，“得其开阖流注，方圆补泻之道”。我国的传统医学，汤药和针灸是两种最主要最常用的医疗手段，汤药以内攻为主。针灸以外治为主，滑寿在精通药剂医术的

難經本義序
難經本義者許昌滑壽本難經之義而為之說也難經
相傳為渤海秦越人所著而史記不載隋唐書經籍藝
文志迺有秦越人黄帝八十一難經二卷之目豈其時
門人弟子私相授受太史公偶不及見之耶考之史記
正義及諸家之說則為越人書不誣矣蓋本黄帝素問
靈樞之旨設為問荅以釋疑義其間榮衛度數尺寸部
位陰陽王相藏府内外脉法病能與夫經絡流注鍼刺
欽定四庫全書　難經本義
俞穴莫不該備約其辭博其義所以擴前聖而啓後世
為生民慮者至深切也歷代以來註家相踵無慮數十
然而或失之繁或失之簡醇疵殽混是非攻擊且其書
經華佗煨燼之餘缺文錯簡不能無遺憾焉夫天下之
事循其故則其道立浚其源則其流長本其義而不得
其旨者未之有也若上古易書本為卜筮設子朱子推
原象占作為本義而四聖之心以明難經本義竊取諸
此也是故考之樞素以探其原達之仲景叔和以繹其
緒凡諸說之善者亦旁蒐而博致之缺文斷簡則委曲
以求之仍以先儒釋經之變例而傳疑焉於乎時有先
後理無古今得其義斯得其理得其理則作者之心曠
百世而不外矣雖然斯義也不敢自謂其已至也後之
君子見其不逮改而正之不亦宜乎至正辛丑秋九月
己酉朔自序

《难经本义》书影

基础上，又学习了针灸术，这种针药并举，内外兼攻，辨证论治的学习与实践，为他后来完善中医学的经络学说，把督、任二脉与十二经合论为“十四经”，做了实践与理论上的前期准备。

滑寿认为：“上古治病，汤液、醪醴为甚少，其有疾，率取夫空穴经隧之所统系。视夫邪之所中，为阴、为阳，而灸刺之，以驱去其所苦。……厥后方药之说肆行，针道遂寝不讲，灸法亦仅而获存。针道微而经络为之不明；经络不明，则不知邪之所在。”这一段文字是说：古人治病大都依靠针灸，很少采用药物、汤液。但自从方药盛行后，针灸逐渐被人忽视，连经络、腧穴亦为医家所不知。滑寿指出，不明经络则不知邪之所在，不辨腧穴更无法运用针灸。因此，他立志在经络、腧穴的考订方面下功夫。经过多年的研究和医疗实践，终于在他 37 岁那一年，也就是元至正元年（1341），撰写出了著名的《十四经发挥》一书。

针灸学是中医药学中最具特色的学科，针灸学的基础是经络学说。在滑寿之前，人们对经络学说已经有了一定的认识，已经认识到人体有经脉、络脉两部分，经脉和络脉都是运行全身气血、联络脏腑肢节、沟通上下内外的通路。其中纵行的干线称为“经脉”，由经脉分出网络全身各个部位的分支称为“络脉”。经脉又分为“正经”和“奇经”两类，正经有十二条，奇经有八条，十二条“正经”有一定的起止、循行部位和交接顺序，在肢体上的分布和走向有一定的规律，与体内脏腑有着直接的络属关系。八条“奇经”分别为督、任、冲、带、阴跷、阳跷、阴维、阳维，又称为“奇经八脉”，起到统率、联络和调节十二经脉的作用。

滑寿在汲取历代医家之长的基础上，结合自己的临床实践，对前人的经络学说提出了自己的见解，认为：“究夫十二经走会属络，流输交别之要。至若阴阳维跷、冲、带六脉，虽皆有系属，而惟督、任二经则苞乎腹背而有专穴。诸经满而溢者，此则受。宜与十二经并论。”（〔明〕李濂：《医史》，民国十六年本）滑寿将自己的独到见解，条分缕析地著录成文，从而写出《十四经发挥》一书。这本著述不仅规范了十四经络，而且在理论和实践两方面推动了针灸

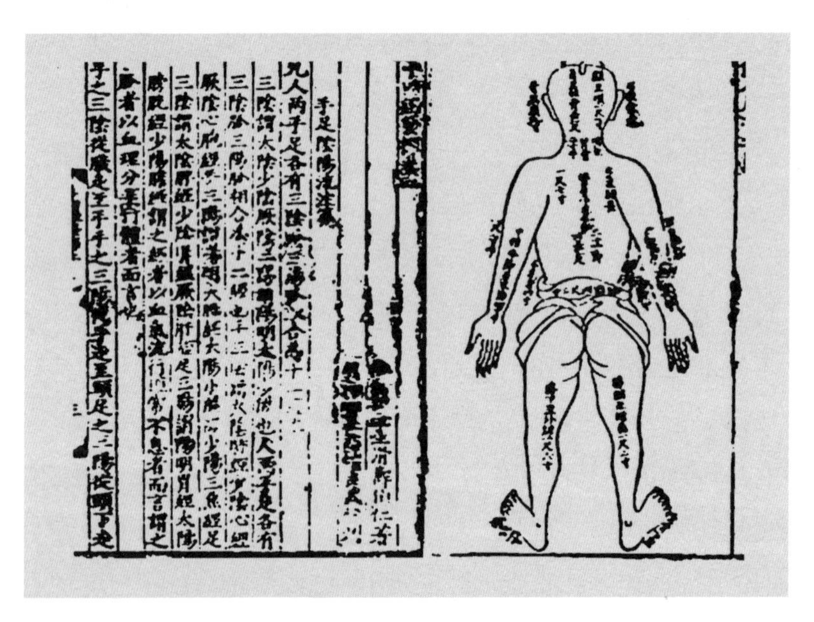

《十四经发挥》日本藏本

术的发展，为中国的经络针灸学做出了重要的贡献。

《十四经发挥》分为三卷：卷上为《手足阴阳流注篇》，总论经脉气血、阴阳流注；卷中为《十四经脉气所发篇》论经络循行、腧穴寸法、疾病主脉、虚实补泻。卷下为《奇经八脉篇》，专题讨论八脉循行、生理功能、病理变化。卷前有盛应阳、宋濂、吕复三氏撰写的《序》以及滑寿自拟的《自序》，记载了成书刊梓的过程。全书卷与篇对应，篇题后并举经句，分条拟纲，作为“正文”，然后逐条逐句，图、注、歌，逐次行文，终以“发挥”。

《十四经发挥》的主要学术思想与成就在两个方面：一是倡导十四经脉说。经络系统有十二经脉和奇经八脉，由于十二经脉为经络系统的主体，故历来为医家所偏重。滑寿在深入研究经络理论的基础上，认为奇经八脉中的任、督二脉，一在前，一在后，分行腹背中央，各有专门的腧穴，和其他奇经不同，应与十二经脉相提并论，成为十四经。二是考辨腧穴。滑寿在《内经》的基础上，把十四经穴逐一作了考证和训释，通考腧穴 647 个，辨其阴阳之往来，推其骨孔之驻会，并纠正了前代医籍中某些经穴排列次序的差误及经脉循行走向的错误。十四经脉说从此得到后世医家的重视与赞同，全身腧穴和经络的关系也从此完全固定下来。

滑寿一生的著书有十余种，包括经典医籍的整理注释与诊断、本草、方剂、针灸、内科、外科各科医著及综合性普及医书等，几乎遍及中医学的基本领域，其中流传至今较为重要的医学著述有《读素问钞》、《难经本义》、《十四经发挥》及《诊家枢要》。中国医史界认为，正是滑寿对经络学说的重要贡献，使得针灸得盛于元明。他发展了经络学说，扩大了经络理论在临证上的应用，对后世医家产生了重要的影响，从而奠定了他在中国针灸史上的重要地位。

滑寿不仅在医学理论上成就卓著，同时还是一位著名的临证医学家，在长期的医疗实践中积累了十分丰富的医疗经验。明代朱右根据滑寿门人弟子编集的资料写成了《撄宁生传》，这是一本传记类的著述，其中记载了滑寿亲历亲为的临证医案四十余例。这些医案包括内、妇、儿等各科疾病，大多是疑难病证，均取得良好的疗效，反映了滑寿医术的确高超。如有一孕妇患痢疾，滑寿认为应该采用消滞导气的治疗方案，其他人担心有损胎儿而极力反对。滑寿根据《素问》的理论，力排众议，为其医治，结果孕妇病愈，并足月顺产。又如，有两名患者，一为妇女不孕，一为男子鼻衄，滑寿认为这两人都是由于积热而患病，都采用了下积化瘀的治疗方案，且都有成功的疗效。这是“异病同治”医疗原则的体现和应用，反映了滑寿对医学理论与医治方法的全面掌握与灵活运用。滑寿还是元明时期重要的脉学研究名家，对脉学的理论研究和临床应用也颇有独到的见解，他认为业医者必须明了脉理。他在脉学专著《诊家枢要》一书中归纳总结出“举”（轻手切脉，相当于浮取法）、“按”（重手切脉，相当于沉取法）、“寻”（不轻不重，介于浮取、沉取之间的中取法）三种切脉方法，这三种切脉方法都为后世医家重视和效法，并沿用下来。

滑寿是一位医家，自身是否康健，也可以在一定程度上察看其医疗保健的水平。《明史·列传》卷二百九十九的《滑寿传》记载：滑寿“年七十余，容色如童孺，行步矫捷，饮酒无算”。按照滑寿卒于明洪武十九年（1386）计算，滑寿在世达八十二岁，七十多岁时还能“色如童孺”、“行步矫捷”，即使在当代，也可算是一位健康长寿的老人。

河南南阳有一座医圣祠，祠里镌刻着上自伏羲下至明清的 112 位历代名医的石刻画像，其中就有仪征的滑寿。滑寿所做的贡献，为中国传统医学增添了浓墨重彩的重要一页。

我国第一部园林建筑学专著《园冶》

历史上曾有学者评说："杭州以湖山胜，苏州以市肆胜，扬州以园亭胜。"扬州的地理位置在长江北岸，但扬州的园林却一直是中国"江南园林"的重要代表。正是缘于此，被誉为"斯千古未闻见者"的中国第一部园林建筑学专著《园冶》，就在扬州问世了。

《园冶》的作者是计成。计成，字无否，号否道人，吴江人，生于明代万历十年（1582），卒年不详。有关计成的生平及其专著《园冶》，历史上的记载极少，现有的研究资料主要是《园冶》及其所附的《自序》、朱启钤的《重刊园冶序》、阮大铖的《冶叙》、郑元勋的《题词》以及卷终的跋文《自识》。据《自序》云，他早年"游燕及楚，中岁归吴"，可见他年轻时游历很广，足迹遍及南北。中年回到江苏，"择居润州（今镇江）"，在此期间他因为叠石造园得法而"播闻于远近"。恰巧，晋陵布政使吴又予在常州城东购得一处旧园，便邀请计成参与设计建造。随后，他又参与建造了仪征的寤园和扬州的影园。晚年他依然"传食朱门"，为富裕人家造园，但此时的他，已经是"历尽风尘，业游已倦"。此外，则难以寻觅其他的有关他生平事迹的文献资料。仅清代李渔在所著的《一家言》偶集第四卷中有《女墙》一则，其中提到《园冶》："至于墙上嵌花或露孔，使内外得以相视，如近时园圃所筑者，益可名为（女墙），盖做睥睨之制而成者也。其法穷其极巧，如《园冶》所载诸式，殆无遗义矣。"阮大铖所著的《咏怀堂诗·乙集》中，有一首《计无否理石兼阅其诗》，也提到计成："无否东南秀，其人即幽石。一起江山寤，独创烟霞格。……有时理清咏，秋兰吐芳泽。"诗中盛赞计成会叠石，也擅长写诗。

《园冶》是在仪征撰写的。计成参与建造的园林，有著录可考者，便是上述的三座：常州吴又予的东第园、仪征汪士衡的寤园和扬州郑元勋的影园。汪士衡的寤园颇具规模，园中有湛阁、灵岩、荆山亭、篆云廊、扈治堂等。计成为汪士衡设计建造了寤园后，主人又挽留计成在寤园里居住了一段时日。就是这一段空闲，计成完成了《园冶》一书的写作，具体的时间是在崇祯四年（1631）。这段时日对计成来说，十分值得纪念，故而他在《自序》的末尾欣喜地记述：“时在崇祯辛未年秋末，否道人闲时记于扈冶堂中。”

《园冶》全书分为三卷，附有图式235例。

第一卷有《兴造论》、《园说》、《相地》、《立基》、《屋宇》、《装折》六篇，《兴造论》与《园说》为全书总论，其他诸篇则是按造园的程序而撰写的专论。其中，《相地》篇分别论述在山林、城市、村庄、郊野、傍宅、江湖六种不同地块造园时选地、构景的原则。《立基》篇论述了园林内造屋的总体规划原则，以及厅堂、楼阁、门楼、书房、亭榭、廊房、假山等七种建筑立基布置时的要领。《屋宇》篇论述了园林建筑与住宅房屋的差异，列举了斋、馆、台、亭、轩等15类建筑的特点，特别是对扬州一带常见的五架梁、七架梁和九架梁的房屋构架，予以了详细的描述，并附有侧面图和平面图11例。《装折》篇论述了建筑内外的装修布置，其中包括屏门、仰尘（天花）、门窗棂格、风窗样式等，附有图式62例。

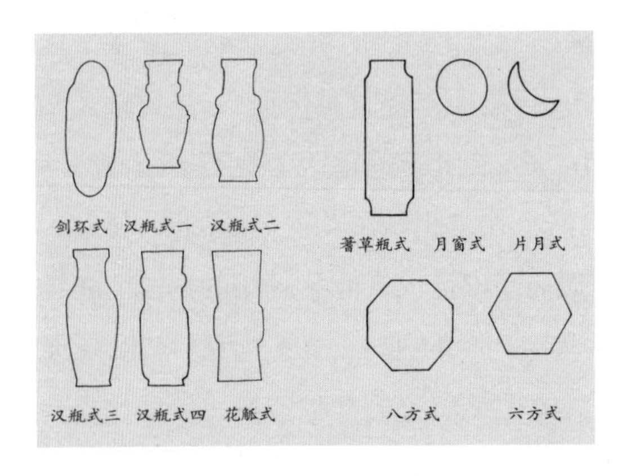

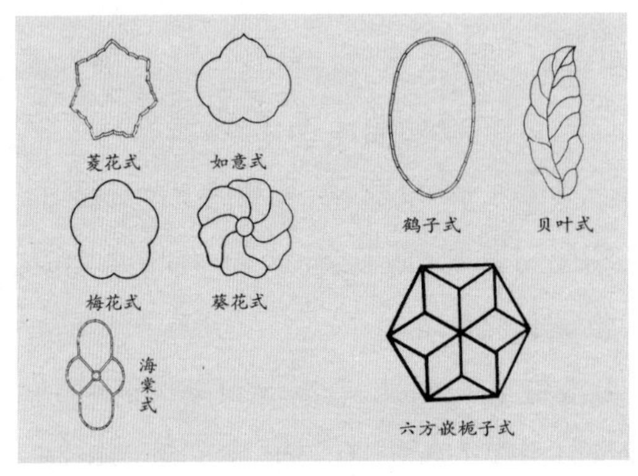

计成《园冶》卷三门窗图式

第二卷专论栏杆，附栏杆图式100例。这些图式是当时扬州及江南各地住宅和园林中常用的图样，作者择其精要，逐一绘图，十分精美。

第三卷有《门窗》、《墙垣》、《铺地》、《掇山》、《选石》、《借景》六篇，前三篇有文字阐述，又有各种图式。后三篇因无定式，只作文字说明。其中,《门窗》篇讲述了园林的门空和窗空的设计与制作,有方门合角式、圈门式以及长八方式、执圭式、葫芦式、莲瓣式、如意式、贝叶式、汉瓶式等,附有图式31例。《墙垣》篇除论述围墙的设计原则外,还讲述了白粉墙、磨砖墙、漏砖墙和乱石墙的特点及施工方法,附有漏砖墙图式16例。《铺地》篇讲述了园林地面的特点,介绍了乱石路、鹅子地、冰裂地、诸砖地的铺设方法,附有砖铺地图式15例。《掇山》篇讲述了堆叠假山的设计原则和施工要领,专题介绍了园山、厅山、楼山、阁山等八九类叠山置石的方法,还讲述了峰、峦、岩、洞、涧、曲水、瀑布的设计施工要领。《选石》篇介绍了太湖石、昆山石、宜兴石等16种石材的特点,提出如何选石、因材施工以及假山风格的若干意见。《借景》篇则是论述了如何借用他景,如何使园景与外部环境相互谐调的问题。

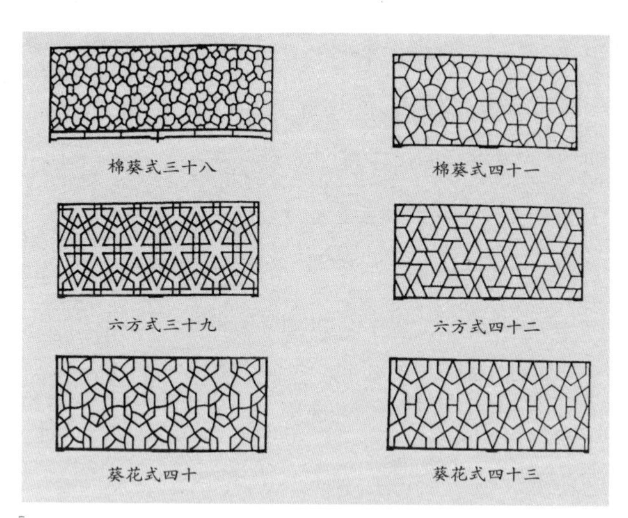

计成《园冶》卷三栏杆图式

《园冶》全书是在技术与艺术高度结合的基础上,通过造园实践而总结出来的园林建筑理论。书中提出了著名的"构园无格"的造园理念,以及"虽由人作,宛自天开","巧于因借,精在体宜"的设计原则,这些理念和原则在各个篇章中结合施工实例,得到了具体的阐明。许多观点和做法,是在用技术的手法体现艺术的构思,用美学理念指导施工实践,既是造园理论的阐述,又是实践经验的总结;既具有示范性,又具有操作性。

在建筑施工技术上,计成提出了许多富有创见的施工理念和施工方法。如计成有感于"凡瓦作,止能式屋列图,式地图者鲜矣",便在《屋宇》中专设一节《地图》,讲述总体设计与规划的重要性。计成所说的"地图"是指施工平面图,他指出营造园林不能只画出房屋的列架图,"夫地图者,主匠之合见也”。有了总体设计平面图,工程主持者和工匠施工才有共同的依据。“假如一宅基,欲造几进,先以地图式之。其进几间,用几柱着地,列图如屋。”施工前设计好平面图,才能“欲造巧妙”。这样的见解在今天的建筑施工中,已是十分寻常,但在当时还是十分领先的,“先以斯法,以便为也”。此外,计成还讲述了“将磨砖用木栓栓住,合角过门于上,再加之过门枋”的磨砖门套施工技巧,用这种方法砌筑的门套,便能“雅致可观”。在白粉墙施工上,计成介绍了用黄沙加石灰可砌成“明亮鉴人”的“镜面墙“的施工方法,这种镜面墙“倘有污积,遂可洗去”。在掇山施工上,讲解了用桩基和杠杆抬升石块的技法等。这些都反映了当时扬州及周边地区的土木建筑的施工工艺和施工技术。

《园冶》一书在仪征问世,不是偶然的,与扬州的历史传统有关,也与当时的造园风气有关。从中国园林发展史看,扬州是园林建造历史最悠久的城市之一。扬州园林建筑史大约可以前推到西汉初期,即公元前一百七八十年的吴王刘濞时期。诗人鲍照在他的《芜城赋》中有“藻扃黼帐,歌堂舞阁之基,璇渊碧树,弋林钓渚之馆”的叙述,即描绘了当时建造的歌堂舞阁。南朝刘宋年间,扬州有了真正意义上的造园。《宋书·徐湛之传》中记载:“广陵城旧有高楼,湛之更加修整,南望钟山。城北有陂泽,水物丰盛,湛之更起风亭、月观、吹台、琴室,果竹繁茂,花药成行,招集文士,尽游玩之适,一时之盛也。”此后,历经隋唐、宋元的发展,明代扬州园林已经有了较大的规模,除官府筑园外,仅私家园林就有王氏读书楼、青雨亭、可竹亭、李使君园、竹轩、竹西草堂、西阁、蜀冈阁、鉴楼、一鉴亭、芜城阁、大观楼、玉勾草堂、皆春堂、江淮胜概楼、竹西亭、康山草堂、荣园、东园、休园、影园、嘉树园等。这些园林有的筑于城内,有的建于郊外,特别是运河两岸,由于有便捷的物资运输,许多园亭都新建在沿线,如江淮胜概楼、大观楼筑于长江与运河交汇处的瓜洲;王氏读书楼、青雨亭建在运河与邵伯湖交汇处的邵伯;仪征是运河入江的另一重要道口,计成参与建造的寤园就建在那里。明代扬州造园不仅数量超过前代,造园的风气、规模、影响和技艺等都远远地超过了前代,也领先于其他地域,这些都吸引了计成来到扬州,也为计成撰写《园冶》提供了极好的启示和范例。

明代扬州园林中，若论造园规模之大，当数郑氏。郑之彦有子四人，长元嗣，字长吉；次元勋，字超宗；次元化，字赞可；季侠如，字士介。兄弟四人每人各筑一园，且每座园林都各有特色，这在明代的扬州，乃至在全国，大概都是绝无仅有的。据《扬州画舫录》卷八云："郑氏数世同居，至是方析箸。兄元嗣，字长吉，构有五亩之宅，二亩之间及王氏园。超宗有影园，赞可有嘉树园，士介有休园，于是兄弟以园林相竞矣。"

计成完成《园冶》一书后，即应郑元勋之请，来到扬州建造影园。影园在今荷花池公园北侧。郑元勋在《影园自记》中说："是役八月粗具，经年而竣，尽翻陈格，庶几有朴野之致。又以吴友计无否善解人意，意之所向，指挥匠石，百不一失，故无毁画之恨。"建成后的影园，"大抵地方广不过数亩，而无易尽之患，山径不上下穿，而可坦步，然皆自然幽折，不见人工，一花、一竹、一石，皆适其宜，审度再三，不宜，虽美必弃"。造园，当然是人工所建，但设计者"审度再三，不宜，虽美必弃"，使得建成后的园林"不见人工"，达到了有自然之理，得自然之趣，"朴野之致"的观赏效果，这实在是不易。实际上，这是计成将《园冶》中阐述的设计思想，在影园的建造中予以具体的运用，用可见的实物，诠释了他在《园冶》中所说的"虽由人作，宛自天开"的造园理念。

《园冶》一书原拟名《园牧》，计成的好友曹元甫见到书稿后说："斯千古未闻见者，何以云'牧'？斯乃君之开辟，改之曰'冶'可矣。"曹元甫联想到冶炼铸造需要事先塑造模范，认为计成的著述完全可以用来指导园林建造，便建议他改"牧"为"冶"。郑元勋在《题词》中也评价此书："今日之'国能'，即他日之'规矩'，安知不与《考工记》并为脍炙乎！"把《园冶》与我国第一部古代科技名著《考工记》相提并论。曹元甫的比拟和郑元勋的赞誉，即使在今人来看，也是不为过的。

清代地理学家孙兰

《光绪江都县续志》卷二十七中有一段极简短的文字："孙兰，工书画，精于天文地理之学，著《舆地隅说》四卷。" 文字虽然不多，却是记载了一位我国古代著名的天文地理学家——孙兰，以及他的主要学术成就。孙兰在他的著述里提出了著名的流水地形发育理论 "变盈流谦" 学说，这一学说不仅对中国古代地理学的发展做出了重大贡献，在当时的国际上也处于领先地位。

思自言與可後無傳人至己而盡得其法性孤傲隱居
湖東種柳千株名其居曰深柳堂一時高士多從之遊
論者以命時之蘭比吳秋聲之竹黃鍔庵之石命時傳
子秋陵秋陵傳其甥焦潤與命時同時以畫名者虞沅
字畹之工花卉翎毛句染工整得法袁江字文濤善山
水樓閣張杰字柯亭工花卉洪承祖字林士號紫霞山
人工花卉翎毛項佩魚字孔亭工山水花卉汪士慎字
近人工花卉尤工墨梅畫徵錄及畫舫錄
管希甯字平原工詩畫筆墨雅淡極盡山林之變不苟
作兼長於醫年五十無子妻素有賢譽早死死之日發
光緒江都縣續志卷二十七　五
其笥獲白金五十遺書一封以此金爲買妾之貲希甯
晚年與洪疏谷訂爲忘年友希甯歿喪葬之事疏谷任
之韋佩金進士爲作墓誌銘序其就懦齋詩集行於世
同時孫蘭工書畫精於天文地理之學著輿地隅說四
卷其友畢銳爲武弁工畫山水又有李寅字白也畫桃
花楊柳圖稱神品畫舫錄
陶鼎字立亭工寫青綠設色山水亦善花卉得虞沅法
與鼎齊名者有虞蟾字步青畫大幅山水力能包舉又
有朱文新字滌齋工人物善仿新羅山人濮士鈴字小
山善墨梅並工八分書略傳

《光绪江都县续志》书影

孙兰家在扬州北湖。旧时，扬州北郊靠近邵伯湖的几个乡镇统称为北湖，这儿虽说地势偏僻，交通不便，却是个风景秀丽、人才辈出之地，"自明嘉、隆以来，伟人奇士，相继而起"（焦循《北湖小志》），仅明末清初之际就相继出现好几位载入了中国文化史的伟人，如训诂学家、戏曲家、数学家焦循，体仁阁大学士、扬州学派领袖阮元等，孙兰也是其中的一位。

孙兰，字滋九，又名御寇，自号柳庭，晚年又号听翁。生于明天启末崇祯初，卒于清康熙末。明末，史可法在扬州抗清，城陷后清兵屠城十日，烧杀无算。作为诸生的孙兰目睹了事件的前后，极为义愤，断然为自己取名 "御寇"，以示不满和抗争。顺治初年，德国传教士汤若望为钦天监监正，"兰从之，授历法，遂尽通泰西推步之术"（焦循《北湖小志》）。经过一段时间的学习，孙兰对当时西方的天文学和数学等 "得其奥秘"，"遂尽通之"。然而，孙兰耻事清廷，顺治三年（1646）主动放弃了诸生籍，离京回乡归隐。在家乡，孙兰以书画自娱，以课徒为生，终身为布衣，九十余岁乃逝。

孙兰兴趣广泛，“于书无所不窥”，讲究实际和经世济用，其学术成果涉及到数学、天文、地理、水利、历史等多个领域。孙兰著作等身，有天文历算类的《理气象数辨疑纠谬》八卷，有史论类的《柳庭人纪》四十卷，有地理学类的《舆地隅说》四卷、《大地山河图说》一卷和《古今外国名考》。其中《舆地隅说》和《山河大地图说》为孙兰重要的地理学著作，包含了他的地理学思想和他阐发的“变盈流谦”学说，是后人研究孙兰的重要文献。

《舆地隅说》一书完成于康熙三十二年（1693）。孙兰在“自序”中云，该书“作格理论卷上，推事论卷中，外方论卷下，每卷八条，共二十四条。更为考证论八条，共四卷三十二条”，以上“格理、推事、外方、考证”四论，“洞乎其有源，渊乎其不可测也”。书中，孙兰在地学研究史上第一次提出了整体性研究地理变迁规律的学术观点，认为应结合研究人文、经济和社会的发展来研究地理环境的演变：“何以为山，何以为川，山何以峙，川何以流，人何以生，国何以建，山何以分支别派，川何以输泻传流，古今何以递变为沿革，人何以治乱成古今。”“合古今中外统为一书，而更以推详备载，昔人所未为也。其中更有古今所未详明者，为之徵显而阐幽焉。”这一观点的提出，具有拓展传统地理学研究领域的重要价值，标志着我国古代的地理学研究从以往的孤立地记载地理现象为主，转入到有目的地探究和认识大自然演变规律的阶段。因而科学史界认为，孙兰“希望将传统的地志学改造为探讨自然规律、适应社会经济发展的客观要求、富有生命力的地理学，无论在学术思想上，还是在地理学理论建设上均走在了时代的前列，推动了中国传统地理学的转化”（韩光辉：《孙兰的地理学贡献》）。

《大地山河图说》的成书年代不详，现存本为光绪乙酉年（1885）吴绮刊本，附于《舆地隅说》一书之后。书中以图文并用的形式直观地介绍了西方的地圆说及地理纬度、南北极、赤道、地心等地理学知识。如书中云：“东西无定，南北亦无定。北极、南极之下，皆寒而无热，同为冰海幽都。……由天之度，准地之里。以天之三百六十，知地之九万里；围三径一，知地之厚三万里；折半，知地心一万五千里。……以地之二百五十里，准天之一度，知北极在天移一度，人移在地二百五十里；日南一度，知地寒气进二百五十里；日北一度，知地热气进二百五十里。递进递退，至热极、寒极，知地面寒热进退之里；以余寒、余热相较，知地面中和之里；以两极皆寒，知地面寒极偏胜之里；以日出日入，知地面东西远近之里。”书中的这些知识，对于打破中国人固守了几千年的天圆地方理念以及认为中国为寰宇中心的观念，具有颠覆性的革命意义。

孙兰的最大贡献在于流水地貌发育理论。他在总结前人对流水侵蚀作用的认识以及他本人在野外观察到的高地被散流剥蚀，山地被暴流溪谷切割，河流的冲蚀和堆积等事实的基础上，提出了“变盈流谦”的理论。何为“变盈流谦”呢？他在《舆地隅说》中解释：“流久则损，损久则变，高者因淘洗日下，卑者因填塞而日平，故曰变盈流谦。”他还进一步把流水地貌的演变过程归纳为三种方式：“变盈流谦，其变之说亦可异者。有因时而变，有因人而变，有因变而变者。因时而变者，如大雨时行，山川洗涤，洪流下注，山石崩从，久久不穷，则高下异位。因人而变者，如凿山通道，排河入淮，壅水溉田，起险设障，久久相因，地道顿异。因变而变者，如土壅山崩，地震川竭，忽然异形，山川改观。如此之类，亦为变盈流谦。”孙兰所说的三种方式：因时而变、因人而变和因变而变，用现代语言来表述，即是渐变、突变和人为因素。

同时，孙兰又认识到地球及其表面的运动变化是绝对的，是永不停息的。他在《舆地隅说》中说：“造化之变，不可端倪，但如小儿换齿，齿尽而儿不知；如高岸为谷，深谷为陵……潜移默夺而不知，其迹遂不同也。”认为地球上的地貌变化，由于速度缓慢，不易被人察觉，但实际上变化的痕迹已经存在。对孙兰的这一发现，《中国科学技术史·地学卷》认为：“孙兰在17世纪就提出这样比较完整的地貌内外动力发育学说，是非常难能可贵的，是对我国古代地理学发展的一大贡献。”并说：“它比19世纪末期美国地理学家戴维斯（W. M. Davis）提出的‘地理循环论’并不逊色。而戴维斯的‘地理循环论’尚缺乏孙兰提出的人为因素对地貌的影响，又缺乏有关散流、暴流、块体运动（山崩）等方面的论述，因而不如孙兰的流水地貌观点全面。”当然，尽管在今人看来，孙兰的“变盈流谦”学说缺少许多现代科学的实证内容，但应该看到，孙兰毕竟是

17 世纪的人，无疑地要受到当时社会条件和科学水平的限制，这些并不影响他在流水地貌形成理论方面的卓越见解及其所代表的先进的地理学思想。

在孙兰的地理学成就之外，另外值得一提的，就是他坚持经世济用，为排解家乡的水患，提出了综合治理的治水方略。黄河夺淮后，淮河下游一直是水灾频发之地，到了明末清初，水灾更为严重。为保证运河的漕运，朝野上下先后提出了“并淮以刷沙”、“分淮以导黄”、“分黄以导淮”等治理黄河、淮河和运河的理论与策略。孙兰经过长期的考察，在《舆地隅说》卷下中客观地指出了这些治水方略的得与失，提出了综合治理水患的设想。他在“禹排淮、泗注江”一节文字中云：“扬州地势散漫，不能约束淮流，禹则开清江一渠，堰其下流入扬之处，一自清江浦入海。其余波之流散不尽者，又导之，由庐州、巢湖、胭脂河以入江。又导之，由盱眙、天长、六合以入江，所谓‘排淮、泗’者也。……以今计之，惟黄、淮分流，则害去而利全。其策有二：一放淮入江，由古入江之口，以泄淮势。……一改运道，不经清水潭、邵伯驿，竟辟河由瓜埠口而入，以逆于淮。”在提出自已的治水方略后，孙兰还提出“欲治河淮，须明高下之势，与曲折进退之理”，认为要彻底治理水患，还必须研究《周髀》《九章》，掌握勾股定理与测量方法，全面、精确地进行大地测量，依山川之形，定高下之势，才能有效地根治水患。遗憾的是当时并未有人认识到孙兰这一见解的科学意义。

清末民初的国学大师刘师培，也是扬州人，他特意为孙兰作传，并有这样一句评价：“使明清之交，人人能读兰书而发扬光大，则吾国格物致知之学当远迈西人。”（刘师培《左庵外集·孙兰传》）

清代扬州学者的数学研究

这些年来，清代扬州学派受到了关注，研究论著越来越多。但多数论著都把扬州学派界定在朴学的范围内，以经学以及与经学相关联的文字学、音韵学为研究重点，而扬州学派在其他领域特别是在自然科学领域的研究，尚未得到应有的重视。其实，扬州学派的学术范围很广，他们中的一批学者对自然科学有着浓厚的兴趣，许多人对天文、历算和数学尤为精通，特别是在传统数学的研究上，好几位学者都是成就卓著，在中国数学史上占有重要的地位。

我国传统数学的发展，大体有三个阶段。唐以前为奠定期，主要成果有集战国至秦汉时期数学成就的《九章算术》、王孝通的《缉古算经》等；宋元两代为鼎盛期，成果有秦九韶的《数学九章》、杨辉的《详解九章算法》、《续古摘奇算法》，李冶的《测圆海镜》、《益古演段》及朱世杰的《算学启蒙》、《四元玉鉴》等；清代中期是复兴期，当时的许多学者在挖掘、整理前人遗产的基础上，大胆客观地接受西方天文、历法和数学上的研究成果，使我国的数学研究前进了一大步。其间，扬州学派的代表人物阮元、焦循、凌廷堪以及陈厚耀、罗士琳等扬州籍的学者发挥了重要的作用。罗士琳即云："自元大德时，朱松庭（世杰）游广陵，学者云集。其时有赵元镇（城）者代刊其书。国朝又有陈泗源（厚耀）先生蒙圣祖仁皇帝指示算学，若良亭（张肱）者，则又从明监正（钦天监监正明安图），而监正亦得算法于圣祖仁皇帝者也。至今良亭后裔，世业畴人，引而勿替。外此如焦君里堂循、杨君竹庐大壮，皆精九数。近来朱氏二书既昌复于广陵，而《捷法》（指明安图《割圆密率捷法》）亦为岑君绍周建功校刊。岑虽天长人，若援寓公之例，亦得附郡人之列。然则历算之学，吾乡可谓盛矣。"（《畴人传续编》卷四十八《张肱》）

清代扬州在传统数学的整理研究中，贡献最大者，首推阮元。

阮元（1764—1849），字伯元，号芸台，别号雷塘庵主、怡性老人，世居扬州，占籍仪征。乾隆五十四年（1789）进士，历官乾、嘉、道三朝，多次出任地方督抚、学政，充兵部、礼部、户部侍郎，拜体仁阁大学士。在几十年的仕途生涯中，阮元始终坚持学术研究，成就非凡，是扬州学派的领袖。虽说阮元一生在数学上没有专门的著述，但以下三方面的功绩，使得他在中国数学史上产生了巨大影响。这就是：一、聚集、识拔人才，重视数学教育；二、寻访、校注数学古籍；三、编纂《畴人传》。关于《畴人传》，本书另辟章节，专予介绍。

阮元十分重视聚集识拔人才，为清代中期我国数学研究的复兴积聚了力量。年幼时，阮元受乡贤陈厚耀的影响，对天文、历法、数学极有兴趣，“中西异同，今古沿改，三统四分之术，小轮椭圆之法”皆有涉猎。为官后，交往了许多学有所长的学者，戴震、钱大昕、程瑶田、谈泰、汪莱、李锐、顾千里、张敦仁等都是他的师友。同时，他又培养识拔了一批弟子，罗士琳、焦廷琥、周治平、张鉴、许宗彦、杨大壮等都是他十分倚重的。在这亦师亦友的群体里，学术氛围浓厚，交往切磋频繁，相互启发指点，各有所得，也各有所成。阮元还十分重视以自然科学知识取士，这在当时的社会背景下，同样难能可贵。乾隆六十年（1795），阮元出任山东学政，便在莱州以数学试士，得到了一卷阐述方田勾股之理的文章，所述甚为完备，因而识拔了年仅十几岁的少年才俊郎炳。此后，阮元历官浙江、江西、广东、云贵等地，每到一处都注重发现、奖掖人才，得高材生甚多，其中不乏精通天文、历法、数学者，如洪颐煊、洪震煊、丁传经、丁授经、范景福、陈春华、徐养原、张鉴、许宗彦、周治平等。正是他团聚识拔了一大批人才，从而为后来编纂我国第一部科技史人物传记专著《畴人传》，做了学术力量上的先期准备。

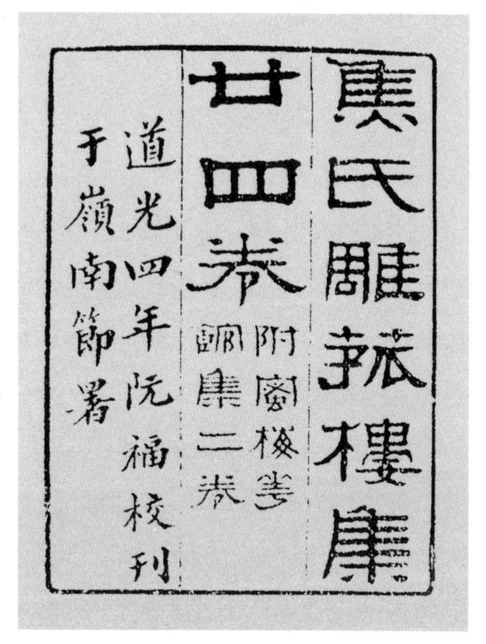
焦氏雕菰樓集
廿四卷
附[illegible]樓詩
詞集二卷
道光四年阮福校刊
于嶺南節署

焦循《雕菰楼集》书影

阮元在外为官几十年，每到一处，总是关注古代数学典籍的寻访征集，一有所获，即组织著名学者进行校勘注释，刊行于世。《四库全书》中收录了秦九韶、李冶等人的数学著作，但缺漏了宋元时期的杨辉和朱世杰，"辉所著书，载于《文渊阁书目》及《算法统宗》。云元丰、绍兴、淳熙以来，刊刻十八种，又云嘉定、咸淳、德祐等年四种，其时算书甚多，今皆不传。阮相国（元）访之三十年，通人学士俱未之见。嘉庆庚午（1810），相国以少詹事在文颖馆总阅《全唐文》，于《永乐大典》中抄得杨辉《摘奇》（《续古摘奇算法》）及《议古》（《议古根源》）等百余番。嗣督漕淮安，属江上舍郑堂藩排比整齐之。然掇拾残剩之余，究非全帙也，后闻苏州黄荛圃主事丕烈得宋刊《杨辉算法》，属何君梦华元锡假录其副"（《畴人传续编》卷四十七《杨辉》）。又，嘉庆年间阮元抚浙，"得元大德朱世杰的《四元玉鉴》三卷进呈圣鉴，蒙赐收入秘书，予以副抄本属何君梦华付之李君尚之锐，略演其法，李君遽卒，吾乡茗香（罗士琳）乃取此书各致演全细草，又于四草外演为九式一卷"（阮元《罗茗香〈四元玉鉴细草九式〉序》，《揅经室再谈》三集）。在中国数学史上，南宋杨辉和元代朱世杰都是杰出的学者，他们的著述代表了那一时期的最高成就，却因为封建社会只重经史词章之学，视数学等自然科学为贱术，与方技同科，导致了数学史上许多重要的学术专著散佚，罗士琳即云："算（学）自明季寖疏，古籍散佚，前贤精义，百无一存。"（《畴人传续编》卷四十九《李潢》）特别是"明季空谈性命，不务实学，而此业遂微"（《畴人传》卷四十四《利玛窦》）。阮元倾心尽力的寻访征集，不仅使尘封多年的学术专著重新发现，使绝学得以复昌光大；更在于阮元身为朝廷重臣，亲自挖掘整理古代数学佚著，为学术界乃至为全社会尊重科技人才，重视自然科学，做出了极为难得的示范和倡导。

清代扬州在传统数学的整理研究中，成果卓著者，当是焦循。

焦循（1763—1820），字理堂，又字里堂，扬州黄珏人。焦循一生刻苦好学，识见通博，"于经史、历算、声韵、训诂诸学无所不精……壮年即名重海内"（《清史列传·焦循》卷六十九）。在哲学、数学、戏曲理论等许多方面都有独到的建树，阮元誉之为"通儒"，是扬州学派中出类拔萃的代表人物。焦循 25 岁时方才学习研究数学，自学成才，正如他自己所云："循于天步之学，好之最深。所处村僻，学无师授。"（李斗《扬州画舫录》卷五）然而他才智过人，再加上刻苦勤奋，终于取得了令人瞩目的成就，跻身于当时著名的数学家之列，与凌君仲子（廷堪）、李君尚之（锐）齐名。《扬州画舫录》即云："推步之学，梅氏（文鼎）、江氏（永）、戴氏（震）为最精，而仲子（凌廷堪）、里堂（焦循）、尚之（李锐）三君，复推其所不足而有以补之。"（李斗《扬州画舫录》卷五）

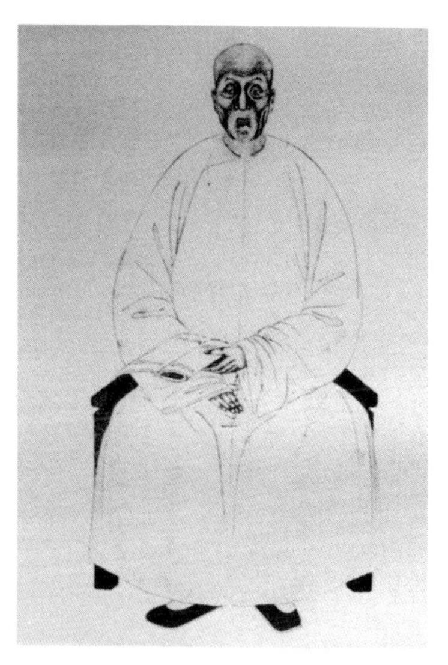
焦循像

焦循的数学成果，大多收录在《焦氏丛书》的《里堂算学记》中，其中有《加减乘除释》八卷、《天元一释》二卷、《释弧》三卷、《释轮》二卷、《释椭》一卷。此外，焦循的数学著作还有《乘方释例》五卷、《开方通释》一卷、《大衍求一术》一卷及《孙子算经注》等。

《加减乘除释》是焦循的代表作。在我国，传统的数学研究多为具体的数学问题，很少探讨数学理论。古代数学家的著述，大都类似于今天的数学习题集，着重讲述各种具体的数学问题及其解法。如《九章算术》，全书采用问题集的形式，收有 246 个与生产、生活实践有联系的应用问题，其中每道题有问（题目）、答（答案）、术（解题的步骤，但没有证明），有的是一题一术，有的是多题一术或一题多术。又如唐代王孝通的《缉古算术》，被用作国子监算学馆数学教材，奉为数学经典，故后人称为《缉古算经》。全书共二十题。第一题为推求月球赤纬度数，属于天文历法方面的计算问题；第二题至十四题是修造观象台、修筑堤坝、开挖沟渠，以及建造仓廪和地窖等土木工程和水利工程的施工计算问题；第十五至二十题是勾股问题。这些问题反映了当时开凿运河、修筑长城和大规模城市建设等土木和水利工程施工计算的实际需要，有实际运用价值，但却是"仅仅具有其法，而不能言其立法之意"。焦循认为，古人"期以为用"，"名目既繁，本原益晦"，提出要"一一明其理，达其用。……以一线贯之”。于是,焦循便着手探讨数量加减乘除运算的基本规则,他用甲、乙、丙、丁等天干字代替具体的数字,相当于今日数学上所用的a、b、c、d等拉丁字母,“论数之理,取于相通,不偏举数,而以甲乙明之”,从而推证出数量运算的若干基本规律,写出了著名的《加减乘除释》一书。书中,焦循提出了有关加减乘除运算的规则九十三条,每一条相当于一个定理或公式,对交换律、结合律和分配律等都作了精当明了的阐述。此举在今人来看,似乎十分简单,但在当时,却是数学研究思维理念的一大革新。先进之处在于:一、它不是以具体的数学问题和解法为主,而是以运算规则及其论证为要,是传统数学研究思路与方法上的一大变革;二、阐述规则和定律时,第一次引用抽象的符号,用符号对数学运算作抽象性的理论研究,开创了我国符号数学研究的先河。

焦循的数学研究成果,从实践到理论都取得了突破性的进展。和西方代数学比较,在时间上晚了一些,但这些成果是在没有受到西方近代数学的影响下独立得到的,在我国数学史上仍具有里程碑的意义。

位于扬州北郊的焦循墓

清代扬州在传统数学的整理研究方面之所以盛况空前，除了阮元、焦循作为领军人物外，更重要的是扬州有一个对天文、历算和数学极有兴趣的学术群体。在 17 至 18 世纪的一二百年间，这个群体的学者前后承续，史料中可查询者就多达二三十人。正是有了这样一个学术群体，学者们相互间交流、切磋、互补、共进，为杰出人物的问世营造了不可多得的有利氛围。限于篇幅，以下对其中成果显著者作一简介。

孙兰，字滋九，号柳庭，晚号听翁，扬州甘泉人。生于明末，主要活动于清初。焦循对孙兰十分敬仰，在《北湖小志》卷三中为之立传，说他“于书无所不窥，尤精九章六书之学。顺治初，西洋人汤若望以太常少卿为钦天监监正，（孙）兰从之，授历法，遂尽通泰西推步之术”。孙兰尤精《几何原本》之学，著书八卷，名曰《理气象数辨疑纠谬》。在古典地学方面，孙兰也素有研究，著有《舆地隅说》、《山河大地图说》和《古今外国名考》。后人刘师培曾评价说：“使明清之交，人人能读（孙）兰书而发扬光大，则吾国格物致知之学当远迈西人。”（刘师培：《左庵外集·孙兰传》）关于孙兰在地学方面的成就，本书前文已经予以介绍。

陈厚耀（1648—1722），字泗源，号曙峰，泰州人。曾师从数学家梅文鼎研究历算，后又从康熙帝研习几何。著有《续增新法比例》四十卷、《借根方算法》八卷、《算法纂要》一卷、《八线表根》一卷及《几何原本》六卷。他曾向康熙皇帝建言：“请定步算之书，以惠天下。”康熙采纳了他的建议，下诏征梅文鼎之子梅瑴成进京，助其编写《律历渊源》。该书共 100 卷，不仅讲述了我国古代的数学成果，还介绍了明代以来传入我国的西方数学成就，是一部古今中外天文、历法、数学的百科全书。虽然，陈厚耀未及全部撰成此书便因病辞世，但他为后来乾嘉年间数学研究的兴起，起到了积极的推动作用。

凌廷堪（1755—1809），字次仲，一作仲子。祖籍安徽歙县，出生于江苏海州，学于扬州，为扬州华氏赘婿。凌廷堪在天文、历法和数学方面都有很高的造诣，江藩《汉学师承记》中说他：“九章八线，皆造其极而抉其奥。”阮元在《定香亭笔谈》中誉凌廷堪、焦循、李锐为“谈天三友”。凌廷堪未著数学专著，但他研究数学的成果，在他本人以及友人的著述中时有反映，如他的文集中有《与焦里堂论弧三角书》、《与孙符如同年书》，就弧三角的解法等提出了自己独到的见解。尤为特殊的是，他既重视理论，也重视实测，认为“至赜之理，非器不能明也”。出于实测的目的，他制作了许多仪器，有用楮木制作的方直仪、立三角仪，还有用纸板制作的观察天象的浑仪。在仪器的观察、实验中，凌廷堪获得了许多直接观察到的知识，证实了“探赜抉微，中西无异”，确立了中西兼采、中西持平的学术主张。在当时思想界、学术界盛行“西学东源说”的背景下，有此看法，尤其显得难能可贵。

焦廷琥（1782—1821），字虎玉，焦循子。家学深厚，幼年从父学习，为优廪生。“善承家学，于算学亦精进”，“取《益古演段》六十四问，每问皆详画其式”，著成《益古演段开方补》一卷。

罗士琳（1784—1853），字次璆，号茗香，扬州甘泉人。早岁即精天算之学，考取天文生，入钦天监。一生“博闻强识，兼综百家，于古今法算尤具神解”（《畴人传三编》卷四）。罗士琳数学方面的著述甚丰，有《比例汇通》、《勾股截积和较算术》、《四元释例》、《四元玉鉴细草》、《三角和较算例》、《台锥积演》、《弧矢算术补》、《续畴人传》等。尤其是他为朱世杰《四元玉鉴》所做的校勘注释，在中国数学史上是一件颇具影响的大事。“四元术”代表了中国古代数学的最高成就，罗士琳读了《四元玉鉴》后，“服膺叹绝，遂一意专精于天元、四元之术”（《畴人传三编》卷四）。阮元对他的发掘整理工作极为褒赞：“以尽朱氏四元之意，精思神解，贯彻古今矣……若松庭见此所演，相悦如何！然则罗君在广陵，即今松庭矣。”

张肱，字良亭，宝应人，乾隆年间数学家。初为夏官正，后官至户部主事。他是当时著名数学家、钦天监监正明安图的学生。明安图著有《割圆密率捷法》一书，对三角函数和反三角函数的幂级数展开式极有研究，创立了割圆连比例法和级数回求法。但明安图的这本书生前并未完成，由张肱和明安图的儿子明新等人整理成书。

综上所述，可以看出明末至清代中期，扬州的确是“历算之学，吾乡可谓盛矣”，这在其他地域大概是很少见的。若寻其根由，主要的还是因为当时的扬州经济繁荣，商业实用运算、园林土木建筑、运河修治工程等，对自然科学特别是数学的实际运用产生了迫切的需要。加之扬州经济社会的主流群体是商家与儒士的结合体，有一种亦儒亦商、商儒互换的人文环境，也有一种尊重人才、尊重科技的文化氛围，这种社会环境的特殊性，是其他地域很难具备的。尽管封建社会里视科学技术为“奇技淫巧”，但扬州有阮元、焦循、凌廷堪等扬州学派中坚人物的示范倡导，使得扬州的有识之士普遍地对天文、历法、数学产生浓厚的兴趣。三方面因素的综合作用，使得当时的扬州成为全国传统数学研究的重镇，促使了我国传统数学复兴时代的到来。

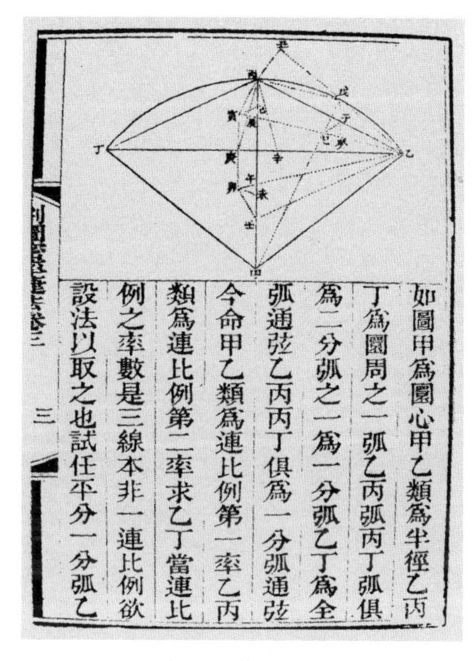
如圖甲爲圜心甲乙類爲半徑乙丙丁爲圜周之一弧乙丙弧丙丁弧俱爲二分弧之一爲一分弧乙丁爲全弧通弦乙丙丙丁俱爲一分弧通弦今命甲乙類爲連比例第一率乙丙類爲連比例第二率求乙丁當連比例之率數是三線本非一連比例欲設法以取之也試任平分一分弧乙

《割圆密率捷法》书影

我国第一部科学家传记《畴人传》

明末清初，一批欧洲传教士陆续来到中国，带来了先进的天文、历法、数学知识。由于适应了当时中国社会发展的需要，许多有识之士纷纷加入学习研究的行列，尽力地将西方先进的科技知识消化理解、融会贯通。乾隆三十七年（1772），清廷开“四库全书”馆，受召直接参加整理古籍的学者达三百余人。受此影响，为求中国天文、历法、数学的中兴，“综算氏之大名，纪步天之正轨，质之艺林，以谂来学”（阮元《畴人传》序），为研究者提供一部系统介绍中国古代科技人物的学术活动与研究成果的专著，便成为一项重要的历史使命。

有此远见卓识并付诸实施的，是扬州人阮元。

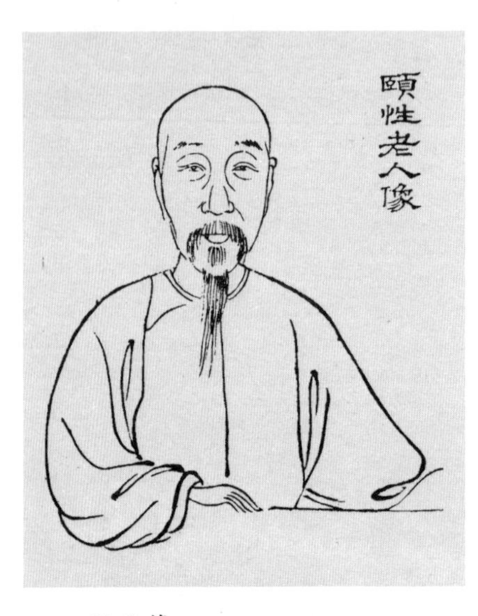

阮元像

阮元历官乾、嘉、道三朝，多次出任地方督抚、学政，充兵部、礼部、户部侍郎，拜体仁阁大学士。他“早岁研经，略涉算事，中西异同，今古沿改，三统四分之术，小轮椭圆之法”，都曾“旁稽载籍，博问通人”。因“窃思二千年来，术经七十改，作者非一人。其建率改宪，虽疏密殊途，而各有特识，法数具存，皆足以为将来典要”，故而“掇拾史书，荟萃群籍，甄而录之，以为列传”（阮元《畴人传》序）。正是由于阮元有这样过人的识见，方才能够成功编纂我国第一部科学家传记《畴人传》。

上古时期，天文历算之学有专人掌管，父子相传为业，称为“畴人”。秦汉以后，此业不再世袭，但人们仍然沿用“畴人”一词，专指有这方面专长的人才，故而阮元把编纂的这本书定名为《畴人传》。为编好这本书，阮元确定此书采用通史列传的体例，并亲自拟定了十八则“凡例”。对所收录的对象，明确地说明“是编著录，专取步算一家”。

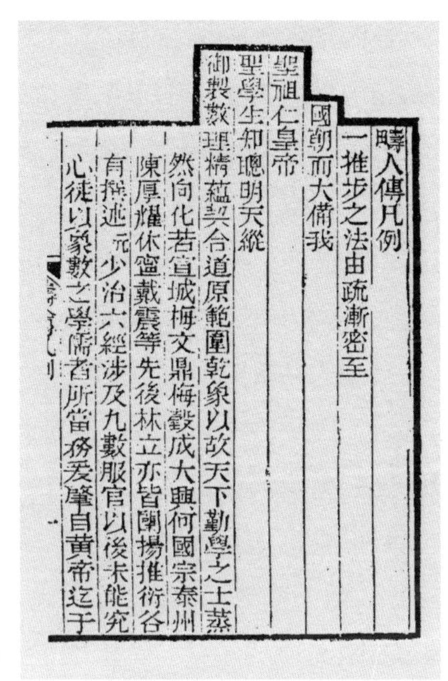
疇人傳凡例
一推步之法由疏漸密至
國朝而大備我
聖祖仁皇帝
聖學生知聰明天縱
御製數理精蘊契合道原範圍乾象以故天下勤學之士蒸
然向化若宣城梅文鼎梅㲄成大興何國宗泰州
陳厚耀休寧戴震等先後林立亦皆闡揚推衍各
有撰述元少治六經涉及九數服官以後未能究
心徒以象數之學儒者所當務爰肇自黃帝迄于

《畴人传》书影

步算，即推步测算，是我国古代专指天文、历法、数学的用语。因而《畴人传》中收录的人物大致有四方面：天文学家、数学家、历法编订者和天文仪器制造者。阮元的这一界定，极具科学性和革命性。中国古代受“天人感应”、“君权神授”思想的影响，天文历算常常与占星候气等迷信活动混为一谈，而占星候气又与皇权政治紧密关联，这使得中国古代的天文学一直笼罩着神秘的色彩。同时，由于封建社会里独尊儒术，视“经学”为正宗大道，视“制器”为雕虫小技，二十四史中虽有“方技列传”或“方术列传”，这些“列传”收录了一些“方技”人物和“方术”成果，但讲到“制器”的具体问题时却又是言语过简、含混不清。阮元坚持“步算”，排斥“占候”；重视“仪象”，强调“实测”，不仅保持了《畴人传》的体例纯一，维护了《畴人传》的纯洁性，更重要的是在学术研究的指导思想上，划分了科学与迷信的界限，给予科学研究以崇高的地位。在封建社会里，阮元作为朝廷的重臣，有这样的科学认识，突破了传统思想的束缚，反对迷信，反对虚妄，极为难能可贵。

《畴人传》始编于乾隆六十年（1795），完稿于嘉庆四年（1799）。由于阮元“供职内外，公事殷繁”，便邀请了他的学生和友人参与了编纂，《畴人传·凡例》即说明“助元校录者，元和学生李锐，暨台州学生周治平力居多”。在编纂过程中，“又复博访通人，就正有道。嘉定钱少詹大昕、歙县凌教授廷堪、上元谈教谕泰、江都焦明经循，并为印正，乃得勒为定本”。这一编校阵容，基本上集聚了当时天文、历法、数学方面的一流人才，可谓是阵容强大，实力雄厚。其中，李锐，字尚之，对数学十分精通，其成就深得其师钱大昕的赞许。周治平，字朴斋，精于治历，是阮元在浙江任学政时识拔的人才。钱大昕，字晓征，是乾嘉学派的领袖人物，学识渊博。凌廷堪，字次仲，是扬州学派的中坚，天文、数学等都有很高的造诣，与焦循、李锐为“谈天三友”。谈泰，字阶平，钱大昕的学生，算学名家。焦循，字里堂，也是扬州学派的中坚，是乾嘉年间的通儒，他的数学研究重在理论规则的探究，并开创了我国符号数学研究的先河。有这样一群顶级学者的参与，使得《畴人传》的编纂质量有了可靠的保证。

《畴人传》初编共 46 卷。前 42 卷 233 篇，从上古的“羲和”至清代嘉庆年间的“厉之锷”，记载了我国天文、历法、数学家 244 人，附 31 人。书中引用的资料，除历代天文、历法、数学原著外，尚有二十四史、各种文集、笔记及各种地方志。晚近的学者除了录自文献外，还辑录了一些采访稿，因而更为珍贵。由于资料涉及面广，历代著名的天文学家、历法家、数学家，如汉代的王充、张衡，魏晋的刘徽、祖冲之，唐代的李淳风、僧一行，宋代的沈括、苏颂，元代的李冶、郭守敬，明代的李之藻、徐光启，清代的王锡阐、梅文鼎等，都可检索到翔实的传记，以及这些学者与天文、历法、数学有关的详细资料。就连那些事迹湮晦，著述亡佚，但在天文历算数学的发展史上有过一定影响的学者，也尽可能地从各种史籍中爬梳辑录，尽可能地反映其姓名、籍贯、生卒年月以及有关的事迹和成就。

尤为可贵的是，书中还收录了许多西方学者的传记资料。阮元认为：“欧逻巴人自明末入中国，嗣后源源而来，相继不绝。利玛窦、汤若望、南怀仁等于推步一事，颇能深究，亦当为之作传。”因此，“依仿诸史传外国之例，凡古今西人，别为卷第，附于国朝人物之后”。于是便有了《畴人传》的后 4 卷，计 36 篇。这后 4 卷从古希腊雅典人、天文学家“默冬”起，至 1744 年来华的法国耶稣会士“蒋友仁”止，共记载了西方的天文、历法、数学家 37 人，附 4 人。对这些西方学者，阮元表现出了可贵的兼容并蓄的思想，主张“网罗今古，善善从长”，主张“融会中西，归于一是”（《畴人传·凡例》）。

全书共收录中外天文、历法、数学家 316 人。每一人物均由“传”、“论”两部分组成：“传”是原始文献的荟萃，“论”是编者对传主的简短评语。即便是“传”，也不同于一般的人物传记，除载明姓氏、籍贯、职位外，其他事迹俱不赘言，主要介绍传主与天文、历法、数学有关的奏章和论文，其要点均巨细无遗。有专著的，不论存佚都列出目录、出处，并尽量撰写“提要”，或是录其摘要、序言、凡例等，为研究者提供了翔实可靠、难以寻觅的资料和线索。全书有“论”156篇，在各篇“论”中，阮元对传主的科学贡献给以一定的评价，对学术源流及科技成果进行分析研究，不乏真知灼见。其中又常涉及到各种科学知识的演进，指出隐含其间的继承发展关系，为研究者溯流探源，寻找规律提供了启示。因而《畴人传》虽然名为科技人物传记，却在某种程度上起到了古代科技史的作用，是我国第一部最接近科技史的学术专著。

当然，由于历史的局限性，《畴人传》也不可避免地存在某些不足。如过于泥古，对商周以前上古传说人物的作用评价过高，明显不符合历史发展的规律。又如，认为中国古法比西学高明，“西法实窃取于中国”等(《畴人传·凡例》)。“西学源于中国”一说虽不是阮元首创，但阮元在《畴人传》中予以了充分的肯定和宣传，尽管阮元可能有增强国人自信心的用意，却是明显陷入了推测、臆断的误区，明显地有违他提倡的尊重科学、实事求是的初衷，表现出了未能摆脱“夷夏有别”、“天朝上国”的历史偏见。尽管如此，我们还是应该看到，阮元毕竟开创了我国科技史研究的新领域，并努力将古今中外的优秀学者和科技知识介绍给国人，这对更新和转变国人的知识和思想，推动中国

阮元墓前残留石件

的社会进步，其贡献是不可估量的，因而，《畴人传》的学术价值仍然值得肯定和赞扬。

阮元编纂的《畴人传》对后世产生了深远的影响。1799 年《畴人传》初编 46 卷出版后，1840 年罗士琳编《续编》6 卷，1886 年诸可宝又续《三编》7 卷，并收 1884 年华世芳著《近代畴人著述记》作为《三编》附录，1898 年黄钟骏又有《四编》11 卷，使得如今我们见到的《畴人传汇编》总计达 70 卷，60 余万字，记录了中外的科学家 600 多人，成为一套相对完备的研究中国天文、历法和数学史的重要工具书。

雷塘阮墓

我国第一部世界地理著作《海国图志》

扬州有一条小巷，叫仓巷。仓巷里的絜园，是清代著名的思想家、地理学家魏源的宅院。园内有古微堂、秋实轩、古藤书屋等建筑，在这“甃石栽花，养鱼饲鹤”的小园里，魏源完成了在中国思想史和地理学史上堪称划时代的巨著《海国图志》的撰著辑录工作。絜园虽然不大，魏源却在这座小园里观察整个世界，成为近代中国思想启蒙的伟大先驱。

魏源（1794—1857），原名远达，字默深，湖南邵阳人。14 岁时，魏源在家乡的爱莲书院读书，19 岁时到长沙的岳麓书院读书。其时的岳麓书院山长是曾任翰林院编修、侍讲和侍读的袁名曜。袁名曜非常重视经世致用，每到一地，十分留意那里的地形地势，是否险要，如何兴修水利，以及这个地区的地理沿革和变化等。这种重视实学的精神对魏源的影响很大，使得魏源对地理学产生了浓厚的兴趣。

魏源像

后来，魏源作为优贡生到北京国子监读书，在屡次不能考取进士后，来到南京。道光五年（1825），他受江苏布政使贺长龄委托，编选了 120 卷的《皇朝经世文编》，在这本书中，他收录了有关“经世致用”的文章二千多篇。清末学者俞樾评价说：“数十年来，风行海内，凡讲求经济者，无不奉此书为矩矱，几于家有其书。”魏源在江苏还参加了两项重要的改革，一是漕粮试行海运，一是引盐制改为票盐制，都取得了一定的成功。此后，魏源再次赴京考试，录取为进士。先后在扬州府属的东台、兴化、高邮任地方官。为官期间，他在兴修水利、防汛排涝、改革盐政、协修县志等方面办了许多好事、实事。高邮民间至今仍流传有“魏公稻”的故事,赞颂魏源在水灾降临之际,保护庄稼,为民争利的业绩。

在盐制改革中,商民受益,魏源也有获利。道光十五年(1835),他用业盐所获的收益,在扬州购买了住宅,这就是絜园。“絜”字有二音,一为jié,同“洁”,如“洁身”、“洁行”,《史记·伯夷列传》有:“积仁絜行如此而饿死。”二为xié,是度量、衡量之义,如“絜矩”,《礼记·大学》云:“是以君子有絜矩之道也。”魏源一生注意自己的敦品力学,洁身自好,行不逾矩,他将住宅名为“絜园”,即是表达了这两方面的含义。

鸦片战争中,魏源曾投身戎幕,想为国家做出贡献,但事与愿违,个人的抱负不能实现,战争也失败了。回到扬州家中,他一直在思考:为什么会发生这场战争?今后如何才能使民族振兴、国家富强?在絜园里,魏源将自己的思考用两部著述做了回答,这就是《圣武记》和《海国图志》。

《圣武记》共14卷,主要记述清朝从顺治至道光年间清政府的各种军事活动。魏源在《自序》中特意点明此书“告成于海夷就款江宁之月”。“海夷就款江宁”是指中英签订《南京条约》,魏源的这句话,是想表明编撰这部书与鸦片战争有关。书中除了列举“康熙亲征准噶尔”等数十件重大战事外,重在说明鸦片战争的发生,责任不在于林则徐的严厉禁烟,而在于外国侵略者的蓄意侵犯。其中,针对当时朝廷的闭关自守、蔽目塞听和盲目虚骄,魏源着重指出:“夫制驭外夷者,必先洞夷情。”希望能有人“专译夷书夷史”。只有对外国情况了如指掌,方能战胜对手。

林则徐与魏源是多年相知的好友,十分赞同魏源的观点。道光二十一年(1841)的五月,林则徐被革职查办,遣戍新疆。六月,林则徐到达杭州,七月到达苏州。几天后在镇江短暂停留,约老友魏源见面。那天晚上,二人彻夜深谈。此前一年,林则徐在钦差大臣任上,曾让他的“翻译小组”编译英国人慕瑞所著的《世界地理大全》,集成《四洲志》,未及出版。当晚,林则徐将书稿全部交给魏源,希望他能在此基础上编撰一本综合反映世界各国地理、文化、经济、风俗的著述，这就是后来的《海国图志》。因而，《海国图志》既是魏源的夙志之作，又是林则徐的委托之作。

魏源接受嘱托后，仅用了一年的时间，于道光二十二年（1842）岁末完成了《海国图志》。该书初版为 50 卷本，于次年 1 月在扬州刊刻。魏源在《海国图志·原叙》中指出："是书何以作？曰：为以夷攻夷而作，为以夷款夷而作，为师夷长技以制夷而作。"文末署道："道光二十有二载，岁在壬寅嘉平月，内阁中书邵阳魏源叙于扬州。"魏源在扬州的小巷里，代表中国的有识之士发出了有史以来的第一声向西方学习的呐喊，从此以后，中国人便开始了向西方寻找真理的伟大而漫长的历程。

《海国图志》于道光二十二年写成 50 卷本，五年后，增订为 60 卷本，又过了五年，咸丰二年（1852）扩编为 100 卷本。前两种均刊刻于扬州，后一种刊刻于高邮。此后，海内外不断重刊。

《海国图志》的内容非常丰富，对世界各国都作了详细的介绍，除总结性的论文《筹海篇》外，可分为地图、地志、宗教、历法、外情资料、科技介绍和天文地理七个部分。全书以辑录为主，即把有关资料从各书摘出，分别列入上述七个部分。其中，地理知识约占全书的三分之二，集中在三大块：卷三至卷七十，主要记述世界各国概况；卷七十四至七十六为地理总论，即西方近代地理学概论；卷九十六至卷一百为地球天文合论，介绍以天体为主的普通地理学知识。

若是按照现代地理学的分类标准来划分，《海国图志》的地理学内容又可以分为普通自然地理、世界地理和国别区域地理三大类。

关于普通自然地理知识，魏源着重讲述了地球的形状与位置；地球的运动；太阳、地球、月亮及其他星球的直径、体积与运行规律；地球上的各种自然现象及其成因等。如卷七十五云："地与海本是圆形，而合为一球，居天球之中，形如鸡子，黄在青内。"又云："天体一大圆也，地则圆中一点。定居中心，永不移动。"这些论述都是魏源在吸收当时西方科学研究成果的基础上写成的，虽不完全正确，但已知地球是球形体，且居于天体之中。魏源用形象化的科学描述打破了中国人传统的“天圆地方”的观念，无疑是国人认识世界的一大进步。

关于世界地理知识，魏源叙述了地球的划分与水陆面积比例，各大洲的山脉、河流，人种的地理分布与特点等。如卷七十六云：“地球圈线周围共九万里，复以所得古今各处度量地面，周围约有积方二垓五京七兆九亿六万方里。”“水陆二面两相比较，地则一分，水则三分。”五大洲为“欧罗巴（欧洲）、亚细亚（亚洲）、非尼加（非洲）、美里加（美洲）、阿塞尼亚（大洋洲）”。当时美洲未分南北，南极洲尚未列入，澳大利亚名为大洋洲，故云五大洲。此外，卷七十六还对当时全世界的语音文字进行了分区和统计，指出“五洲万国之语言文字，约有八百六十种”。并逐一说明：“欧罗巴语音五十三，其通用者十有七。……亚细亚语音一百五十三，其通用者十有五。……亚美里加语音则有四百二十二，其至通用者，除土语外，多系别州之语。……南洋阿塞尼亚州语音百十七，其通用者惟马来语音也。”这些知识都极大地拓开了中国人的视野。

关于国别区域地理，《海国图志》用了67卷的篇幅逐一介绍了五大洲各主要国家和地区的情况，其中对英、法、意、荷兰、西班牙等最早发达起来的西方国家进行了重点介绍；对新发现的大陆和地区亦予介绍，当时的探险活动已知南极有一块新大陆，书中专辟《南极未开新地》一节，予以专述；对新开发的地区或新兴的商埠等，也特意加以详述。关于鸦片战争的对手英国，书中的卷五十一至卷

三分水二分竹書屋申甫之居甫自題詩序云予性愛
水竹閱薛野鶴人家住屋須三分水二分竹一分屋之
語遂取以名書屋 嘉慶重修揚州府志
西疇方先生士庶讀書處 青棠館集
萬石園汪氏舊宅以石濤上人畫稿布置爲園太湖石
以萬計故名萬石中有樾香樓臨漪檻援松閣梅舫諸
勝後石歸康山遂廢 嘉慶重修揚州府志
城南草堂與太平橋相近白石山人陳思賢隱居處也
思賢爲竹町徵君孫字再可號梅垞晚得異石於太湖
因自號白石山人徵君遺書萬卷悉藏於是諸名士往
還文酒之讌無虛日山人歿後園遂廢 白石山人詩集
序 城南草堂藏書記

江都縣續志卷十三 名蹟考 三

棣園在南河下初爲歙縣洪殿撰瑩故宅名小盤谷後
歸丹徒包氏更名棣園今爲湖南會館 訪稿
絜園邵陽魏明府源寓廬在鈔關門內倉巷有古微堂
秋實軒古藤書屋諸勝道光間合肥龔舍人自珍至揚
州館園中龔無韈假於魏魏足大而龔小一日客至劇
談大笑竄跳踞案頭舞蹈樂甚洎送客韈竟不知所之
後覓得於帳頂當雙韈飛去龔不覺客亦未見名士風
流至今傳爲佳話園毀於洪楊之亂今惟大門外影壁

《江都县续志》卷十三关于絜园的记载

五十三，分《英吉利国广述》上、中、下卷，用三万多字的篇幅详细地介绍，对英国人的生活习惯、风俗礼仪、建筑样式、宗教信仰等，不惮其烦地进行了讲述，其中还特意说到英国在世界各地占领的藩属国："本国虽褊小，而除本国外，所割据他洲之藩属国甚多。""其人散布天下，无论何埠，皆有英商贸易。"魏源在介绍地理学知识的同时，意在让中国人对英国有全面、深刻的了解，对英国占领割据他国的行径、意图要有清醒的认识和察觉。

《海国图志》参考和征引的文献资料颇多，范围涉及古今中外各类著作。除以《四洲志》为基础外，先后征引历代史志 14 种，中外古今各家著述 70 多种、奏折 30 多件，以及亲自了解而来的材料，并附图 73 幅。该书除了向国人介绍世界地理知识外，还向国人传播了发达国家的科学技术。书中卷八十四至卷九十五，用整整 12 卷的篇幅讲述了西洋火轮船、洋炮、西洋自来火铳、西洋制火药、攻船水雷等，详细说明其原理、制法和用法，同时还介绍了"西洋用炮测量说"、"佛郎机（此处指葡萄牙）子母炮安表式"、"用象限仪测量放炮高低法"等西方先进的军事科技知识，但凡能搜集到手的资料，无不汇聚其中。这种编撰方法在各种世界地理著作中是绝无仅有的，看似不合常例，却是体现了魏源强烈的经世致用的理念和"师夷长技以制夷"的思想。

《海国图志》在编撰上有自成体系的结构。全书分为自撰部分和资料汇编部分，自撰部分有总叙、后译和文中夹注等，是全书的灵魂；资料部分是全书内容的主体。它虽是一部世界历史地理著作，但在叙述历史地理、介绍西方科技的过程中，处处渗透了作者的政治观点。所以，它又是一部自然科学和社会科学相结合的科学著作。

《海国图志》在地理学上的最大贡献，是奠定了中国的世界历史地理的研究基础。它不仅是中国人编撰的第一部世界地理学专著，更重要的是触及了研究世界历史地理的理论方法，迈出了前无古人的第一步。它第一次从理论上提出了研究世界历史地理的时代意义和方法问题，强调材料基础的扎实性，主张尽量用外人的直接记载，主张系统性的研究，注意东西方国家的联系和对比。《海国图志》之后，世界历史地理的研究蔚然成风。梁廷楠的《海国四说》和徐继畬的《瀛环志略》反映了这一趋势。

魏源不仅是一位地理学家，同时也是一位思想家。《海国图志》的思想意义在于，它为国人打破了陈腐的中国中心观，赋予国人以新的近代世界的概念，它在向人们展现出一个绚丽多彩、充满生机的世界的同时，大声疾呼向西方学习，向先进的科学技术学习。书中阐发的"师夷长技以制夷"的主导思想，促使人们去思索，去变革。后来，的确有许多有志之士在魏源的启发下，从自我封闭的藩篱中走出来，踏向西方寻找真理的路程。

在扬州的小巷里，魏源提出了谋求国家独立、民族富强的医国良方，为中华民族的未来指明了前进的方向。"师夷长技以制夷"的口号影响中国百余年，启迪几代人向西方寻求救国救民的真理，成为近代中国人向西方学习的发端。《海国图志》一书的问世，标志着中国近代社会思潮，从经世致用到向西方学习的伟大的历史转变。

第四章　矿冶、铸造与机械、光学

春秋时期的“干将炼剑”，是民间传说，更是历史故实。西汉刘濞的“即山铸钱”，是文字记载，更有考古映证。至于汉代既实用又环保的铜釭灯，既便利又精准的铜卡尺，唐代白居易赞颂不已的“百炼铜镜”，清代黄履庄奇巧精致的“自行车”、“千里镜”、“验冷热器”、“验燥湿器”等，无不显现出扬州人在矿冶、铸造、机械、光学仪器等诸多领域发明创造的杰出才能。这些都是扬州的历史文化之所以灿烂、之所以深厚的重要例证，更是扬州人为中国科技史做出的不朽贡献。

春秋时期的干国与干将铸剑

《武备志》说："古之言兵者必言剑。"剑，是古代用于劈刺格斗的兵器，又称直兵。青铜剑都很短，长度在30厘米左右，随身佩带，用以防卫。春秋战国时期，剑的制作和使用达到了顶峰，特别是吴、越两国出现了一批珍贵的传世名剑，如"越王勾践剑"、"吴王夫差剑"等。这些宝剑锻造技术的某些方面，连今人也难以企及。

西周至春秋早期，有一支淮夷的部族聚居在扬州的古蜀冈上，因古蜀冈位于濒江的高岸，故称为"干"。"干"即为水畔、岸边之意，《诗经·魏风·伐檀》云："坎坎伐檀兮，置之河之干兮。河水清且涟漪。"诗句中的"干"即为河岸。后来"干"成为地名，写成"邗"，"邗"字左边为"干"，右边为"阝"。部首"阝"是从"邑"演变而来，是指城邑，说明蜀冈上有一个位于长江岸边的城邑，这就是干国。干国的周边，淮北有徐，居淮畔。江南有吴，居梅里。西有舒、英，在今安徽省的庐江、六安一带。东为大海，海岸线在今泰州以东。清代扬州学派的经学大师刘宝楠在《愈愚录》卷四中有"干越"一词的考释，明确地说："干即邗，邗本国名，在江边，即广陵也。……吴邗相战……其后吴乃灭邗。吴自鲁成公时始见《春秋》，灭邗当在其前，故不载。"

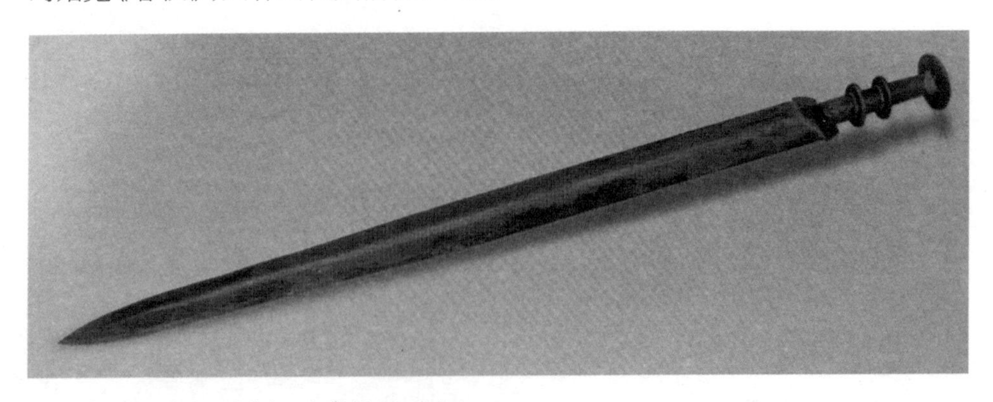

战国时期铜剑（扬州博物馆藏）

当时的干国就有善铸剑的工匠，其中有一位技艺高超者，被人叫做“干将”。

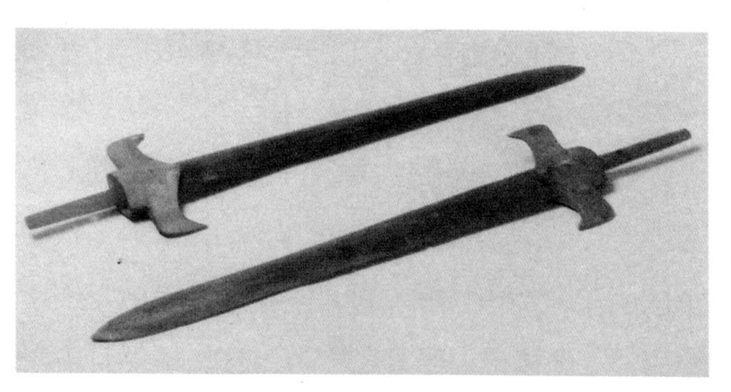

秦代铭文铜剑（扬州仪征博物馆藏）

干将，即是干国著名的工匠。历史上“干将”一词曾有多种解释，《荀子·性恶》中说：“阖闾之干将、莫邪、钜阙、辟闾，此皆古之良剑也。”可见，这里的干将是宝剑的名字。《吴越春秋》中干将和莫邪又成为人名，是一对夫妻。该书卷四《阖闾内传》说：“干将者，吴人也，与欧冶子同师，俱能为剑……莫邪，干将之妻也。”“干将”一会儿是剑名，一会儿又是人名，这是什么缘故？其原因又是何在？

清代扬州学派的著名学者王念孙在《广雅疏证》的《释器》中说：“干将、莫邪皆连语，以状其锋利，非人名也。……干将、莫邪皆利刃之貌，故又为剑戟之通称。……故自西汉以前未有以干将、莫邪为人名者，自《吴越春秋》始以干将为吴人，莫邪为干将之妻……遂致纷纷之说。”按照王念孙的解释，干将、莫邪二词最初为形容刀剑锋利的形容词，后来演变成为宝剑的名称，再从宝剑的名称变为冶炼宝剑技师的人名。王念孙的解释自有他的道理，但“干将、莫邪皆连语”仅是一句判断语，没有说明“干将、莫邪”二词怎么会是“连语”，又怎么会成为“以状其锋利”的形容词，王念孙的释义缺少立信的依据，这就为我们留下了继续探求的空间。

《吴地记》中有这样一句话：“匠门，又名干将门。”《吴郡图经续记》记作“将门”，并指明“今谓之匠，声之变也”。可见，古代“将”、“匠”二字曾经是同音互通的通假字，由此，“干将”即为“干匠”，可以解释为来自于“干国”的匠人。上古时期，工匠的社会地位不高，常常有姓无氏，商末周初开始有用某人的居住地、方位或封国作为某人的姓氏，“干国”作为一个地名或是国名，其“干”字也就成为一个姓氏，“干将”一词的产生很可能缘于此，成为某一著名工匠的姓名。

“干”姓后来成为百家姓中的一姓，如东晋时有撰写志怪小说《搜神记》的史学家和文学家干宝。

《管子·小问》云：“昔者吴、干战。”《荀子集解》也云：“吴、干，先为敌国，后并于吴。”都是指江南的吴国与江北的干国发生过战争，后来，干国也的确被吴国所灭，成为吴国的属邑，这大约发生在春秋初期。当时江北的干国因地近中原，“近水楼台先得月”，中原地区先进的青铜器铸造技术会先于吴地而传入，因而干国很可能早于吴国而拥有善铸良剑的工匠。干国成为吴国的属邑后，许多干国人便流散到吴越各地，善铸良剑的工匠也随之来到吴越，这些干国来的工匠，吴越人便称之为“干匠”。干国的地域入吴后，在一段时间后仍作为地名使用，因而，古人便有了“吴干之剑”(《战国策》)和“干越之剑”(《庄子》)一说，这里的“干”都是地名，指的就是“干国”。至于“干将”一词成为剑名，应该看成是后人的假借，即假借著名工匠之名成为剑名，正如当今的“张小泉”，原本是人名，张小泉做的剪刀出了名，人们就把“张小泉”叫做了剪刀名。

故此，我们可以得出这样的结论：干将本为人名，莫邪为干将之妻，他们原为干国人，后来到了吴地，成为吴人。因夫妻俩冶铸的刀剑十分有名，“干将”、“莫邪”便被假借为宝剑名，此后又演变成为形容刀剑锋利的形容词。至于说“西汉以前未有以干将、莫邪为人名者，自《吴越春秋》始以干将为吴人，莫邪为干将之妻”，那是因为《吴越春秋》第一次完整地讲述了干将、莫邪冶铸宝剑的故事，干将、莫邪作为人名第一次出现在故事里。而此前的记载仅是说物，没有说

干将、莫邪铸剑

事。说物，仅是说到物件的名称，如《荀子·性恶》中说：“阖闾之干将、莫邪、钜阙、辟闾，此皆古之良剑也”，故而“西汉以前未有以干将、莫邪为人名者”也就十分自然了。

说干将是干国善铸剑的名师，那么，当时的干国是不是宝剑的产地呢？《吕氏春秋·知分》和《淮南子·道应训》都记载了一则内容大体相同的故事，可以从另一个角度予以佐证。春秋末年，有一个楚人名叫次非，次非得宝剑于干遂。返回渡江时，至中流，突有两条蛟龙夹绕船边，兴风作浪，欲得宝剑。次非问船夫：两蛟夹船，能活命吗？船夫答：未曾见。次非说：人的躯体不过是腐肉朽骨，有何可惜，我岂能为保全性命而丢弃宝剑。于是拔出宝剑，跃入江中刺杀蛟龙，杀死蛟龙后复又回到船上，一船人皆得活命。对于这则记载，我们感兴趣的是次非的宝剑得之于“干遂”，“干遂”是哪儿呢？《吕氏春秋》高诱有注：“干遂，吴邑。”是说“干遂”是吴国的一个城邑，其时，干国为吴所灭后，干国也就成为吴国的一个属邑。那么“干遂”的“遂”字如何解释呢？检索《辞源》的“遂”字，其字义中有一义为：“远郊之外曰遂”，如此，“干遂”一词可解释为干国的远郊之外。可知，楚人次非是从干国的郊外得到了这把十分珍贵的宝剑。

战国铜茅（扬州城北东风砖瓦厂出土）

以上，是从文字学和历史学的角度说明了早在春秋时扬州先民就已掌握了青铜冶铸技术，这儿就有了铸剑的名师“干将”，是他和他们制造出了令世人称道的著名兵器——干将剑。近百年来，扬州地区考古上的发现，则又从实物例证的角度为文史考证提供了足以立信的支持。

20世纪30年代以来，扬州有多处出土了东周至春秋时期的青铜器，其中发现兵器的有三处。抗日战争以前，扬州仪征破山口出土过一批周代的青铜器，“这批青铜器陈列于中国历史博物馆和南京博物院的，计有四凤大铜盘、铜鼎、铜铲、铜尊、双耳铜盘、铜鬲、铜瓿、铜斧等十一件。”(《仪征破山口探掘出土铜器记略》,《文物》杂志 1961 年第 8 期) 1959 年，考古人员到破山口进行考古发掘，出土的青铜兵器和青铜工具有铜戈、铜矛、铜钺和铜斧、大铜斧和铜镰，另外还有青铜箭镞 23 枚。1971 年，还是在这破山口，又出土了一柄色泽泛青的青铜剑。此外，1957 年，在江都陆阳湖围垦工程中也出土了春秋时期的青铜兵器，其中有青铜剑一柄、青铜矛三支。1972 年，考古人员在扬州北郊黄巾坎的萧家山发现春秋时期的文化遗存，也出土了一批青铜兵器和工具，有青铜凿、空心斧、空首斧、青铜矛和青铜箭镞等。其中江都陆阳湖出土的青铜剑，据《邗城遗址与邗沟流经区域文化遗存的发现》一文介绍：全剑通长 59.2 厘米，由剑叶、剑格、剑茎和剑首四部分组成。剑叶形似蒲叶，束腰，至尖以下略收缩。剑叶长 48.5 厘米，剑叶最宽处为 4.6 厘米，束腰处宽 3.4 厘米，剑叶两边的刃口为 0.6~0.3 厘米。剑格最宽处为 5.2 厘米，长 1.3 厘米。剑茎长 9 厘米，中有两道指限。剑首呈喇叭形，直径 3.7 厘米，厚 0.2 厘米。特殊的是这柄剑呈淡黄色，在剑叶中脊上还有一条宽约 1 厘米的金黄色饰带，全剑虽历经 2500 年，依然光亮可鉴。

江都陆阳湖的这柄黄光剑与仪征破山口的那柄青光剑相比，两剑体积差异极小，最大宽度都是 5.2 厘米，仅在长度上，陆阳湖的剑比破山口的剑长 0.2 厘米。两剑一青一黄，形似雌雄，虽不能断定出自同一工匠之手，但可看出两剑的外形尺寸是有统一规范的。铸剑有了规范，即有了标准，这除了说明具有较高的工艺技术水平外，还能从中看到隐匿在这两柄剑背后的铸剑名师的身影。考古专家这样评说：“此组铜兵器之中铜剑的形制，和湖北省松滋县东周土坑墓出土的铜兵器中的 V 式剑是相接近的。和以往出土的‘吴王元剑’、‘吴王光剑’、‘错金文越王剑’的形制是一致的或相似的。从这组铜兵器的历史地理或形制来看，它们极似春秋时代吴国的文化遗物。”(《邗城遗址与邗沟流经区域文化遗存的发现》) 考古专家的评说，从实物例证的角度证明了春秋时期的江淮先民已经掌握了青铜剑的制造技术。

1964 年,位于今扬州之西的六合县程桥镇的 1 号东周墓里,出土了一个铁丸。1972 年程桥镇 2 号东周墓又出土了一条两端已残损的弯曲铁条。经检验,铁条是用“块炼法”炼出的熟铁块锻制的,铁丸是用生铁铸造的。这是我国目前经过鉴定的最早的生铁和块炼铁,也是世界上最早的生铁实物,这不仅在我国冶金史上,同时也是世界冶金史上的一次重大发现。由于有了这一发现,以前,人们一直认为干将所铸的剑是青铜剑,但近来有学者认为干将剑可能是钢剑。钢剑与青铜剑相比不易折断,更为锋利,铁的熔点约 1500 摄氏度,铜的熔点约 1000 摄氏度,铁的冶炼难度更大,故而更为难得。

《吴越春秋》卷四《阖闾内传》说:“干将作剑,采五山之铁精,六合之金英……而金铁之精,不消沦流,于是干将不知其由。……于是干将妻乃断发剪爪,投于炉中,使童女童男三百人鼓橐装炭,金铁乃濡,遂以成剑。阳曰干将,阴曰莫邪,阳作龟文,阴作漫理。”据此,著名历史学家杨宽在《中国古代冶铁技术发展史》中认为:“古文献上春秋晚期吴国炼制干将、莫邪等钢剑的传说,并非出于虚构。从炼制干将、莫邪等宝剑传说的内容来看,是符合冶金原理的。这种宝剑所用的钢材,该是使用优质块炼铁,即所谓‘铁精’,配合一定分量的优质渗碳剂,即所谓‘金英’,再配合有磷质的催化剂,即‘断发剪爪’,然后再密封加热,使之渗碳而炼成。干将、莫邪之所以能够成为宝剑,不同于一般的宝剑,就是由于它使用优质钢材经过精细的锻炼而成。”

干国早已湮灭,干将铸剑却成为我国冶金史上光辉灿烂的一笔,成为永恒。

汉初的铜铁冶铸与“即山铸钱”

汉代，吴王刘濞的“即山铸钱”，标志着古代扬州采铜冶铜的冶铸业有了较大的生产规模。

秦始皇统一全国后，曾规定重如其文的“半两”钱为全国的统一货币。秦始皇死后不久，天下大乱，刘邦于秦亡后的第四年即汉皇帝位。刘邦即位不久，为了笼络民心，宣布废除秦朝的严刑峻法。因“秦钱重难用，更令民铸钱”，由此，朝廷放弃了钱币铸造的垄断权，听任私人铸造钱币。

刘邦令民铸钱，实际上平民百姓未能得利。当时，铸钱不是一件易事，只有财力雄厚的诸侯王或是地方豪强才能够有力为之，司马迁在《史记·平准书》中云：“令民纵得自铸钱。故吴，诸侯也，以即山铸钱，富埒天子……邓通，大夫也，以铸钱财过王者。故吴、邓氏钱布天下。”

《天工开物》铸钱图

司马迁所说的“故吴，诸侯也，以即山铸钱，富埒天子”，指的就是当时定都于广陵的吴国王侯刘濞。刘濞是刘邦的侄子，原受封为沛（今江苏沛县）侯，后因随刘邦征战，立有军功，刘邦便封刘濞为吴王，定都广陵，领有三郡五十三城。吴王刘濞“即山铸钱”，就是朝廷“令民纵得自铸钱”的反映。

朝廷给予了政策，但刘濞铸钱还得有丰富的铜矿资源才行。

有关研究资料表明，早在商周时期，已有三大铜都：荆州、扬州和中条山（华觉明等《长江中下游铜矿带的早期开发和中国青铜文明》），从而孕育了以青铜器为代表的商周文明。古扬州正是我国早期的铜原料的主产地，这在古文献中也有明示，《尚书·禹贡》称：“淮海惟扬州……厥贡惟金三品。”郑玄注：“金三品者，铜之色也。”意指不同质地与色泽的铜料。《尚书·禹贡》将中国分为九州，扬州为其一。但《禹贡》是战国时期的著作，所说的扬州，还不是现今概念上的扬州，是指中国南方地域，含江苏、上海、浙江、安徽、江西、福建等地，现今扬州也在其内。《周礼·职方氏》说：“东南曰扬州，其川三江，其浸五湖，其利金、锡、竹箭。”《考工记》、《越绝书》、《史记·货殖列传》、李斯《谏逐客书》和《盐铁论·通有》也多次提到“吴粤之金锡”、“荆扬……左陵扬之金”等，这些文字中的“金”多指“铜”或“铜矿”，是当时各方诸侯、部族十分看重的物资，相当于上个世纪的钢铁和当今的石油。为争夺铜产地，上古时期还多次发生战争，周代铜器铭文上就有相关记载，如仲偁文鼎铭记仲偁父讨伐南淮夷，“孚（俘）金”。师・簋的铭文中也有：“征淮夷，……俘吉金。”当时，江淮之间居住的就是淮夷。周室及中原诸国与淮夷等南方国度的争战，其原因之一便是争夺这一带的铜资源。前文，笔者曾引用了《管子·小问》中的“昔者吴、干战”以及《荀子集解》中的“吴、干，先为敌国，后并于吴”，一直疑问江南的吴国为什么与江北的属于淮夷部族的干国发生战争？争夺铜产地一说，或许就是一把钥匙，可以用来探寻扬州上古史上的某些未解之谜。

刘濞时期，扬州产铜的记载更为明确，相关记载有多处，《太平寰宇记》卷一二三《扬州》云：“江都大铜山，在县西七十二里，即汉书吴王濞即山铸钱处。”《明一统志》也云：“扬州府大铜山在府城西北七十二里；又有小铜山，在仪真县西北二十五里,皆吴王刘濞铸钱之地。”除史书上有记载外,考古发现也有印证。 1965 年 1 月,南京博物院在六合县楠木塘发现一处西汉铸钱遗址,出土有未经修整的四铢“半两”钱、铜锭等物。楠木塘铸钱遗址的发现,证实了史籍记载中关于吴王刘濞铸钱的记述都是确实的(吴学文《江苏六合李岗楠木塘西汉建筑遗迹》,《考古》1978 年第 3 期)。

史料中所说的“扬州西七十二里”的“铜山”,即是六合境内的“冶山”。如今,这座“冶山”仍存,为“江苏冶山铁矿”。该矿在六合县城东北 25.5 公里处,矿山四周均为丘陵山地,主峰高 231.4 米,是一座铁伴生铜的中型矿山。由于矿层较浅,其中有一部分直接裸露在地表,因而便于古人开采冶炼。这座矿早在刘濞之前,已有先民开采冶炼。1964 年,六合程桥中学的基建工地上发掘出春秋末期的墓葬,约当公元前 500 年左右。墓中出土有铁丸一件和铁条一件,经北京钢铁学院金相鉴定,铁丸是白口铁铸成,铁条是用块炼铁锻成,这件铁丸和铁条是我国目前经过鉴定的最早的生铁和块炼铁,也是世界上最早的生铁实物,这不仅在我国冶金史上,同时也是世界冶金史上的一次重大发现。它说明我国最早人工冶炼的铁器约出现于公元前 6 世纪,即春秋末期。“在西方,生铁大约是在公元 14 世纪才开始使用的。可锻铸铁技术在欧洲虽始见于公元 18 世纪,但到 19 世纪中期即石墨化退火技术由美国发明后,人们才逐渐看到它的技术意义。”(陆敬严、华觉明主编《中国科学技术史·机械卷》)可见,六合程桥的生铁和块炼铁,要比欧洲早一千九百多年。

六合,原为西周的棠邑,汉代隶属豫鄣郡,在吴王刘濞的封地范围内。在各种版本的《六合县志》上均记载:六合冶山“汉吴王濞铸钱于此”。明嘉靖《六合县志》还记载,冶山上冶炼的遗迹有“吴王铸钱冶”,“今尚存炉鞴将军庙”。这里的“冶”,是指“冶坊”;“炉”,是指冶炼用的炉子;“鞴”,是冶炼用的鼓风器具——风箱;“炉鞴将军”则是古代冶铸业的行业神。刘濞在此“即山铸钱”,开创了江淮一带最早的冶铸业,后人极为尊崇此事,把他当作冶铸业的行业神,设庙祭祀。这就如同扬州的邗沟财神庙(又叫“邗沟大王庙”),

《天工开物》冶铁图

把刘濞当作财神供奉一样。

“即山铸钱”在史书记载中仅有四个字，却是包含了从铜矿开采到钱币铸造的全部过程，其间生产技术的操作是环环相扣，缺一不可。就钱币铸造的工序而言，就有制母钱、制母模、制铸型、炼铜、铜料重熔、浇注、出型、修整等若干道。有关的研究成果表明，当时钱币铸造已采用薄壳泥型层叠串铸技术。这一技术在当时十分先进，吃砂量小，型砂用量、处理设备及造型面积都大为节省，劳动强度也大为减轻，常用来生产数量大的薄壁小件，特别适合铸造铜钱。用这种技术，一次能浇铸成几十乃至几百枚像葡萄串一样连在一起的铜钱。这一技术直到今天仍在采用，现代人使用的树脂砂壳型、二氧化碳水玻璃砂壳型以及陶瓷型的薄壳浇铸工艺，都是古代薄壳泥型铸造技术的应用和发展。

探寻扬州早期的铜铁冶铸与“即山铸钱”，还使我们多出另一层思考。早先有一理论认为黄河流域的中原地区为华夏文明的摇篮，许多重要的文化事象都是起始于中原地区，然后再向周边地区扩散传播。本文涉及到的古代铜铁冶铸，尤其是冶山铁矿和六合程桥的铁丸和铁条的起源，都不是这一理论能够圆满解释的。近来有学者提出新的观点，认为华夏文明的起始是多源和多元，中原文化在华夏文明的形成过程中起主导作用，其他各个地区、各种文化不断地相互交流，相互融合，最终形成了多元、多彩的中华文明。应该说，这种观点有一定的道理，这对我们研究扬州地域文化的发生、发展，无疑是一种很有益的启示。

唐代铜镜铸造工艺

镜子，是日常生活中不可缺少的用具。现在大家都使用玻璃镜，而玻璃镜传入我国只不过二三百年，在此以前，中国人用什么来照面整容呢？

那就是使用了五千年之久的铜镜。

《庄子·德充符篇》曰："人莫鉴于流水，而鉴于止水。"是说人们照面整容，流动的水不行，要利用静止的水。文中所说的"鉴"，就是指盛水照面的水盆，故许慎的《说文解字》云："鉴，大盆也。"用盆子盛水照面，固然简单，但也有不便。用水盆照面时，人要俯视才能看得见，若是妇女的头上有各式簪戴，那就十分不便。后来，人们发现青铜薄片磨擦光亮后也能代替水鉴来照面，并且能竖立起来，这可方便多了，这就是最初的青铜镜。青铜明镜的出现，大约是在新石器时代晚期。甘肃的齐家坪遗址发现一面小型素面铜镜，即属新石器时代的齐家文化期，这大约是我国目前发现的最古老的铜镜，距今已有五千多年。

扬州发现的最早的青铜镜是在战国时期。1993年扬州市郊西湖镇的果园砖瓦厂发现了一座战国时期的木椁墓，其中便出土了一面云雷纹地连弧纹铜镜。这面铜镜宽素缘，低卷边，薄镜体，经专家鉴定，是一面战国中晚期的

"千秋万岁"铜镜（扬州湾头南唐墓出土）

西汉铜阳燧(扬州邗江甘泉姚庄西汉墓出土)

铜镜。汉代是扬州第一个繁盛期,考古发现的铜镜有许多,如1986年在西郊蜀冈大队五号西汉墓发现了一面神人瑞兽铜镜;2001年在市郊西湖镇蚕桑砖瓦厂西汉墓中发现了一面蟠螭纹铭文铜镜,铜镜上的铭文为“大乐贵富千秋万岁宜酒食”;1978年在邗江西湖槐柳村出土了一面东汉瑞兽纹铜镜等。

除铜镜外,扬州还出土有与铜镜类似的阳燧,如1988年在邗江县甘泉乡姚庄西汉木椁墓中就出土了一面直径8厘米的阳燧。阳燧是古人用太阳光取火的一种工具,是一种凹面的铜镜。《古今注·杂注》云:“阳燧以铜为之,形如镜,照物则影倒,向日则火生,以艾炷之,则得火也。”在阳光下,阳燧使阳光反射并汇聚到一点,在这一点上放置艾绒、麻丝等引火物,引火物便能燃烧起火。这是古人对物理学和光学进行研究和利用的一个成就,也是古代扬州人能够掌握和应用古代科技成果的一个实证。

上述出土文物仅说明古代扬州已经使用铜镜和阳燧,当时的扬州是否能够铸造这类物品呢?联想到汉代吴王刘濞在广陵“即山铸钱”,已有开铜矿、铸铜钱之举。能够铸钱,也应该能够铸镜,并且这种可能性是很大的。当然,这仅是推想,尚缺文字记载和考古发现作为佐证。

查考扬州最早于何时生产铜镜时,有一则记载不可忽略。《资治通鉴》卷一百八十三《隋纪七》云:“江都郡丞王世充献铜镜屏,迁通守。”江都郡,即今之扬州。作为江都郡丞的王世充向帝王所献的已不是普通的圆镜,而是尺寸要大得多的“镜屏”,可见扬州生产贡镜最迟始于隋代,并且隋代扬州的铸镜技术已达到较高的水平。

另有两篇考古报告也应值得重视。一是1977年《文物》第9期上发表的《扬州唐城遗址1975年考古工作简报》，其中云：在扬州西门外的扬州师范学院和江苏农学院的基建工地上发现了唐城遗址，遗址中发现唐代手工作坊并出土有生产工具，相关的生产工具有“熔铸坩埚，较完整的有五件，它们大部分以较厚的夹砂粗陶和泥质陶制成，呈灰黑色圆筒状和杯状。圆筒状完整的有三件，一件长27厘米、口径9厘米，一件长10厘米、口径5.5厘米，一件长5厘米、口径仅4厘米。它们的底似袋形，壁内有铜汗，壁外有釉泪。杯状完整的有二件，一件长6.5厘米、口径5厘米，一件长3厘米、口径5.5厘米，底尖，无把手，口有流，形制较圆筒的为小。同出有铜矿石、煤渣、铜绿锈块等遗物。从这里可以推测，较大的圆筒状坩埚大概用以冶炼矿石，较小的杯状坩埚有流，大概用以浇注铜液”。二是1980年《文物》第3期上刊载的《扬州唐城手工业作坊遗址第二、三次发掘简报》，文中报告在扬州唐城遗址中发现冶炼炉的遗迹，“炉发现两个……圆筒形，两炉相距25厘米，炉上口距地表70厘米，炉壁用泥与碎瓦片胶结筑成，底部有两块铺底砖，两砖相距8厘米，炉口径23厘米，深35厘米，外壁的泥土被烧成红色，约厚10厘米，烧土越往底越薄。在炉壁上有一层约2厘米厚的结晶物，比较坚硬，上有气泡。炉中有坩埚残片，残片上有铜锈，说明这炉可能是为熔铜使用的”。这两篇考古简报，一篇报告称发现熔铜用的坩埚，另一篇报告称发现加热坩埚用的炉子，相辅相成，较为完

唐代坩锅（扬州大学农学院出土）

整地反映了熔铜铸镜时的两个重要工艺过程和生产设备。

唐代铜镜的主要产地有两处，一是扬州，一是太原，这两地都处于产铜区内。从铜镜的产量和质量看，又以扬州为最。

当时皇家和民间的许多铜镜，都是扬州铸造的。大约在唐中宗时，向朝廷进贡扬州铜镜就成为一项定则。据张鷟《朝野佥载》记载："中宗令扬州造方丈镜，铸铜为桂树，金花银叶，帝每常骑马自照，人马并在镜中。"直到唐德宗大历十四年（779），朝廷才免去扬州专为进贡端午日江心铸镜一事(《旧唐书》卷十二《德宗纪上》)。但德宗的罢贡，未能完全制止扬州铜镜进入皇室，白居易的诗《百炼镜》，作于元和四年（1809），诗中说到扬州仍然贡镜，说明技艺精湛的扬州铜镜一直是深受皇家欢迎的。

说到唐诗，便联想到唐代诗人常以扬州铜镜为写作素材，前文提到的《朝野佥载》作者张鷟，就以《扬州青铜镜留与十娘》为题做诗，用"映水菱花散，临风竹影寒"赞美了扬州青铜镜。诗人韦应物东游广陵后，也作《感镜》一首："铸镜广陵市，菱花匣中发。……如冰结圆器，类璧无丝发。"著名诗人张籍也有《相和歌辞·白头吟》一诗："扬州青铜作明镜，暗中持照不见影。"这些诗都是在诗题或诗句中直接言明扬州铜镜。也有虽未言明，但从诗句中可以看出是与扬州铜镜有关的，如唐玄宗《千秋节赐群臣镜》："铸得千秋镜，光生百炼金。分将赐群后，遇象见清心。"刘禹锡《和乐天以镜换酒》："把取菱花百炼镜，换他竹叶十旬杯。"张说《奉和圣制赐王公千秋镜应制》："千秋题作字，长寿带为名。"席豫《奉和敕赐公主镜》："令节颁龙镜，仙辉下凤台。"这么多的诗句中都提到扬州铜镜，足以说明扬州铜镜在当时的影响。

写扬州铜镜的诗中，影响之大者，当以白居易的《百炼镜》为最。下文将要以此来论述唐代百炼镜的铸造技术，故在此全文摘录："百炼镜，熔范非常规，日辰处所灵且祇。江心波上舟中铸，五月五日日午时。琼粉金膏磨莹已，化为一片秋潭水。镜成将献蓬莱宫，扬州长吏手自封。人间臣妾不合照，背有九五飞天龙。人人呼为天子镜，我有一言闻太宗。太宗常以人为镜，鉴古鉴今不鉴容。四海安危居掌内，百王治乱悬心中。乃知天子别有镜，不是扬州百炼铜。”

战国时期云雷纹地连弧纹铜镜
（扬州博物馆藏）

白居易的诗是文学作品，却采用了许多与铜镜的生产工艺和制造技术有关的词语，如“百炼铜”、“百炼镜”、“五月五日日午时”、“江心波上舟中铸”、“琼粉金膏磨莹已”等，这些技术用语不是白居易的文学想象，而是依据铜镜制作的所见所闻，用诗歌的方式予以记录。对白居易的这首诗，我们不能像赏析其他诗词那样，仅仅把它看作是抒写情怀的诗歌，而应该转换视角，察看隐含其中的科技内容。

我们先来分析“百炼铜”和“百炼镜”。

“百炼”，顾名思义即反复冶炼，熔炼的次数非常多。中国古代记载冶金的“炼数”，汉代就开始出现，东汉时青铜器的铭文上就有“十湅”、“三十湅”的字样。铜镜上标有“湅数”的，大约始于建安年间，传世铜镜中有一铜镜的背面铭文为：“建安七年九月廿六日作明竟，百湅青同。”这是现今发现在铜镜上标明“炼数”的最早的一面铜镜。此后，铜镜上标明“炼数”的就逐渐多起来。唐诗中提到“百炼”的，也不止白居易一人，如前文所引的唐玄宗诗中就有“光生百炼金”句，刘禹锡的诗中也有“把取菱花百炼镜”句。可见，“百炼”一词不仅仅是古人诗词中的一个普通的形容词，很可能具有某种特定的含义。如果能把这种特定的含义阐释出来，我们对唐代扬州铜镜的冶炼技术就会有比较深刻的了解。

铜镜铸造时原料铜反复冶炼的操作工艺，在唐以及宋元的古籍资料中，均未见详细的记载，一直到了明代，冯梦祯在他的《快雪堂漫录》中才有了较为详尽的描述。冯氏云："凡铸镜，炼铜最难。先将铜烧红，打碎成屑，盐醋捣，荸荠拌，铜埋地中，一七日取出，入炉中化清，每一两投磁石末一钱，次下火硝一钱，次投羊骨髓一钱，将铜倾太湖砂上，别砂不用。如前法六七次，愈多愈妙。待铜极清，加碗锡。每红铜一斤，加锡五两；白铜一斤加六两五钱。所用水，梅水及扬子江水为佳。白铜炼净，一斤只得六两，红铜得十两，白铜为精。"冯梦祯的这段文字是关于古代铸镜炼铜工艺仅有的一则记载，十分难得。有关专家从专业的角度对这段文字进行了研究，指出文中的"磁石"即四氧化三铁（Fe_3O_4）；"火硝"即硝酸钾（KNO_3），是一种氧化性熔剂；骨髓里含磷，是一种脱氧剂；"椀锡"又名"碗锡"、"白铅"，即锌。冯梦祯所述的实际上是一整套从化铜、除氢、脱氧、去渣、加锌、加锡的熔炼工艺。经过这样一番熔炼，金属中的有害气体和非金属杂质大部分被排除，如此反复多次，就会更加纯净。文中所说的"愈多愈妙"，也就是这层意思。

那么，"愈多愈妙"，是不是要达一百次呢？唐人李肇《唐国史补》卷下中云："扬州旧贡江心镜，五月五日扬子江心所铸也。或言无有百炼者，或至六七十炼则易破难成。"可见，扬州的铜镜，虽然名曰"百炼"，实际不足"百"数，至"六七十炼"就"易破难成"了。据此来看白居易等人所说的"百炼"，应是略加夸张的概数，所表达的是冯氏所说的"愈多愈妙"之意。

冯梦祯记述的铜镜熔炼工艺是明代的，明代铸镜肯定与唐代有所不同，比如加锌，这是明代才有的工艺技术。但由此也可以大致推想唐代铜镜的制造过程。唐代扬州铜镜熔炼次数"愈多愈妙"的功效，在扬州出土的唐代铜镜化学分析中得到证明。周欣、周长源著有《扬州出土的唐代铜镜》一文，文中说："到目前为止，扬州博物馆藏有唐代铜镜近百面……根据扬州曙光仪器厂检验组化学分析唐四神镜和双鸾镜，其合金成份分别是铜占 68.60%、锡占 23.60%、铅占 6.04% 和铜占 69.3%、锡占 21.6%、铅占 5.45%，并有微量的铁、锌等金属杂质成份。"（1979 年第 7 期《文物》）从这则化学分析的报告看，这两面铜镜的铜、锡、铅三种金属原素的配比和含量都比较接近，杂质仅是“微量”，应该说，在没有现代化学分析手段的古代，达到这种高纯度的技术要求是很不容易的。

白居易诗中另一句值得研究的，是“五月五日日午时”。

我国古镜的背面，常铸有各种铭文，其中又常见有某年某月某日以及某时铸镜的字样。白诗中的“五月五日日午时”，即是铸镜日期和时间在诗文中的记载。唐代，在其他的文献和镜铭中也可看到五月五日造镜的记载，《小校经阁金文拓本》卷十六载有两面唐代铜镜，其中一镜铭有“五月五日”字样，另一镜铭有“五月五日午时封造”字样。两镜的铭文为白居易的“五月五日日午时”提供了旁证资料，证明白诗所言不谬。可是，古人铸镜为什么要标明日期和时间？古人是否真的在那一天那一时刻开炉铸镜？那一天那一时刻铸镜又有什么样的特殊作用？弄清这些疑问，也会加深我们对唐代扬州铸镜的认识。

《异闻录》中有这样一则记载：“天宝三载五月十五日，扬州进水心镜一面，纵横九寸，青莹耀日，背有盘龙，长三尺四寸五分，势如生动。元(玄)宗览而异之。进镜官扬州参军李守泰曰：铸镜时有一老人自称姓龙名护，须发皓白，眉如丝，垂耳至肩，衣白衫。有小童相随，年十岁，衣黑衣，龙护呼为元冥。以五月朔忽来，神采有异，人莫之识。谓镜匠吕晖曰：‘老人家住，近闻少年铸镜，暂来寓目。老人解造真龙，欲为少年制之，颇将惬于帝意。’遂令元冥入炉，开局闭户牖，不令人到。经三日三夜，门户洞开，吕晖等二十人于院内搜觅，失龙护及元冥所在。镜炉前获素书一纸，文字小隶，云：‘镜龙长三尺四寸五分，法三才，象四气，禀五行也；纵横九寸，类九州分野，镜鼻如明月珠焉……’吕晖等遂移镜炉置船中，以五月五日午时乃于扬子江心铸之。……兴造之际，左右江水忽高三十余尺，如雪山浮江，又闻龙吟，达于数十里。稽诸古老，自铸镜以来未有如斯之异也。”这段具有神话色彩的故事较长，但对我们理解“五月五日日午时”的含义很有帮助。

文中所铸的铜镜是一面盘龙镜，中国人是崇拜龙的民族，视龙为民族的图腾。崇拜龙，就要祭祀龙，古人将崇拜和祭祀的日子选在“五月五日”，并在这一天铸造一面盘龙镜作为崇拜和祭祀的庄重之举。为什么要选“五月五日”呢？国学大师闻一多对此有过一番研究，他说：“龙与五是分不开的，……在图腾社会的背景之下，‘五’便成为一个神圣个数，而发展成为支配后来数千年文化的五行思想，至今还流行着的端午节，便是那观念的一个见证。”闻一多还指出：在“一”至“十”的自然数列中，“五”位居中央，在古人用于排序的干支中，“午”也位于中央，“五”与“午”又是同音字，因而在古代人的心目中“午”也就等同于“五”。闻一多的这番论述不是针对白居易的诗句而言的，但恰恰正是白居易诗句“五月五日日午时”的最好注释。

我们这里分析的是唐代扬州铸镜时蕴涵其中的社会观念和民俗意识。如果撇开观念形态的成分而不论，仅从生产技术的角度看，选择“五月五日日午时”来铸镜，有没有某种合理性呢？

白诗的“五月五日日午时”是一特定的时间概念，而特定的时间总是与特定的地点紧密联系的，这自然联想到白诗的另一句：“江心波上舟中铸。”

关于铸镜地点的选择，除了白诗言明是在“江心”外，古籍记载中明确指出在扬子江心铸镜的还有许多，如赵彦若诗云：“江心百炼青铜镜，架上双纫翠缕衣。”傅墨卿诗云：“百炼鉴从江上铸，五时花向帐前施。”苏东坡也有诗云：“扬子江心空百炼，只将无逸鉴兴亡。”李肇在《唐国史补》卷下中云：“扬州旧贡江心镜，五月五日扬子江心所铸也。”《旧唐书·德宗纪》也云：“扬州每年贡端午日江心所铸镜，幽州贡麝香，皆罢之。”可见唐代扬州确有在“江心”铸镜一事。铸镜为什么选择在“江心”的“舟中”，有学者认为“五月五日，时当孟夏，是最适合冶炼的季节，为皇家制造贡品，工匠们总怀着畏惧、虔诚的心情，选择这一天在较为偏静、较方便的江心，专心致去，营造贡镜，是可能的”（李廷先《唐代扬州史考》）。这一解释侧重于铸镜工匠的心态，有一定的合理性，但“较为偏静、较方便”的场所在陆地上也很多，为什么一定要在“江心”的“舟中”？如果换一个思路，从科学技术的角度来看，铸镜的时间和场所是否对铸镜的生产过程提供某种便利呢？

从前文所述的扬州曙光仪器厂检验组对唐代四神镜和双鸾镜的化学分析看，唐代的铜镜是含锡量较高的高锡青铜镜。高锡青铜既脆且硬，为改善铜镜的性能，从战国及汉唐，铸镜工匠常对已经铸造成形的铜镜进行淬火和回火处理。这在史料中是有记载的，唐人传奇小说《聂隐娘传》中有一段文字就提到了我国古代的铜镜淬火："聂隐娘者，唐贞元中魏博大将聂锋之女也。""忽值磨镜少年及门，女曰：'此人可与我为夫。'白父，父不敢不从。遂嫁之。其夫但能淬镜，余无他能。"这里的"淬镜"，显然就是指为铜镜淬火的工艺。明代李时珍在《本草纲目》中对铜镜淬火便说得更为明确，其《金石·锡铜镜鼻》条云："铜锡相和，得水浇之极硬，故铸镜用之。"由此可知，对铜镜进行淬火处理，是古代铜镜生产的基本工序之一。唐代扬州铸镜把地点选在"江心"的"舟中"，看来就是为了在"淬火"工序中，在江上取水方便，便利工匠操作。

另外，铜镜铸成后需要对镜面进行抛光，才能光亮可鉴，白居易所说的"琼粉金膏磨莹已"即是指用金钢砂为主料调成的研磨膏对铜镜进行抛光，这一抛光工艺至今仍在使用。今人有金钢砂和目数极细的水砂布可用，古人没有，五月初五正值长江汛期，江水中含有大量的泥沙，此时用混浊的江水研磨镜面，类似使用了金钢砂和目数极细的水砂布，能使镜面更为光亮。也许，这正是工匠们选择五月初五江上铸镜的又一因由。

铜镜淬火和镜面抛光，是两项相当合理的高锡青铜镜的加工工艺。然而，尽管古代工匠对铜镜淬火的功效十分明白，但他们并不能像今人这样能进行科学合理的认识和说明，而是附加上各种神秘的甚至是难以理喻的解释，并对生产时间和场地按照他们的解释进行刻意为之的选择，这就增添了铸镜的神秘感和不可解释性。其实，造成"神秘感"和"不可解释性"也正是工匠们希求的，这样既能增添产品的价值，也能提高自己的身价和地位，这在工匠的社会地位极为低下的封建社会，这种做法也是可以理解的，白居易则是如实

唐海兽葡萄铜镜(扬州城北东风砖瓦厂出土)

地记录了工匠们的所作所为。

唐代扬州的铜镜生产很多,考古中的发现也多。目前,扬州的博物馆里就收藏有一百多面的唐代铜镜,其中许多铜镜的工艺制造水平都相当高,即使在金属熔铸技术较为发达的今天,有些馆藏铜镜的熔铸技艺也有相当的工艺难度。有一面1965年在扬州出土的打马球铜镜,专家们都认为十分珍贵。打马球最初起源于波斯,传入我国后成为一项深受皇家和贵族喜爱的宫廷体育运动。这面铜镜的镜背纹饰有4名骑士,骑士手执杆杖,作追赶击球状,在骑士与球之间,以高山和花卉为衬,显示出野外运动的场景。这面铜镜不仅反映了唐代的中外交往,在铸造工艺上也显示出高超的技艺,十分难得,据有关资料介绍,这种图饰的铜镜我国仅存有三面。另有一面高邮出土的鸾鸟瑞兽镜,也是唐镜中的珍品。这面铜镜为菱花形的镜面,背有兽形镜钮，镜背上采用高浮雕的技法铸刻了欢腾跳跃的麒麟和展翅飞翔的鸾凤，另有 4 只形态各异的瑞兽环绕其间，底纹上还衬有花草和蜂蝶。造型的复杂性，必定增加铸造工艺的难度，这也从一个侧面反映了唐代扬州铸镜工艺的高难度和高技巧。

宋后至明清，扬州仍有铜镜铸造，金属加工工艺也不断发展，但铜镜制作技艺则逐渐式微，不复与唐镜比美，也就不复赘言。

清代机械与光学发明家黄履庄

清初的扬州，经济振兴，文化繁荣，“海内人士，半集维扬”，当时的情景，如戏曲大师孔尚任所说：“广陵为天下人士之大逆旅，凡怀才抱艺者，莫不寓居广陵，盖如百工之居肆焉。”从外地来到扬州的名人除孔尚任外，还有漆器名匠江秋水、书画大师石涛、《儒林外史》的作者吴敬梓等。这其中，还有一位中国科技史上堪与爱迪生媲美的杰出的发明家，他就是各种自动机械与光学仪器的发明制造者——黄履庄。

黄履庄出生于顺治十三年（1656）。少年时的黄履庄，十分聪颖，“读书不数过，即能背诵。尤喜出新意，作诸技巧。七八岁时，尝背塾师，暗窃匠氏刀锥，凿木人长寸许，置案上能自行走，手足皆自动，观者异以为神”（《虞初新志·黄履庄小传》）。十多岁时，因父亲去世，投奔到扬州的外祖父家，与表兄弟戴榕住在一起。当时的扬州已经从清初的“屠城十日”中复苏过来，重新成为南北交通的要道和著名的通商口岸，商业、手工业和雕版印刷业都很发达。在这样的环境里，年轻的黄履庄又读了许多书，有明末清初来中国传教的欧洲传教士的科学著作，有我国学者翻译的西方科技书籍，还有中国人自己撰著的科学著作等，见识由此大增，知识更为丰富，在不太长的时间里，就制作了许多奇器。正如《虞初新志·黄履庄小传》所云：“因闻泰西几何比例、轮捩机轴之学，而其巧因以益进。”

黄履庄制作的奇器很多，有机械类的，如自行车、龙尾车（提水机械）、自行驱暑扇等；有光学类的，如显微镜、千里镜、望远镜、取火镜、临画镜、多物镜等；有工具类的，如方圆规矩、就小画大规矩、就大画小规矩、画八角六角规矩、造诸镜规矩等；又有仪器类的，如验冷热器（温度计）、验燥湿器（湿度计）等。另外还有各种玩具，如“置门侧，卷卧如常，唯人入户，触机则立吠不止”的木狗；“置竹笼中，能自跳舞飞鸣，鸣如画眉，凄越可听”的木鸟；“内音乐俱备，不烦人力而节奏自然”的“自动戏”；“人物鸟兽，皆能自动，与真无二”的“真画”等等，这些创造发明运用的知识十分广泛，涉及到数学、力学、光学、声学、热力学、材料学等多种学科，因而将黄履庄与爱迪生相提并论，实不为过。当时的中国，科技还很落后，人们对他的创造发明甚感新奇，称之为“奇器”，表兄戴榕也有感于“黄子之奇”，特意撰写了《黄履庄小传》一文。因黄履庄的“所制亦多，予不能悉记”，戴榕便在文后附有《奇器目略》，其中收录了黄履庄的创造发明有“验器”、“诸镜”、“诸画”、“玩器”、“水法”、“造器之器”6 大类，27 种之多。遗憾的是这位不可多得的发明家 28 岁就去世了，否则，黄履庄还会有更多的发明创造问世。

机械类中，尤以自行车最有新意，可以说，这是世界上最早的自行车。这种“双轮小车”：“长三尺许，约可坐一人，不烦推挽能自行。行住，以手挽轴旁曲拐，则复行如初。随住随挽，日足行八十里。”制作自动机械，古人早有尝试，诸葛亮造木牛流马，马钧造指南车等，但都不及黄履庄的自行车贴近民用。黄履庄的自行车十分精巧，前后有两个轮子，挽动“轴旁曲拐”便能自行，而且能“日足行八十里”，机械原理与机械效能已经与现代的自行车十分接近。据说，大约在黄履庄以后 100 年，法国人西夫拉克于 1790 年才制作了木制自行车，这辆自行车没有驱动装置，坐垫低，人骑在车上，双脚向后蹬地，靠反作用力使车子前行。1801 年，俄国农奴阿尔塔莫诺夫也制造了一辆与西夫拉克车十分相似的木制自行车，还骑到莫斯科向沙皇亚历山大一世献礼，为此，亚历山大一世下令取消了阿尔塔莫诺夫的奴隶身份。世界上推广应用的自行车是 1816 年开发出来的，那一年德国人德莱斯制造了带车把的木制两轮自行车，并申请了专利。

光学类的，以“诸镜”最有特色。有“千里镜，大小不等”；有“取火镜，向太阳取火”；还有“临画镜”、“取水镜”、“显微镜”、“多物镜”、“瑞光镜”等。关于“千里镜”，当时著名的文学家李渔在他的章回小说《觉世名言十二楼》之“夏宜楼”第二回中有一段描述：“此镜用大小数管，粗细不一。细者纳于粗者之中，欲使其可放可收，随伸随缩。所谓千里镜者，即嵌于管之两头，取以视远,无遐不到。‘千里’二字虽属过称,未必果能由吴视越,坐秦观楚,然试之千百里之内,便自不觉其诬。至于十数里之中,千百步之外,取以观人鉴物,不但不觉其远,较对面相视者更觉分明。真可宝也。”可见这种“千里镜”实际上就是现代的望远镜了。关于“瑞光镜”,《奇器目略》中有一段详细的描述:“瑞光镜:制法大小不等,大者径五六尺,夜以灯照之,光射数里,其用甚巨。冬月人坐光中,遍体生温,如在太阳之下。”据现代光学知识,不难看出黄履庄的“瑞光镜”实际上就是后世的“探照灯”。据说,欧洲人 1779 年才制成探照灯,比黄履庄又晚了近百年。

工具类中,黄履庄设计制造了各种各样的“规矩”。制作这些“规矩”是因为“工欲善其事,必先利其器”,“况目中所列诸器,有非寻常斤斧所能造者”。故而黄履庄制作了这些“造器之器”。值得注意的是这些“造器之器”中有一种“造法条器”,黄履庄所说的“法条”,即是今天的机械钟表和孩童玩具中常用的“发条”。“法条”是利用了金融丝或金属条的弹力,先施力,使金属丝、金属条变形而储存变形能,在需要时释放此变形能而做功,这就是“法条”的工作原理。有了“法条”,才能使机械实现自动运转,黄履庄所造的会走会叫的木狗、会飞会鸣的木鸟,大约都使用了自己制造的“法条”。

仪器类中,最出色的就是验冷热器和验燥湿器。黄履庄的“验冷热器”,即今天的温度计,《奇器目略》云:“此器能诊试虚实,分别气候,证诸药之性情,其用甚广,另有专书。”只是“验冷热器“的“专书”和实物都已失传,我们难以判断其具体原理和结构,估计是气体温度计之类的装置。黄履庄另一个发明是“验燥湿器”,即湿度计,其特点是:“内有一针,能左右旋,燥则左旋,湿则右旋,毫发不爽,并可预证阴晴。”早在汉代,我国就有用羽毛、木炭测量湿度,预测降雨的实例。黄履庄发明的“验燥湿器”估计是利用了弦线吸湿而伸缩的原理,灵敏度更高,因而可以“预证阴晴”,这一发明可以说是现代湿度计的先驱。

黄履庄为什么会有这么多的创造发明?表兄戴榕深感奇异:“有怪其奇者,疑必有异书,或有异传。而予与处者最久且狎,绝不见其书。叩其从来,亦竟无师传。”黄履庄回答了表兄戴榕的疑问，说：“予何足奇？天地人物皆奇器也。动者如天，静者如地，灵明者如人，赜者如万物，何莫非奇？然皆不能自奇，必有一至奇而不自奇者以为源，而且为之主宰，如画之有师，土木之有匠氏也，夫是之为至奇。”表兄戴榕明白了黄履庄所说的道理，知道黄履庄的诸多创造发明，不是局限于具体器物奇妙构造的“自奇”，关键是要掌握数学、光学、力学等诸多学科的基本原理，这样才能掌握事物的“至奇”，才能“为之主宰”。在我国，传统的科技研究多为具体的技术应用，许多著述着重讲述的是各种器物的制作，如《考工记》、《天工开物》等，很少探究基本理论。黄履庄探求“至奇”的思路，正是他获得诸多成功的关键所在。此举在今人来看，似乎理所当然，但在当时，却是科技发明思路的一大革新。

黄履庄的创造发明获得成功，也得力于扬州的人文环境。当时的扬州是一个商业、手工业十分繁荣的城市，经过清初的战争，城市人口结构发生很大的变化，外来人口很多，成为一个新兴的移民社会，在这样的环境里，人们提倡兼容并蓄，鼓励标新立异。李斗在《扬州画舫录》中就多处记载了各种“奇异”，如卷一中讲述有人制作“子午鹤”：木鹤能飞，“至今木鹤尚存，惟首能运动，以定时刻，子时首向外，午时首向内，因名曰子午鹤”。卷十二中记录了有人制作“自鸣钟”：“汪大黉，字斗张，号损之，歙县人。工隶书，精于制自鸣钟。”这种自鸣钟安装在特定的室内，“绿杨湾门内……构深屋，望之如数什百千层，一旋一折，目炫足惧，惟闻钟声，令人依声而转。盖室之中设自鸣钟，屋一折则钟一鸣，关捩与折相应”。卷十四又有“人工喷泉”的记载：“徐履安……有诡气，善弄水。……作水法，以锡为筒一百四十有二伏地下，下置木桶高三尺，以罗罩之，水由锡筒中行至口。口七孔，孔中细丝盘转千余层。其户轴织具，桔槔辘轳，关捩弩牙诸法，由械而生，使水出高与檐齐，如趵突泉，即今之水竹居也。”正是这种鼓励创造发明的人文环境和社会氛围，催生了黄履庄这位科技发明家。

另外一层因素也不可忽略。明代末年，出现了两部专述机械知识的书《诸器图说》和《远西奇器图说》，其作者是王徵和邓玉函。王徵是陕西人，曾在广平府令工匠制造鹤饮、虹吸、恒升车、龙尾车等机械，用于排水，见者“称其便利”。邓玉函则是从德国康斯坦茨（今属瑞士）来华的传教士，通晓医学、数学、天文、力学。约在天启六年（1626），王徵在北京与邓玉函等传教士交游，看到了许多西方书籍，其中与机械有关的书就不下千余种，有些书看不懂，就请邓玉函帮助译成中文。天启七年正月，他们合作完成了《远西奇器图说》。天启七年五月，王徵到扬州任推官。王徵及时地利用扬州雕版印刷技艺兴盛的优势，当年七月就将《诸器图说》和《远西奇器图说》二书合刻于扬州。崇祯十三年（1640）冬，王徵又在《诸器图说》和《远西奇器图说》的基础上加以发挥，总结自己的最新设计，撰写了《额辣济亚牖造诸器图说》。以上这些书籍都是用图文参合的形式，把西方的机械技术和数学、力学等介绍到中国，传播了令中国人耳目为之一新的科技知识。黄履庄出生于1656年，10多岁时便来到扬州，此时，正是这些介绍西方科技知识的书籍在扬州刊刻不久之际，估计黄履庄在扬州一定会寻觅到这些书籍，并从中受到深刻的教益和启发。正如《黄履庄小传》中所云：“（黄履庄）因闻泰西几何比例、轮捩机轴之学，而其巧因以益进。”

由此可见，正是扬州这座经济振兴、文化繁荣的城市，在那样一个时代里，孕育了一位在中国科技史上颇享盛名的发明家。

第五章　雕版印刷与手工技艺

印刷术是我国古代四大发明之一，扬州是最早推广运用雕版印刷术的城市之一，在尖端印刷技术广为普及的今天，扬州依然拥有这段逝去的历史。漆器、玉器以及“三把刀”，是扬州传统技艺的代表，直至今日，扬州工匠依然占据着这类传统技艺的制高点。别以为这些仅仅是一些“奇技淫巧”、“雕虫小技”，难入“法眼”，其实，科技是为人服务的，我们从这些技艺中，既看到了扬州人的才智和勤劳，更看到了中国人的生活方式和生活态度是如何一步步演变至今的。

历代刻书与雕版印刷

印刷术是我国古代四大发明之一，唐代以来刻书印刷业遍布各地，举凡历史悠久、文化繁荣的城市，几乎都有刻书业。在科学技术日新月异的今天，尖端的电子印刷技术广为普及，传统的雕版印刷成为历史。而今天的扬州，依然拥有这段已经逝去的历史，这就是“扬州中国雕版印刷博物馆”。

我们的祖先很早就懂得在石头上刻字，现存最早的石刻是秦国的石鼓。石鼓是春秋初年秦文公所造，共有十个，每个各刻四言诗一首，这就是史家所说的“石鼓文”，这些石鼓现存于北京故宫内。后来人们把字刻在长方形石块上，这就有了石碑，东汉灵帝熹平四年（175），朝廷把七种经典《鲁诗》、《尚书》、《周易》、《春秋》、《公羊传》、《仪礼》、《论语》，共20多万字刻写在46块石碑上，立在洛阳太学门外，供学子们前去抄录，这就是著名的《熹平石经》。抄录既烦劳又易误，后来就有人把纸浸湿了贴在石碑上，纸刷平后，

扬州中国雕版印刷博物馆内景

用布包蘸上墨，在上面敲扑，就拓出了黑底白字的“拓本”，这种技艺就叫“拓石”。“拓石”自然是方便快捷多了，这为后来发明雕版印刷术提供了启示。

“拓石”虽好，但普通人很难在石碑上雕刻整部书。受古代刻印章的启发，东晋时有道士刻出了枣木符印，枣木符印是用来驱逐妖魔鬼怪的，是将100多个字的“谶语”刻在二寸见方的木块上，木块蘸上色，像盖印章一样盖在纸上，瞬间，100多字的“谶语”就转印过去了。这再一次启发了人们，如果把整部书的文字像刻“谶语”一样刻在一块块木板上，不比石碑容易多么！于是，经过石碑、印章、符印的逐渐演变，雕版印刷术终于发明了。

雕版印刷术的发明是在唐代的贞观（627—649）年间，扬州是最早推广使用这项新技术的城市之一。史料记载，唐代中期扬州一带刊刻历书、图籍就已盛行，著名诗人元稹为白居易的《长庆集》作序，序中说：“至于缮写、模勒炫卖于市井，或持之以交酒茗者，处处皆是。”并自注说：“扬、越间多作书，模勒乐天及予杂诗，卖于市肆之中也。”文中所说的“模勒”就是雕版印刷。当时元稹和白居易的诗深受民众喜爱，有人就雕版印刷出来，到处叫卖，甚至还把白居易的诗集印本用来换酒换茶，而且“处处皆是”，可见当时扬州一带民间私刻书籍的风气很盛。

北宋人撰写的笔记体杂史《唐语林》一书中还记载了这样一件事：唐末黄巢起义时，僖宗逃往四川，长江下游一带得不到官府的历书，于是扬州和苏州就有人私印历书出卖。当时历法中一个月30天叫做“大尽”，29天叫做“小尽”，没料到买卖历书的人因为不懂历法，为历书上每个月的“大小尽”不同而发生争执，闹到了官府。官员也是糊涂官，竟对他们说：“你们同在一处做生意，差一天半天有什么妨碍！”便把他们喝退了，成为一则笑话。《全唐文》卷六二四也有一则记载，说大和九年（835）东川节度使冯宿上奏朝廷，要禁止民间私印历书，奏文云：“准敕，禁断印历日版。剑南、西川及淮南道，皆以板印历日鬻于市，每岁司天台未奏颁下新历，其印历已满天下，有乖敬授之道，故命禁之。”奏文中的淮南道，就是今扬州一带。两则记载从不同的侧面，相互印证，共同说明了唐代中后期扬州的雕版印刷技术已经广为应用。

两宋时期，扬州是淮南路的治所，经济繁华，人文荟萃，刻书业也随之兴盛。这一时期所刻的书，数量既多，质量又高，字体优美，纸墨精良，校勘严谨，版式悦目。在书写艺术、装帧形式和刻印技巧上都达到了前所未有的成熟境地。当时，有许多传世名著都在扬州付梓刻印，如乾道二年（1166）扬州的州学刻沈括《梦溪笔谈》二十六卷，沈括是北宋著名科学家，扬州的这一刻本是《梦溪笔谈》的最早刻本。嘉定七年（1214）真州郡斋刊刻陈旉《农书》和秦观《蚕书》，《农书》和《蚕书》是后世研究中国农学的必读之书。

其他的可以考定是在扬州刊刻的宋版书还有：宋宣和七年（1125）淮南路转运使刻《稗雅》二十卷；宋乾道三年（1167）两淮转运判官刘敏士刻《易数钩稳图》三卷，附《遗论九事》一卷；宋嘉定乙亥（1215）王大昌淮南漕廨刻《补汉兵志》一卷；嘉定九年（1216）高邮郡斋刊刻孙觉《龙学孙公春秋经解》十五卷；宋景定三年（1262）重修，淮东仓司刻《注东坡先生诗》四十二卷；宋淳熙六年（1179）扬州州学刻《广陵志》十二卷；宋雍熙二年（985）高邮军刻《金刚般若波罗密经》三卷；宋绍兴三年（1133）高邮军学刻《淮海集》四十九卷；宋淳熙五年（1178）高邮郡斋刻《高邮志》三卷。

到了元代，刻书中心北移，加之元代官府对民间刻书控制很严，史书上说："元人刻书，必经中书省看过，下所司，乃许刊印。"扬州的刻书业因此陷于困境。此时可考的刻书有：元至正四年（1344）江北淮东肃政廉访司刻《勤斋集》十五卷；元至正五年（1345）扬州路儒学刻《石田先生文集》十五卷，《附录》一卷；元至正六年（1346）江淮郡学刻《同文贞公集》三十卷。

明初，朝廷采取偃武修文的政策，朱棣派人访购古今图书，于 1408 年编成"网罗无遗"的大类书《永乐大典》，共收入自先秦至明初的各类图书七八千种。扬州的刻书业也随之有了长足的发展，其中官府的刻书量激增，清人王士祯《居易录》云："明史御史、巡盐茶、学政、部郎、榷关等差，率出俸钱刊书，今亦罕见。"据明人周弘祖《古今刻书》记载，当时扬州府刻书达 75 种，有《御制文集》、《大诰三编》、《维扬志》、《维扬乡饮》、《素问》、《难经》、《农桑撮要》等，仅次于杭州、苏州，位居全国之先。民间私刻的书也很多，嘉靖至万历年间，在扬州任职的官员就有多人刻书，见于《光绪增修甘泉县志》著录的就有：巡盐御史朱延立刻《家礼集要》、《本草集要》；御史陈蕙刻《广文选》；御史冯允中刻《鲍明远诗集》；巡盐御史张九功刻《江北奏议》；御史焦琏刻《明官制》等。藏书家和文人学者的刻书也很多，以嘉靖年间为最，限于篇幅，不再一一列举。

清代，是扬州刻书业空前大发展的年代，仅扬州设立的官办刻书机构就有扬州诗局、扬州书局、淮南书局。当时扬州的刻书业中，官刻、家刻、坊刻和寺院刻经，四业皆盛，刻书数量众多，品质皆属上乘，成为与苏州、南京并列的江南三大刻书中心之一。

所谓官刻，是官府把校订官员和刻写工匠集中在专门的机构里刻书。扬州最早的官刻机构是扬州诗局，诗局是康熙四十四年（1705），江宁织造兼巡视两淮盐漕监察御史曹寅，为编校刊刻以宫廷内府为主的书籍而创办的。最初，这一机构是奉旨以经营盐务的余款来刊刻钦定的《全唐诗》，故名"扬州诗局"，诗局设在扬州天宁寺内。诗局所刻的《全唐诗》，是以明代胡震亨的《唐音统籤》和清初泰兴季振宜的《唐诗》为底本，并予以增订。成书后全书共900卷，收录唐五代作者2200余人，诗48900余首，并附有唐五代的词和作者的小传。《全唐诗》的印刷装帧无疑也是十分讲究的，所用纸是开化纸（因产于浙江开化，故名），刻印也最佳，字体秀润，墨色均匀，纸张洁白，又以鹅黄色硬纸装潢封面，淡黄色绢布装饰书签，美观大方，一直被刻书界称之为清代版刻的代表。为此，康熙皇帝特在一份奏折上朱批："刻的书甚好！"扬州诗局除《全唐诗》外，还刻有《佩文韵府》、《词谱》、《宋金元明四朝诗》、《历代赋汇》、《历代诗余》等十多种书，将近三千卷。

清代扬州的官刻机构，还有扬州书局和淮南书局。扬州书局是嘉庆五年（1800）两淮盐运使曾燠奉旨设立的。当时，董诰、阮元编纂了《全唐文》，此书共1000卷，便设立了扬州书局负责刊刻。淮南书局是同治八年（1869）两淮盐运使方浚颐创设的，地址在扬州琼花观街。淮南书局从创办到光绪二十九年（1903）裁并归金陵书局，所刻书有60种，除部分官书残版的修复和盐务书籍外，多为江淮间耆宿的著述，如汪中的《广陵通典》、《述学》，刘宝楠的《宝应图经》、《胜朝殉扬录》，刘文淇的《扬州水道记》，李斗的《扬州画舫录》，阮元的《经籍籑诂》，王念孙的《广雅疏证》以及以淮阳道署名的《行水金鉴》等，这些都是扬州地方的重要文献。

官府所刻的书，由于资金充裕，经管人员督检认真，故一直以校勘精当、纸墨优良、字体美观、版式疏朗、装订端庄而著称，堪称清代刻书的楷模，《全唐诗》和《全唐文》都是例证。

除官刻外，清代扬州由于经济繁荣，富裕人家较多，出现了许多私家出资刻书的现象，称之为“家刻”。私家刻书的原因和动机是多种多样的：有著名文人，为传播学术成果，刻印前人或自己的著述，如阮元，他是朝廷大员，也是扬州学派的学者，他和其弟阮亨、其子阮常生及阮福、阮先等人都各有著述和校刊，后来，阮亨汇辑阮氏所刻之书为《文选楼丛书》，共 34 种，487 卷；也有藏书家和校勘家，或覆刻善本，或辑佚校勘丛书、逸书的，如嘉道年间扬州学者、藏书家陈本礼、陈逢衡父子，以江都陈氏挹露轩、修梅山馆等名义刻印了《协律钩元》、《汉诗统笺》等书，有 7 种书后来汇辑为《江都陈氏丛书》；当然，还有官宦和富商，为博“好学”的雅名，用公款或私款刻书的，如清代扬州盐商中有“四元宝”之称的黄氏兄弟四人，这“四元宝”除了每人各造一座园林外，老大黄晟出资刻《太平广记》、《三才绘图》，老二黄仲升出资刻《圣济总录》、《叶氏指南》。他们出资刻书，虽是为了博名，但客观上还是起到了传播文化的作用，我们应该肯定其功绩。

私家所刻的书，由于以自己的名望为重，许多著述往往是请著名书法家精写上版，并高薪聘请名刻工来雕刻，写刻工整，校勘精审，印刷也较为精细。如乾隆十四年(1749)，郑板桥所著的《板桥集》，因郑板桥本人就是著名的书画家，这本书便由他自己亲自书写刻样，由其门徒司徒文膏精刻，这本书便融书法艺术与雕版艺术为一体，成为扬州刻本中的精品。

还有一种是坊刻。所谓“坊刻”，是指清代中叶开始兴起的民间书坊所刻的书。如《儒林外史》的跋文云：“是书自乾隆间金兆燕在扬州刊行后，扬州书肆刻本非一。”这里的“书肆刻本”就是“坊刻”，同时也说明乾隆年间扬州的书坊还是较多的。这些书坊有的以贩卖图书为主，而有的则以刻印和发行为主，他们刻的书除了供应书院教学用的教科书、八股文试卷外，主要是刻印小说、民歌、俗曲、字典、医书等，多为民间日常所需的通俗读物。当然，有的书坊逐利而为，只要有利可图，什么书都刻。而有的书坊主人则是有喜好，有事业心，专门刻印某一类书。如民国年间的陈恒和书林，除印行古籍外，专刻扬州地方文史资料，有《扬州名胜录》、《邗记》、《扬州画苑录》、《扬州十日记》、《琼花集》等，共 24 种 47 卷，后来汇编为《扬州丛刻》，这套《丛刻》对扬州地方文化的普及和研究产生很大影响。

坊刻由于刻书种类多，发行面广，对发展文化、普及教育起到了重要的作用。但也有一些坊刻本为了降低成本，字体小，排版密，墨色和纸质也较差，不利于传世。当然，这些刻本当初就不是为了传世，而是为了谋利的。

刻本中再有一种就是寺院的刻经。扬州的寺院刻经在清末民初很有影响，著名的刻经处有位于城内宛虹桥的藏经院和众香庵，有位于扬州东乡的砖桥法藏寺。砖桥法藏寺又称“江北刻经处”，创办于清同治五年（1866）。江北刻经处经营了几十年，刻有各种佛经多达四千余卷，其中《大般若经》、《八十卷本华严经》、《楼阁丛书》（郑学川著）、《宗镜录》等均为大部头的佛经和佛学书籍，为近代佛教的传播做出了重要的贡献。

扬州中国雕版印刷博物馆藏版

当代扬州制作的线装书

19世纪中叶，西方的平版石印和凸版铅印以及其他新技术新设备，传入我国，逐渐取代了传统的雕版印刷技艺。到了20世纪，雕版印刷技艺即已落伍，很少使用。扬州保存有大量的古代书版，是极其珍贵的文化财富，许多孤本、善本的书版，依然具有其他书刊无法替代的宝贵价值，于是，1960年扬州成立了广陵古籍刻印社。经过几十年的不懈努力，扬州收藏有从江南各地汇集而来的书版约二十万片，有丛书，也有单行本，共八千余卷。

广陵古籍刻印社最初是修补装订旧书，继而是利用书版印书，后又以收购到的珍贵稿本刻印新版古书。这些古书从书写、刻版、印刷到装订全是传统的手工操作，在印刷了一批批新古书的同时，也保护了传统的雕版印刷技艺。多年来，广陵古籍刻印社印行木版古籍90种，其中丛书43种，单行本47种，每种印数在100部至200部之间，总计约四十万册。其中较大影响的是《杜诗言志》、《楚辞集注》、《饮虹簃所刻曲》、《暖红室汇刻传奇》、《四明丛书》、《礼记正义校勘记》、《本草经疏》、《济阳纲目》等，许多书曾在全国获奖。1996年影印的《毛泽东评点二十四史》的出版，又一次扩大了广陵古籍刻印社的影响。2005年，在方方面面的支持下扬州成立了“中国雕版印刷博物馆”，雕版印刷的技艺得到了更完善的弘扬与保护。

至今，扬州依然保存了沿续了一千多年的雕版印刷技艺，操作过程大体有三个阶段。

第一阶段是刻版。板片材质多选用梓木，有时也选用梨木和枣木，故古人

写样

称印书叫“刻梓”、“付梓”、“付诸枣梨”。板材选好后顺其纹理加工成适当的尺寸，浸泡在水中，一个多月后木板充分地吐出树脂，即可使用。也有用石灰盐水煮板的，是为了易于奏刀。

明人彭大翼《山堂肆考》云：“剞，曲刀。劂，曲凿也。皆镂刻之器，今人以书雕版为剞劂。”故明代刻字匠自称“剞劂氏”。“剞”和“劂”都是古代雕版常用的工具。现今仍在使用这些传统的雕版工具，主要有刀、錾、凿、铲等，单是刻图，各式刀具就有二十多把。其中，“拳刀”是刻字的主要工具，锋刃呈内弧状，拳握式执刀，便于用腕力，故称为“拳刀”。“剔脏凿”主要用于剔除字

刻版

刻成的画图木版

体以外的底子，又叫“敲底”、“剔空”，依其形状不同有弯凿、扁凿、针凿、修根凿等。“引线凿”是用来凿刻出边栏、行线等。刻字之前，先有专人“写样”，将原稿誊写在一张极薄的宣纸上。校对后“贴样”、“上板”，便可刻字。刻字是技艺要很高的工序，明代以来多采用宋体字，刻字艺匠对宋体字的雕刻有口诀：“一撇如刀，一捺如锹，横平竖直，点如瓜子，勾似鹅瘤。”口诀仅是经验的概括总结，实际操作时要复杂得多，比如“点”，就有瓜子点、兔眼点、直点、睡点、剔点、八字点、腰圆点等；“勾”，也有鹅瘤勾、弯环勾、折勾等；“撇”，有直撇，横撇；横有马蹄头、斩尖等。

刻成的文字木版

第二阶段是印刷,材料和工具有纸、墨、刷等。黑墨多取烟墨,要用化牛皮胶加酒以水调和成稀糊状,墨越陈越好。红墨为朱砂与铅丹的混合剂,掺入白芨,用水蒸煮而成。也有用苋菜制成液体代替,但易褪色。蓝墨为靛青所制,色泽经久不变。纸多取印刷书籍用的产于安徽宣州的宣纸,上乘的宣纸是以檀树皮和禾秆混合制成,质地精细、洁白、柔软。印刷时先将雕版固定,将纸平置,艺人手持圆墨刷略蘸少许墨汁,遍涂板面的凸起处,随即将宣纸平铺其上,再用长刷轻刷纸背,待字迹从纸背透露,即可将宣纸揭下,晾干后一纸书页便印刷成功。刻工精良的版片,最多时初印可达 1.6 万张,仍然能保持字迹清晰,其后略加修整,还可再印 1 万张。

第三阶段是装帧。装帧也有十多道工序,经过数、配、齐、订、切等工序,方才装订成单册的线装书。多册的图书还要分成函,再配上色布、彩锦等装帧,最后制作成函套。一部选题严谨、刻工精良、用纸上乘、装帧精美的雕版线装书,不仅具有较高的版本价值,同时也具有较高的学术价值和工艺价值。

雕版印刷术始于唐代,大约在元代流传到了西方,为世界文明的进程起到了巨大的推动作用。如今,人们已广泛使用先进的电脑排版印刷技术,但传统的雕版印刷术仍具有超越时空的文化意义,是广受社会关注的非物质文化遗产。

扬州漆器技艺

扬州漆器的历史可上推到战国时期。

1976年,扬州北郊西湖镇的湖场村发现了一座战国时期的墓葬,墓葬中出土了两只夹纻胎彩绘漆的圆盘,圆盘的口径约25厘米,胎质较厚,褐底红绘,盘边一圈绘有块状云纹和曲线云纹,圆盘的中心绘有一只飞凤,周围有六只凤鸟环绕着。从圆盘的胎质和彩绘的图纹看,这两只圆盘与当时楚国的漆器更为接近,很可能是楚国生产,流入本地。春秋战国时期的扬州地域为邗城,在吴越楚三国的兼并战争中,邗城多次变更归属,客观上促进了相互间的文化交流。当时的楚国又是战国时期幅员最大的国家,楚国所处的长江汉水流域生长着大量的漆树,漆器制作十分先进,因而楚国的漆器流传到扬州是很有可能的。尽管当时的扬州还没有作坊生产漆器,但是,漆器的使用无疑是扬州漆器生产的前奏。

春秋战国到两汉,流入本地的漆器还有很多,有一种"工官漆器",扬州出土多件。这些漆器有一个特征:漆器上都有记载工官名称、纪年、监制官吏、工匠姓名及生产工艺流程的铭文,故称之为"工官漆器"。汉代中央政府在首都长安和广汉、蜀、河内、河南、颍州、南阳、济南、泰山八郡设立工官,专门负责漆器的生产制造,故有此名。工官调集了一大批技艺高超的漆器工匠进行专业化生产,制作规范,形制统一,装饰精美,工艺水平很高。正因如此,这些工官漆器受到主人的喜爱,便成为随葬品,我们今人也因此而得以见到这些传世之宝。

扬州出土的汉代工官漆器的铭文内容很丰富,字数最长的达50字,最少的也有28字,内容包括制造年代、工官名称、器名与容积、制作工序与工匠名以及管理官吏名等。铭文中制造年代最早的为元康四年(前62年),最晚为绥和元年(前8年),为西汉后期,年代跨度长达54年。如1984年邗江杨寿

汉·针刻云纹漆耳杯

宝女墩104号汉墓出土的一件漆盘，针刻的铭文为：“元康四年，广汉护工卒史佐上，工官长意，守丞建，令史舜。漆、泡、髹工顺食邑、金黄涂工护都、画工隶谊、工马年造。”最有价值的是铭文中有关工种和工序的记录，使我们得以了解当时漆器制作的工种和工序有：素工、漆工、泡工、造工、髹工、画工、上工等，尽管这些工种和工序不是全部，但还是可以看出铭文已经相对完整地记录了漆器制作的全过程。漆工负责制漆，造工负责制胎，素工负责胎胚上灰，髹工专为上底漆，泡工专为上表面漆，画工专为漆面彩绘，上工专为上配件，另外还有涂工、雕工等（李则斌《扬州出土汉代工官漆器考》）。

地处长江运河交汇处的广陵，由于交通便利，外地漆器得以输入。从科技发展的角度来看，我们不能把这看成是单纯的产品输入，产品输入的背后，也为人才输入和技术输入提供了可能，同时也为后来汉代本地漆器制造业的发展提供了参照和借鉴。

《后汉书·百官志》记载：“凡郡县有工多者置工官，主工税物。”汉代广陵是否设置工官，未见记载。刘邦封他的侄子刘濞为吴王，刘濞以广陵为吴国都城，刘濞在这里“即山铸钱，煮海为盐，国用饶足”，使得当时的扬州十分繁盛，手工业随之而发展，估计也会设立官员管理和经营当时的手工业。虽然后来刘濞因为发动“七国之乱”被诛，但富庶的广陵一直是刘姓宗室的封地，派到扬州来的王侯都是皇亲国戚，在这样的背景下，扬州漆器制造业得以兴盛起来。

20世纪60年代以来，扬州相继发现了一批汉墓，有几十处之多，如邗江湖场汉墓群、甘泉姚庄汉墓群、甘泉妾莫书汉墓群、原东风砖瓦厂汉墓群等。这些汉墓群出土的漆器都十分精美，数量在百件以上。特别值得注意的是这些漆器的铭文,有的书“田长君”、“程长卿”、“大皇”、“大张”、“陈”、“高”、“文”、“委”、“苟”、“邓”等姓名,还有的书“工冬”、“工克”、“工鲜”、“工延”、“工阳”、“工定”、“工照”、“工处”、“工野”等款字,前一组有姓名的漆器,并不是集中出现在某一墓葬里,而是各自出现在不同的墓葬中,说明这些姓名很可能是买主的名字。买主买到或是定做某一漆器时,书上主人的姓名,以示谁是这一高档用品的拥有者。而后一组款字都带有“工”字,却是在不同的墓葬里重复出现,并且同一款字的制品,其造型、风格、大小及制作方法等都完全相同,说明这一组文字很可能是制造工匠的名款。漆器制品上有买主的姓名,是当时的习俗。而标明工匠的名款,实际上是标明了漆器的生产作坊,这很有可能是地方官府对手工业作坊进行管理而提出的要求。

大批同风格的漆器上留有众多工匠的名款,说明汉广陵国已有相当数量的生产作坊。当然,仅凭已知的出土文物,还难以推论当时漆器生产的规模。若是把视野扩展到周边地区,就会发现今江苏的连云港、盐城、盱眙和安徽的天长等地出土的汉代漆器,其造型、胎质、图纹乃至色泽等,都与扬州的漆器十分相似或相近。这表明汉代广陵国生产的漆器已经流传到较为广大的地区,作为诸侯王国都的广陵,一定拥有较大规模的漆器作坊。关于这一点,近来考古学界已逐渐形成共识,认为西汉晚期漆器的主要出土地点集中在江淮地区,而又以扬州为最,当时的扬州拥有较大规模的漆器生产作坊是确信无疑的。

汉代广陵漆器的制作技法是多种多样的,有夹纻胎,有竹胎,有铜胎与木胎结合成型的,还有皮胎与木胎结合成型的等等。在种种制作技法中,具有扬州地域特色的是薄木胎卷制工艺。薄木胎卷制工艺是将木料削成薄片,经过卷折、胶合等工序使之形成薄木胎,然后再在薄木胎上进行髹漆、彩绘等工艺加工,最终制作成漆器。其特色是胎质轻盈,结构精巧,装饰华美。如姚庄汉墓出土了一件薄木胎的漆砚,不仅实用,而又特别灵巧。工匠在这件漆砚的前端设计了盛水用的小水箱,水箱与砚池斜面交接的立墙上有出水口,出水口塞有可活动的木雕羚羊头。需要水研墨的时候,摇动羚羊头,水就从羚羊口泻出。如果砚池的水过多，水便会漫过羚羊口，顺着羊口又流回水箱，真是令人叫绝。又如湖场五号汉墓出土的一只双层漆笥，上层笥壁套于盖内，而笥的底缘向外折展，套扣到下层的笥壁，于是上层的笥底就成为下层的笥盖，这种精巧的构思和细致的工艺，使人赞叹不已，体现了扬州汉代薄木胎漆器的技艺特色。

到了唐代，瓷器制造业迅速发展，漆器也从皇家贵族的高贵之物，转为商贾百姓的生活用品。但是，唐代宫廷使用的高档漆器，扬州仍是重要的产地，如晚唐时，淮南节度使高骈于乾符六年（1879）在扬州赶造了漆器一万五千九百三十五件，派人运送入京，作为对朝廷的供奉。新罗人崔致远为高骈代拟的《进漆器状》中说："虽有惭于琼玉，或可代于琉瓶。"（崔致远《桂苑笔耕录》卷五）文字虽为自谦，但对进贡漆器的赞颂之意却是溢于言表。

唐代扬州漆器中最负盛名的是生漆夹纻造像技艺。唐代扬州寺庙众多，宗教活动也多。在各种宗教活动中，佛像出巡仪式最为盛大。出巡时要将佛像抬上大街游行，而寺院里原有的木雕、泥塑或石刻的佛像都极为沉重，不利于移动，轻巧牢固的生漆夹纻造像就成为最好的选择，扬州的生漆夹纻造像技艺也由此而闻名遐迩。生漆夹纻工艺是在底坯上裹麻布，在麻布上糅生漆，待麻布坚硬形成薄壳后，去除底坯，以麻布薄壳作胎骨，制成各种造型复杂的漆器，用于塑造佛像的就叫做生漆夹纻造像。采用生漆夹纻工艺制成的漆器，不仅轻巧，有"视之九鼎兀，举之一羽轻"之誉，还具有不变形、不开裂的优点，显示出唐代扬州漆器制造技术的最高水平。

鉴真和尚曾经六次东渡，据日本僧人开元在《唐大和尚东征传》中记载，鉴真和尚第二次和第五次东渡时，各带了漆盘盒 30 具、螺钿经盒 50 口，可见鉴真大师对漆器的喜爱。他到日本后，为奈良招提寺塑造了三座大佛，采用的都是生漆夹纻造像技艺。鉴真圆寂后，为纪念他，他的弟子按照鉴真的容貌，采用写真的手法为他塑造了一尊坐像，也完全采用了中国的生漆夹纻造像工艺。这座生漆夹纻像的漆胎，最厚处糊麻布五六层，最薄处仅糊布三四层，但一直保存至今，长达一千二百余年，其坚固耐久的程度令人赞叹。这尊塑像在天保四年(1833)的一场火灾中曾经受损,1939年精心修复。1980年4月,在纪念鉴真大师圆寂1200周年之际,这尊高80.1厘米,与真人一般大小的鉴真塑像从日本回到家乡扬州"探亲",成为中日文化交流史上的一段佳话。

明代扬州的漆器进入了一个辉煌发展的重要时期,以周柱等著名艺人为代表的扬州工匠,制作了许多在中国漆器史上有重大影响的漆器精品,形成了本地漆器工艺的特色。

清人钱泳《履园丛话》中有这样一段记述:"周制之法,惟扬州有之,明末有周姓者始创此法,故名周制。其法以金银、宝石、真珠、珊瑚、碧玉、翡翠、水晶、玛瑙、玳瑁、车渠、青金、绿松、螺钿、象牙、蜜蜡、沉香为之,雕成山水、人物、树木、楼台、花卉、翎毛,嵌于檀梨漆器之上。大而屏风、桌椅、窗槅书架,小则笔床、茶具、砚匣、书箱,五色陆离,难以形容,真古来未有之奇玩也。"邓之诚《骨董琐记》卷一曰:"考周制,唯扬州有之,明末周姓所创,故名。……制一作翥,又作'柱',又作'之',谓其名,或称周嵌。乾隆中擅此技者,王国琛、卢映之,道光时有孙葵生。"钱泳和邓之诚的两段文字,各自从不同的角度,说明了"周制"制作的地点、时间、创始人、制作方法、装饰图案、产品种类、传承艺人等,文字虽然简约,

清·雕漆开光人物葵式盖盒

清·雕漆花卉菱口盆

但却翻开了历史画卷中的重要一页，让今人看到了中国漆器史上辉煌灿烂的篇章。

所谓“周制”，是指扬州漆器艺人周柱创造的一种漆器制作工艺。周柱，一名周翥，又名周冶。生卒年月不详，活动于明代嘉靖年间。钱泳说他为“明末”人，可能是笔误。《吴县志》记载，周冶为吴中人。王士祯《香祖笔记》卷十二中也记述周柱为吴人。由此可知，周柱的原籍在苏州一带，长期寓居扬州从事漆器制作。当时，朝野上下时尚蓄玩古董珍宝，许多上层官僚竞相收藏漆器精品，甚至把著名工匠包养在家中专门为其制作奇器巧具。周柱后来就被奸相严嵩家养，专为严嵩制作漆器，其作品均为严氏所有。所以《骨董琐记》云：“周，嘉靖时人，为严嵩所养，嵩败，器物皆入内府，流传人间绝少。”

“周制”，也就是今人所说的“百宝镶嵌”工艺。这种工艺是选用多种经过加工的珍贵材料，镶嵌在漆器或硬木器具上。具体技法有两种，一种是镶嵌材料从胎地上隐然凸起，犹如浮雕；一种是镶嵌材料隐入胎地，摸之齐平，看上去却有立体感。由于镶嵌材料是珊瑚、玛瑙、象牙、玳瑁、宝石等珍贵材料，故称为“百宝”。通常是挑选色泽、纹路、质地与物象近似者，用加工玉器小件的方法制作成形，然后镌刻、镶嵌在胎地上，从而使器具构图突出，形象鲜明，装饰华美。此种工艺用料讲究，做工精巧，融多种技艺于一体，工艺性强，故而所成的器具，价格也不菲，均为皇家贵族和商贾阶层所有。据有关资料介绍，北京故宫藏有“周制”的方形笔筒一件，笔筒四面用螺钿、寿山石、碧玉、绿松石、象牙等镶嵌成折枝花卉，有梅花、海棠等，所嵌纹饰隐起于漆地表面，工艺十分精湛，堪称“周制”的代表作。

周柱是吴地人，其技艺却在扬州得到了发展，并且独创出了“百宝镶嵌”工艺，其间的因缘，还需从明代扬州的社会状况来探究。首先，明以前，我国漆器的制造中心，已经移到了江浙一带，即如郑师许在《漆器考》中所述：“五代两宋，其制作中心初为湖南，后移江西。江西则以吉安、庐陵为制作中心。至元代，乃渐移至扬州及嘉兴一带。”明代扬州的漆器作坊众多，至今还有螺甸巷、漆货巷、大描金巷、小描金巷等街巷名，这些街巷作坊集中，业务量大，尤其是高手汇聚，利于技艺的交流和提高，这些因素都会把周柱吸引到扬州。其次，扬州玉器的制作工艺发展到明代已经比较完备，相关行业之间技艺的共同推进，肯定会起到相辅相成的重要作用，促使“百宝镶嵌”工艺在扬州应运而生。再者，扬州地近南京，南京曾经作为明王朝的陪都聚集了众多的皇亲国戚，这些皇亲国戚都十分喜爱富丽堂皇的漆器。如明代初年，通过“靖难之役”登上帝王宝座的明成祖朱棣，就曾把全国各地的漆器名工召集到南京的公院堂，为皇家制作雕漆、镶嵌、螺钿等漆器，这在客观上促进了漆器技艺的进步。当时的扬州商业、手工业已经相当发达，漆器制造业又有一定的规模和基础，这些都无疑是周柱首创“百宝镶嵌”的催化剂。

这样的环境不仅培育了周柱一人，从明末至清代中叶，扬州这块土地催生了一批著名的漆器大师，诸如江秋水、卢映之、卢葵生、夏漆工、王国琛等人，他们的姓名和成就是和中国漆器史联系在一起的。

《嘉庆扬州府志》中有一则记载：“康熙初，维扬有士人查二瞻，工平远山水及米家画，人得寸纸尺缣以为重。又有江秋水者，以螺钿器皿最精工巧细，席间无不用之。时有一联云：‘杯盘处处江秋水，卷轴家家查二瞻。’”这则记载言明了扬州漆器史上的又一位著名的漆器艺人——江秋水，以及扬州漆器中又一具有地方特色的技艺——螺钿工艺。

江秋水，名千里，是明末清初的吴地人，特别擅长制作螺钿漆器。螺钿，又叫做螺甸，是将贝壳的真珠层切磨成闪闪发光的薄片。以这种螺钿薄片作为漆器表面的嵌贴材料，经过打磨、推光，使之显现出纹饰，这种漆器就叫螺钿漆器。螺钿漆器有两种加工技法，即挖嵌和平磨。挖嵌螺钿是将贝壳雕刻成图纹，嵌贴于漆面，并使纹高于质，类似于浮雕。平磨螺钿与挖嵌螺钿相似，所不同的是纹质齐平。

江秋水最擅长的是软螺钿，软螺钿是平磨螺钿的一种特殊制法，通常用的螺钿较厚，称为硬螺钿。而软螺钿所用的螺钿极薄，薄如蝉翼，柔软透明，故名软螺钿。扬州博物馆里就藏有江秋水的软螺钿作品多件，其中有一只圆

清代“千里”教螺钿人物风景漆盘(扬州博物馆藏)

漆盘,直径约 12 厘米。画面的下方是一块山石,山石的后面有一株盛开的牡丹。山石左右,萱草摇曳;牡丹上下,彩蝶翻飞。整个画面犹如一幅雅俗共赏的花鸟画,鸟语花香,生机盎然。盘边有两圈几何图案环绕,盘底正中嵌有软螺钿的印文“千里”。这只漆盘流传至今,盘边虽然有点破损,但仍不失为一件珍贵精美的文物精品。

清代“千里”款螺钿人物风景漆盘上的“千里”款字(扬州博物馆藏)

清代扬州漆艺的另一代表人物是卢映之和卢葵生祖孙二人,二人最负盛名的是他们所制的漆沙砚。关于漆沙砚源起,史料上还记有一则故事:祖父卢映之,于康熙丁酉年(1717)在扬州城南外看到一方砚台,砚台上书有“宋宣和内府制”的铭文,外表看上去类似澄泥砚,但重量极轻,放入水中都不下沉,这使得卢映之十分惊奇。凭他的阅历,他知道宋代有一种漆器产品叫“漆沙砚”,制作工艺早已失传,估摸着眼前这方砚台就是从宋代皇家内府流落到民间的“漆沙砚”。他当即买下此砚,回家后精心研究,于是失传几百年的漆沙砚在卢映之的手中再生了。

有感于卢映之恢复漆砂砚之不易，清代著名藏书家、校勘学家顾广圻为此专门撰写了《漆沙砚记》一文（《思适斋集》卷五），文中记载了上述故事，并盛赞了卢映之鉴赏文物的眼力和恢复古器之功："邗上卢君葵生以漆沙砚见惠。……予惟砚之品颇多，产于天者端溪砚称首，为于人者澄泥盛行，而逮今日，端溪老坑采凿已罄，澄泥失传，粗疏弗良，求砚之难，殆同赵璧。若此漆沙有发墨之乐，无杀笔之苦，庶与彼二上品媲美矣！适当厥时，以济天产之不足，且补人为所未备。宣和遗制为利诚博，然非葵生令祖映之先生精识妙悟，又安能遥续六百年后如出一手哉！予因亦铭焉，复作此记。"并撰《漆沙砚铭》："日万字墨此可磨，得之不复求宣和。"

漆沙砚的技艺在卢映之手上恢复后，传到卢映之的孙子卢葵生手中，并由卢葵生发扬光大，扬州的卢氏漆器因此也名扬海内外。清代叶名沣的《桥西杂记》云："漆沙砚以扬州卢葵生家所制为最精，葵生世其传，一时业此者甚众……凡文玩诸事，无不以漆沙为之，制造既良，雕刻山水花鸟，悉臻妍巧。"《民国续修江都县志》也云："卢栋字葵生，父荫之，精制漆器，栋世其业，遂名天下。"《骨董琐记》亦称："卢葵生漆沙砚颇轻便……近日本人重之，价遂奇昂。"遗憾的是漆沙砚的制作技艺，到了清咸丰年间，由于战乱，再度失传，扬州漆沙砚也再度成为历史之谜。直至 1979 年，扬州漆器厂重新试制漆沙砚，漆沙砚的技艺之谜才被破解。重新试制的漆沙砚是用高岭土、金刚砂（炭化矽）和大漆精心调配，髹涂砚池，砚盒分别用螺钿、嵌玉、嵌牙、雕漆、刻灰、勾刀、彩绘等漆器工艺进行装饰。眼下，人们用砚台的越来越少，漆沙砚的实用价值已经十分次要，但漆沙砚集中表现了扬州漆器的各种技艺，仍是当代扬州漆器中颇具玩赏价值的优秀作品。

漆沙砚是卢氏漆器中的一个品种，卢氏漆艺传到卢葵生手中时，已经形成以小型玩赏类器皿为特色的漆艺产品系列，最大的也不过 20 厘米，世人称之为"卢家漆玩"。样式有文具盒、漆壶、花盆、花架、琵琶，以及比较新奇的观音像等。胎质有传统的木胎、夹纻胎，也有金属胎，漆色多为庄重沉稳的黑、黑灰、褐、暗紫、暗绿。形成"卢家漆玩"的重要原因是卢氏祖孙与扬州文人有着密切的交往，卢葵生早年就曾拜师学过书画，汪鋆在《扬州画苑录》中就把卢葵生列为清代扬州画家予以记载。该书卷二云："先生为人醇谨谦恭，不苟言笑。少与张老疆（镠）均以画受益于沧州张桂岩先生。张笔肆，而先生醇，晚年尤谨。道光辛丑赠册一本，倪研田先生题签，后失落。"卢葵生能以自己的画册赠友，可见是有一定绘画水平的，也许是因为卢葵生主要是从事漆艺，画名遂被掩盖。更为重要的是卢葵生与"扬州八怪"书画家们经常往来，金农、华嵒、汪士慎等著名的书画家经常为卢葵生提供画稿，卢葵生将这些画家的画稿镌刻在自己的漆器产品上，于是"卢家漆玩"如同一幅中国画，有诗、有书、有画、有印，显示出浓厚的高雅文化的意蕴。

从周柱、江秋水、卢映之到卢葵生，扬州漆器文人化的趋向越来越明显，在这种审美趋向的影响下，明清之际的扬州漆器，实用性趋于减弱，玩赏性趋于增强，扬州漆器也由此逐渐步入了艺术的殿堂。在卢葵生手中，漆器的艺术性发展到了极致，如果说周柱还是一位著名的漆器工匠，那么卢葵生则已成为一位名副其实的漆器艺术家。

清代后期，扬州百业由盛而衰。清末民初，扬州手工艺人在适应市场需要的过程中，开始了漆器品种的转换，从玩赏型转向装饰化，从小件转向大件。能够代表这一时期扬州漆器成就的，是清代末年的梁福盛号漆器作。梁福盛号漆器作地处今扬州国庆路中段的参府街街口，创始于清同治七年（1868），创始人是梁友善，光绪年间开始兴旺，在梁友善之子梁体才（号子仁）手中达到鼎盛。梁福盛号率先生产装饰性为主的大型漆器，如挂屏、围屏、台屏、楹联、匾额、招牌及漆艺家具等。梁福盛在工艺技术上也有所发展变化，除传统的螺钿、刻漆、雕漆、百宝镶嵌、彩绘等技艺外，还采用厚螺壳磨成条块，拼嵌出文字图案，因拼嵌接缝形成的纹理类似墙基的槟榔纹，被业界称之为"槟榔纹螺钿"。

技术上的创新、品种上的改进以及经营上的开拓，使梁福盛声誉大振。慈禧六十寿辰时，时任两江总督的端方为给慈禧送寿礼，特意到梁福盛号，耗资二万两白银订制一堂花鸟屏风。为了这堂屏风，梁福盛号安排了六十名艺人，历两年之久才告竣工。梁福盛号漆器作也由此逐渐成为清末民初扬州漆器行业中最大的作坊和商号，雇工最多时达二百余人。《民国续修江都县志》卷六记载："漆器自卢葵生后，为扬州特产，销行甚广。其仿制最善者近为梁福盛。郡城各肆岁销银币约三万，而梁福盛居半焉。"1910 年 4 月，清政府在南京举办南洋劝业会，梁福盛的漆器获金牌奖章和优等奖状。1915 年 2 月，美国在旧金山举办万国巴拿马博览会，梁福盛的展品获一等奖。

新中国建立后，扬州漆器行业获得新生。1958 年扬州制作成雕漆嵌玉《喜上梅梢》、《和平颂》两件大挂屏，这两件作品采用珊瑚、翡翠、玛瑙、稀有黑玉等名贵高档玉料雕琢成花鸟图案，特别是数百朵梅花和桃叶选用了碧绿的翡翠，镶嵌在涂有近百层雕漆的锦纹上，花鸟栩栩如生，形象生动优美。这两件扬州漆器的代表作在北京人民大会堂陈列了二十多年，党和国家领导人在大挂屏前多次会见重要国宾，合影留念，是国宝级珍品。

1978 年，在点螺技艺失传了两百多年后，点螺漆器《锦绣万年春》台屏研制问世了。这件作品高 42 厘米，宽 47 厘米，尺寸虽然不大，却用了几万件各种形状的螺片。制作者精选了上百只色彩丰富的夜光螺、珍珠贝、石决明等高级螺贝，将六七百丝厚的原料螺贝磨成了仅有三四丝厚的薄片（相当于人的头发直径的二分之一），制作者必须全神贯注，一气呵成，用几十种特制的专用工具，将这些薄如蝉翼、细若秋毫的点、丝、片镶嵌到乌黑发亮的漆坯上，丝丝微风，也能将薄片吹散。画面上的数百个松球，近万根松针，以及八千多根翠绿的羽丝组成孔雀尾羽，就是在这样的技术要求中制作完成的。不仅如此，孔雀尾羽的每一根翎眼都套用了黄、橙、绿三色螺片，同时还巧妙地镶嵌了闪闪发光的纯金片，使得画面上的青松、翠羽、紫藤相映生辉，春意盎然。这件作品参加了当年的全国工艺美术展览，令各界人士赞叹不已。1979 年，邓颖超副委员长出访朝鲜，此件作品作为国礼赠送，后又复制了一件被国家作为珍品收藏。此后，采用这种技艺制作的作品在国内国际多次获得大奖，现被列为国家二级保密工艺。

自古以来，漆艺都是附饰在硬质的底胎上，如何将漆器作品制成可舒可卷的作品，如同装裱后的书画一样，既便于收藏，又便于携带和展示，是历代制作者和收藏家梦寐以求的。经过多年的探索和研制，终于在2005年解决了底坯材料的选用、贝壳料的软化、漆面柔化这三大难题，科研人员将彩螺料点植在特殊的坯基上，经三十多次的髹漆、抛磨，最终制作完成了《春江瀛洲图》点螺卷轴画。这幅卷轴画的构图采用了赵孟頫的诗意和袁耀的画意，画面光亮如鉴，色彩迷幻若梦，画幅可舒可卷，观者无不为之惊讶。这种漆面柔化工艺经上百次的舒卷和+50℃、-20℃的老化检验，均丝毫未损，实现了传统漆艺与书画艺术的完美结合，是中国漆艺史上的重大科技创新。

近一二十年来扬州漆器作品在全国的各类展览和评比中，获各种重大奖项达数十次之多，红雕漆对瓶《江天一览》、雕漆嵌玉地屏《国风古韵》、纯雕漆大地屏《江山神韵》、红雕漆笔海《秋山无尽》、点螺楠木雕漆砂砚《峡趣》、剔红山籽雕漆（摆件）《东山对弈图》以及鉴真东渡船体模型《友谊之舟》等都是璀璨夺目、巧夺天工的扬州漆器代表作。

扬州玉器技艺

扬州是我国制造和使用玉器最早的地区之一。1993 年，扬州高邮的龙虬庄发现了距今 7000 年至 5000 年的新石器时期人类遗址。遗址中，出土了大量炭化稻谷、陶器、骨角器和石器，还有少量的玉器。尽管这些玉器制作粗糙，造型简单，但也能充分说明生活在江淮东部的先民已经开始使用玉器。而在国外，早期的玉器出土地点只有亚洲的贝加尔湖、大洋洲的新西兰和南美洲、北美洲等几处，而且出现的时间较晚，延续的时间也不长。龙虬庄玉器制品的发现，不仅确定了扬州地区使用玉器的最早年代，同时也为证明我国在世界上最早制作和使用玉器，在考古的实例上，提供了又一有力的例证。

玉为美石，习惯上分为硬玉和软玉两类，我国古玉用材主要是软玉。早期的玉石加工，主要是切割、钻孔和打磨，后世才出现了镂雕、线刻等技法。早期的玉石多为装饰件，后来才逐渐有礼器和神器。扬州龙虬庄玉器的种类有管、环、璜、坠、玦、指环，这些玉器多是装饰件。需要说明的是，玉器的出现一定是与石器的出现与发展有着必然的联系。龙虬庄地处里下河平原，周围无山亦无石，最近的山是高邮湖西的天山，但天山是火山的遗迹，火山石多孔，不能用来制作玉石器，因而龙虬庄玉器的石料来源一直是个难解之谜。1982 年，在江苏省溧阳小梅岭发现了透闪石软玉矿，经取样鉴定，此矿的软玉硬度在 5.5~6 度之间，玉石的质地细腻，色泽呈白色和青绿色，透明度较好，呈蜡状光泽，这一发现兴奋了考古界，为龙虬庄玉器石料的来源提供了一种揣测和可能。

春秋战国时期，扬州出土了多件玉器。如 1972 年在扬州毗邻的六合程桥春秋墓里出土了一把青铜剑，剑上有玉首和玉格，这是目前我国发现最早的玉制剑饰。1977 年发掘的邗江甘泉“妾莫书”墓，出土有战国时期的蟠螭纹玉佩。1991 年在邗江甘泉巴家墩，出土有青玉夔龙纹玉璜、青玉龙形玉佩和青玉夔龙纹玉觿。1991 年在紧邻扬州的安徽天长三角圩(汉代隶属广陵郡)，出土有柿蒂纹玉璧、双龙首几何纹玉璜和勾连云纹玉璜等。

扬州玉器在中国玉器史上占有一席之地,那是到了汉代。

西汉·龙凤纹青玉璧(扬州博物馆藏)

上世纪50年代以来,扬州汉代墓葬中出土了数百件玉器,仅文物出版社出版的《汉广陵国玉器》一书,就用精美的照片,展示了汉代广陵玉器的精品一百三十余件。汉代主要的玉器种类都有发现,许多器件都称得上是中国汉代玉器的精品。

汉代扬州玉器中最引人注目的是玉蝉。玉蝉,又叫“玉琀”,是死者含在口中的形状为蝉的玉。蝉是由幼虫蜕变而长大,幼虫褪下了蝉壳,就变为成虫。古人看到了蝉脱壳这一现象,以为这是一种“再生”,于是将玉蝉放在死者口中,以期获得再生。1988年扬州甘泉姚庄102号西汉墓出土有一件玉蝉,这件玉蝉的材质是和阗白玉,色泽洁白而莹亮,质地温润而透明,是难得一见的一块美玉。工匠加工时也很精心,采用了著名的“汉八刀”的技法,于简约处显示精当,在粗犷中表现细致。有专家评介:“(此蝉)造型准确,写实性强,身部厚,边缘薄……凡看过此蝉的中外考古学者和文物鉴定专家们,无不异口同声地赞美称绝。称为‘蝉王’,绝非溢美之辞。”(周长源《扬州汉墓出土玉器综述》)

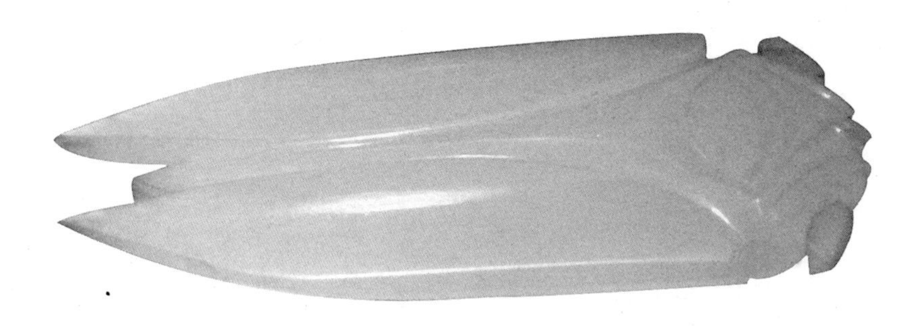

西汉蝉形玉琀(扬州博物馆藏)

1984年在扬州邗江甘泉墩的东汉墓里，出土了一件通高7.7厘米、壶高6.8厘米、宽6厘米、厚4.5厘米的圆雕辟邪玉壶。辟邪是我国古代神话传说中的一种异兽，形象似狮而带双翼。其他地方也有辟邪，多为行走状或站立状，偏于写实。而这件玉壶却是拟人化的，蹲坐状，头脸硕大，双目圆睁，身躯粗短，胸腹丰满，两侧有双翼，每翼有三羽。更奇异的是，辟邪的前腿变化成为双手，左手撑地，右手前伸，手中还托有一棵灵芝草。辟邪壶是中空的，银制的壶盖似一顶小帽，盖在辟邪的头顶，使得整个造型于雄壮中显露出几分憨态。

堪称汉代玉器精品的，还有两件玉佩。这两件玉佩都出土于邗江甘泉“妾莫书”西汉墓，一件是龙凤纹璜形玉佩，另一件是龙凤纹韘形玉佩。璜在古代是有固定样式的，《周礼》的注释为“半璧为璜”，也就是说璜的形状如同半个璧。也有学者认为，古人是模仿雨后彩虹的形状制作了璜。龙凤纹璜形玉佩就巧妙地利用璜的彩虹状的特点，雕琢了合体的双龙，璜的两端为龙首，龙身和龙尾在璜的中部联为一体。龙首又作回顾状，呼应着璜中部上方的一只回首凤，龙与凤的顾盼，构成了生动有趣的画面。另一件龙凤纹韘形玉佩，也是巧妙地利用了“韘”的形状特点。韘，是古人射箭时戴在大拇指上用以勾弦的用具。制作这件玉器时，艺人将“韘”的形状改变为上端三角形，下端圆弧形的新的玉佩样式。在玉佩的上端雕一只回首的龙，下端琢一只变体的凤，造型极为别致。璜形玉佩和韘形玉佩都作为中国玉器的典范之作，被收入《中国美术全集》。

琢玉(《天工开物》)

如此精美的玉器，是用什么样的工艺制作的？几千年来，古代治玉的工艺与技法，都是师徒相承，文献中很少记载，因而至今所知不多。偶尔有之，不是夸大其辞，充满神奇的色彩，就是语焉不详，让人不得要领。例如，《列子·汤问篇》谈到周穆王征付西戎时，西戎人献锟吾之刃，“用之切玉如切泥”。《太平御览》也说：“金刚出天竺、大秦国，一名削玉刀，削玉如铁刀削木。”虽说到了汉代已广泛使用铁器，但玉石的硬度要比钢铁高出许多，玉石雕刻显然不会是铁制的器具。但《诗经・小雅》中说“他山之石，可以攻玉”，明代宋应星《天工开物》中也说：“凡玉初剖时，冶铁为圆盘，以盆水盛砂，足踏圆盘使转，添沙剖玉，逐忽划断。”这种用铁盘带动沙子剖玉的工艺，虽说没有涉及其它的雕刻工具及抛光工具，却也使我们粗略地得知古人治玉的工艺要领。直到清代，李澄瑶的《古玉图说》方才叙说了治玉的全过程。

磋玉

通过古籍中有限的记载以及观察20世纪50年代以前琢玉工匠的操作技法，我们可以窥见古人琢玉的具体方法。古代琢玉的工具和辅料因时因地不尽一致，但主要的工艺原理大体不变，即利用硬度比玉石高的解玉砂，加水，再用木、石、铁等材料的工具带动解玉砂，在玉石要加工的地方反复研磨，使之成形。以后，工匠又发明了称之为“砣子”的圆形雕刻工具（其中又分铡砣、錾砣、勾砣、碗砣、轧砣、弯砣、冲砣、膛砣和磨砣等），称之为“拉条”的用铁丝、马尾、牛皮条为原料的线切割工具，用于“打眼”或是“打孔”的钻孔及套取料芯工具，以及以轮磨方式进行抛光的“胶碾”、“木砣”、“皮砣”、“毡轮”和“布轮”的表面抛光工具。经过选料、画样、锯料、做坯、打钻、做细、光压、刻款等若干工序（李澄瑶《古玉图说》总结了十三道工序），方才完成一件玉器的制作。至今，扬州玉器制作仍遵循古代工匠发明的操作原理和操作工序，只是在电动技术和辅助材料上有了较大的改进。

汉以后，由于战乱，玉器进入了萧条期。不独扬州如此，全国都很少有魏晋南北朝时期的玉器出土或传世。即使有少量的，也基本上沿袭了汉代。此时，相对平民化的其他工艺品有了长足的发展，如瓷器、漆器、铜器、金银器等。特别是金银器，六朝至隋唐，许多贵族用来代替玉器，以示豪富。

尽管如此，唐代扬州作为中国东南最大的都会，经济发达，商贸繁盛，许多珠宝玉器都是在扬州琢制和交易。这一时期由于随葬风俗的改变，考古发现很少，但史书上记载扬州玉器的却很多。

各种文献中，以《扬州图经》中的一则记载最为引人注目，该书卷三云："宝应元年建巳月壬子，楚州刺史崔侁献定国宝玉十三枚。"这十三枚宝玉是什么样子的呢？文中介绍："一曰玄黄天符，如笏，长八寸，阔三寸，上圆下方，近圆有孔，黄玉也；二曰玉鸡，毛文悉备，白玉也；三曰谷璧，白玉也，径可五六寸，其文粟粒无雕镌之迹；四曰西王母白环，二枚，白玉也，径六七寸；五曰碧色宝，圆而有光；六曰如意宝珠，形圆如鸡卵，光如月；七曰红靺鞨，大如巨栗，赤如樱桃；八曰琅玕珠，二枚，长一寸二分；九曰玉玦，形如玉环，四分缺一；十曰玉印，大如半手，斜长，理如鹿形，陷入印中，以印物则鹿形著焉；十一曰皇后采桑钩，长五六寸，细如筋，屈其末，似真金，又似银；十二曰雷公石斧，长四寸，阔二寸，无孔，细致如青玉；十三曰宝缺。凡十三宝，置于日中，皆白气运天。"关于这十三件宝玉的来历，崔侁称：楚州有一女尼，名真如。女尼某日恍惚登天，见到上帝，上帝赐以宝玉十三枚，并说："中国有灾，宜以第二宝镇之。"女尼是真的从上帝处得到了宝玉，还是崔侁为了邀宠，借女尼之名献宝于帝王，故且不论。帝王得到宝物总是祥瑞之兆，唐代宗李豫便将这一年的年号改为"宝应"，今日扬州的宝应县也由此而得名。此事说明，唐代扬州出产的玉器和宝物很有影响，也很有吸引力。

鉴真六次东渡携带的物品中也有玉器。天宝二年(743)东渡时备有"珠幡十四条"、"玉环手幡八口"，天宝十二年东渡时备有"玉环水精手幡四口"、"玳瑁叠子八面"。可见在唐代扬州的宗教用品中已经广泛使用珠、玉、水精、玳瑁等制品。《太平广记》卷三百七十一载："马举镇淮南日，有人携一棋局献之，皆饰以珠玉，举与钱千万而纳焉。""一棋局"价值"千万"，反映了珠玉制品在唐代是价值不菲的。

说到《太平广记》，这本成书于宋代的古籍，记载有许多在扬州买卖珠宝玉器的故事，许多故事里都涉及到“胡人”。“胡人”即当时到大唐帝国来经商的阿拉伯一带的商人。玉器因价值高，利润大，便于运输携带，因而成为胡商来中国贸易的主要商品之一。

沿盛唐的余绪，北宋时的扬州依然繁盛。此时扬州的玉器在制作工艺上有了新的发展。清人谢堃在《春草堂集》中说到他在扬州大盐商江春的家中，见到一座宋代扬州制作的玉塔：“宋制玲珑玉塔，塔玉雪白，绝无所谓饭绺瑕璺。高七寸，作七级。其制六面，面面有栏。栏内佛像，螺髻眉目毕现。榱桷间透空，细纹若罘罳然。塔顶有琏环小索，系诸顶层六角，绝不紊乱。所谓鬼斧神工，莫能若是。”这则记载文字不多，但引起注意的是，文中提到了“塔顶琏环小索，系诸顶层六角”，由此推测，宋代扬州的工匠不仅掌握了镂空雕的技术，还摸索出了高难度的“琏环”制作技术。

元代，扬州艺人又摸索出了山子雕的工艺技术。扬州博物馆的馆藏品中有一件传为元代的山子雕，是用白玉质的子玉制作的，上雕人物、山林。所谓“山子雕”是利用自然形态的鹅卵石状的子玉（又叫籽玉）雕琢玉器作品，多表现山水人物题材。雕琢时要尽量保留玉石的天然外观，并充分利用原有的色泽和纹理，重在追求材料、题材和工巧的完美统一。艺人既要掌握立雕、浮雕和镂空雕等多种技法，又要构思奇巧、随形施技、匠心独到。扬州博物馆的这件藏品是扬州山子雕的早期作品，为清代扬州的山子雕，特别是后来许多山子雕类的大型玉器的问世，做了技术上的先期准备。

玉器的样式发展到了明代，已经比较完备，但扬州的艺人，在继承传统样式的基础上，仍然摸索玉器的新样式。他们创造性地将玉器和漆器两种工艺相结合，发明了“百宝镶嵌”工艺新种类。“百宝镶嵌”是明代扬州艺人周柱所创，是将玉石、珊瑚、玳瑁等谓之“百宝”的名贵材料，采用玉器的制作方法加工成小件，镶嵌在漆器或其他硬木家具上，使之具有浮雕般的艺术效果。这一工艺新品诞生后，很快地就成为富家贵族竞相拥有的奢侈品，著名的艺人甚至被权贵之家包养起来，专门为他们制作“百宝镶嵌”。

清代扬州，玉器作坊林立，琢玉人材辈出，形成了“精、巧、细、雅”的地方风格，成为与北京、南京、苏州、杭州并列的中国五大琢玉中心城市之一。尤其是在大型玉器的制作上，扬州堪称全国之首。

乾隆年间，新疆的密勒塔山发现了一块世上罕见的大型白玉。这块被称之为“玉山”的白玉被发现后，朝廷引以为祥瑞。毫无疑问，这样一座玉山，要由扬州工匠加工制作。制作什么样的题材呢？乾隆皇帝亲自过问，他反复斟酌后，最终选定了用《石渠宝笈》中宋人画的《大禹治水图轴》作为设计蓝本，因而这座玉器制作完成后便被定名为《大禹治水图》，又叫《大禹开山》。乾隆皇帝还指定清廷造办处要直接参与这座大型玉山的造型设计。

乾隆四十六年（1781）二月，初稿设计完成，经乾隆皇帝认可后，画出了正、背、左、右四面纸样。依据纸样，造办处用石蜡做出了立体的蜡样。蜡样细致逼真，但日久会变形。乾隆四十六年五月，两淮盐政收到了造办处发来的蜡样后，又让善于木雕的工匠依据蜡样雕刻成立体的木样，供玉雕工匠制作时参考。乾隆四十六年闰五月，十几位著名的玉雕工匠集中在清代扬州八大名刹之一的建隆寺里，正式开工制作。开工后，扬州的地方官府亲自督查，前后经历了圆明阿、征瑞两任盐政，直到乾隆五十年六月方告完工，耗时整整六年，用工达十五万个。制成后的《大禹治水图》重达一万零七百多斤，高九尺五寸（224 厘米），是中国玉器之最，也是世界玉器之最。

乾隆五十二年（1787）六月十三日，大型玉雕《大禹治水图》在扬州天宁寺码头上船，启运北京，八月十六日运抵京城。乾隆皇帝见到这座玉雕作品后，十分赞赏，传旨清廷的如意馆派来名家在玉山上题名刻字，并在皇宫里专辟一室陈列，奉为稀世国宝。如今，这座玉山依然陈列在北京故宫的珍宝馆里。

《大禹治水图》位于扬州玉雕作品的首位。北京故宫的珍宝馆里，同样制作精良的扬州玉雕作品还有五件：

《关山行旅图》，为新疆白玉，制成后高 130 厘米，最宽处 74 厘米，最厚处 20 厘米，工时五年，乾隆三十五年（1770）完工；

《云龙玉瓮》，为青玉，原重五千多斤，制成后高二尺，面宽四尺，进深三尺五寸，工时五年，耗银九千八百余两，乾隆四十五年（1780）十月完工；

《丹台春晓》玉山，为新疆和阗玉，翠绿色，原重三千斤，制成后连底座通高200厘米，最宽处150厘米，工时四年，乾隆四十五年(1780)完工；

《会昌九老图》玉山，为和阗青黑玉，制成后重一千六百六十四斤，铜座重八百二十四斤，通高145厘米，最宽处90厘米，乾隆五十一年(1786)完工；

《海马》玉山，是宫廷从库房里挑选出一块大型山料，原重九百余斤，工时近一年，嘉庆三年(1798)八月完工。这是清廷最后一次制作大型玉器。

上述六件玉器，是就其重量、体积和工时而言。如若论其技艺高超、制作精妙而言，扬州玉器中可以列数的还有许多。据曾任北京故宫博物院副院长的杨伯达先生在《清代扬州玉器鉴定》一文介绍，故宫博物院收藏的清代宫廷玉器中，除前面所列的六件大型玉器外，还收藏有其他好多件扬州造的玉器，如"盏、盏托、匜、杯、花薰、烛台、盒、盖罐奁、鼻烟壶、梅瓶、双耳瓶、活环垂、活环盖瓶、扁方瓶、卧马、洗、五供、三足炉等多种造型和装饰"，并且列举了25件玉器，逐一予以鉴赏评介。应该说，中国的玉器到了清代，达到了极盛。而扬州的玉器，处于这一时期这一行业的巅峰。

新中国成立后，扬州玉器又有了长足的发展，种类极为丰富，举凡陈设类的炉、瓶、塔、薰、鼎、尊、壶、觥、插牌、瑞兽、禽鸟、花卉，文玩类的水盂、笔筒、镇纸、笔山、砚滴，器皿类的杯、盘、碗、碟、盏、盒，佩饰类的串珠、项链、戒指、手镯、环佩，以及人像类的仕女、寿星、孩童、菩萨、罗汉、八仙等都能生产制作。品种之多，远远超过了前代。工艺之精，许多作品都被列为国宝收藏。仅2002至2008年，在全国性的各类评比中，扬州玉器获各类奖牌70多项，其中，特等奖3项，金奖17项，银奖8项，铜奖13项。中国工艺美术大师江春源创作的翡翠《螳螂白菜》在第五届中国工艺美术大师作品暨工艺美术精品博览会上被评为特等奖，作为镇馆之宝在玉雕展览馆中向世人展示。

扬州炉瓶，在现当代的中国玉器界是首屈一指的。扬州炉瓶的造型多借鉴古代青铜器，又予以适合玉雕表现的改变，其中，将古代的元炉和宝塔的造型，巧妙地结为一体，构成新颖别致的"宝塔炉"，堪称为继承与创新的典范之作。1972年，《白玉宝塔炉》问世，这件宝塔炉通高86厘米，下部是坚实稳重的双耳三足元炉，上部是层层镂空的五层八角宝塔，塔顶上 8 条 128 圈的玉链，牵连着挺翘的飞檐，双耳上有圆环，飞檐下有风铃，整体造型儒雅，于端庄厚重中显示出秀丽和精致。这件作品的技术难度在于"活环技术"，塔顶上的 8 条 128 圈的玉链都是可以活动的，活环技术突破了玉石材料的局限性，可以改变玉石材料的固定位置，既有利于材料的充分运用，又使得造型更加玲珑剔透，更加精巧奇妙。

"山子雕"依然是当代扬州艺人的绝活，在当今的中国玉器界依然独树一帜。"山子雕工艺"多表现山水人物题材，制作时先按玉料的形状、光泽、绺裂、纹路进行构思，除去瑕疵，掩其绺裂，顺其纹路，彰显色泽，务使质料、颜色、造型浑然一体。然后按"丈山尺树，寸马分人"的技艺要领，综合采用浅刻、浮雕、深雕等技法，使山水树木、亭台楼阁、人物花鸟等表现出深浅交替、远近变化的特殊效果，技艺注重"虽由人工，宛若天成"，力求达到材质、题材、工巧的和谐统一。近三十年来，扬州制作的《月下朝圣》、《三星对弈》、《聚珍图》、《妙聚他山》、《大千佛国图》、《汉柏图》等山子雕作品在全国获多项大奖，多被国家作为国宝收藏。其中，《聚珍图》是墨绿色的大型碧玉山子，原料采自新疆玛纳斯，通高 113 厘米，宽 86 厘米，厚 60 厘米，重达一千多公斤，由中国工艺美术大师顾永骏设计，中国工艺美术大师黄永顺等八位艺人联手制作。作品将乐山大佛、大足石刻、龙门大佛和云冈石佛聚为一体，综合运用了各种现代工具，采用顶、撞、勾、勒等多种技艺，使之产生高浮雕、镂空雕、内雕、外雕等多种艺术效果。中国佛教协会会长赵朴初欣然为作品题词"妙聚他山"，同时又赋诗一首作为《聚珍图》的题记："胜境名山万古留，摩崖造像共千秋。俯临大渡河边浪，静对云冈谷里幽。妙相尊严坐伊阙，世尊圆寂拥仙俦。尽收瑰宝归斯石，付与来人作卧游。"这件作品在 1986 年被评为中国工艺美术作品百花奖"金杯"，列为国家珍品，为中国工艺美术馆收藏。

玉雕是一门手工性很强的技艺，与其它手工技艺一样，是艺术与技术结合的产物。20 世纪 50 年代后，扬州玉器作坊告别了以脚踏为动力的"水凳"，开始广泛使用各种电动设备和钻石粉磨头。改革开放以来，雕刻机的应用使得各种表现手法能够充分地施展,可控硅直流调速电机更使玉雕设备和工艺有了进一步的改进。不可否认,上述获奖的、国宝类的作品都是在技艺进步的情况下获得的,都是在技艺进步的情况下超越了前人。其实,就玉器制作工艺而言,磨削是玉石加工工艺的基本方法,就是在金刚石工具广泛使用的今天,磨削也仍然是玉石加工的基本方法,因而在这一意义上,"磨"字才是玉石加工工艺的形象化表述。历史上,随着工具的改进和语言表述的不断丰富,玉器制作工艺的名称,历代都有变化,如先秦称"琢玉",宋人称"碾玉",明代称"割玉",清人称"洗玉",当代称"玉雕"。当代称"玉雕",不仅是说现代玉器具有雕塑艺术的有关特征和表现形式,更是说现代玉器的制作广泛使用了锯割、打磨、镗钻、抛光等雕塑技法,因而用"玉雕"一词来描述当代玉器制作工艺就显得更为准确、更为科学。设备、工具、原辅材料等都是技术手段,其发展状况标志了艺术与技术结合的程度。玉雕技艺的改进对加工设备、加工工具提出了更新更高的要求,而科技的进步又必将促进玉雕技艺的创新与发展。

“扬州三把刀”

上个世纪，人们在谈论扬州服务行业特色时，有了“扬州三把刀”一说。随着对地方文化品牌的重视以及近年来申遗工作的进展，“扬州三把刀”的名声越传越远。虽说“扬州三把刀”一词名不见经传，甚而有人误以为是厨刀、理发刀和修脚刀三种刀具，但作为一种生活服务方面的手工技艺，它在扬州还是有着深厚的历史渊源的。尤其是以厨刀为技艺象征的扬州菜系，在中国烹饪史上一直占有重要的地位；扬州理发行业在历史上也曾享有较高的声誉；以修脚刀为象征的扬州足疗技术，在继承前人的基础上，近年来又有了长足的发展。这些都使得“扬州三把刀”成为扬州技术发展史上不应忽略的一笔。

扬州厨师们创造的扬州菜系，又称淮扬菜、维扬菜，具体而言是指江淮一带以扬州为代表的菜系。扬州菜系成为中国的四大菜系之一，与京菜、川菜、粤菜齐名，那是在明清时期。扬州菜系的形成，当以三本书的问世为标志。

一是袁枚所著的《随园食单》。袁枚（1716—1797），字子才，号简斋，晚号随园老人，浙江杭州人。乾隆进士，曾任江宁等地知县，辞官后侨居江宁，与扬州的诸多文士友善，多次往来扬州。袁枚是文人，也是美食家，他将平时所见所闻的各种菜肴品种、制作技艺、风味特色等记载下来，著成一书，这就是《随园食单》。由于袁枚长期生活在江淮，又多次到过扬州，所接触的大多是擅长淮扬菜的人士，所以《随园食单》主要是在淮扬菜的环境里总结出来的，书中所列的菜肴十有七八都是淮扬菜，介绍的名厨也是以擅长淮扬菜的居多。因此，袁枚的《随园食单》一直被视为是一本以淮扬菜为主的烹饪专著。

二是童岳荐所编的《调鼎集》。童岳荐，生卒年不详，资料也不多，仅知他是扬州的盐商，家住扬州埂子街。《扬州画舫录》卷九有云：“童岳荐，字北砚，绍兴人。精于盐筴，善谋画，多奇中，寓居埂子上。”《调鼎集》原为手抄本，成多禄在《序》中说：“是书凡十卷，不著撰者姓名，盖相传旧钞本也。”书中直接与童岳荐有关的内容有“童氏食规”、“北砚食单”等，故有专家认为，此书不是一人一时所作，而是以童岳荐的《童氏食规》为主，辑录了其他人的著述，合集而成。这本书以淮扬菜为主，兼及南北风味，内容十分丰富，即如《序》所说：“上则水陆珍错，下及酒浆醯酱、盐醢之属，凡《周官》庖人烹人之所掌，内饔外饔之所司，无不灿然大备于其中。其取物之多，用物之宏，视《齐民要术》所载物品饮食之法，尤为详备。”其中有各类菜点，也有进馔款式；有成席的大菜，也有家常的小菜；有茶酒饭粥，也有风味调料，林林总总，多达二千余种。《调鼎集》有扬州菜集大成之功效，是研究扬州菜系的必备资料。

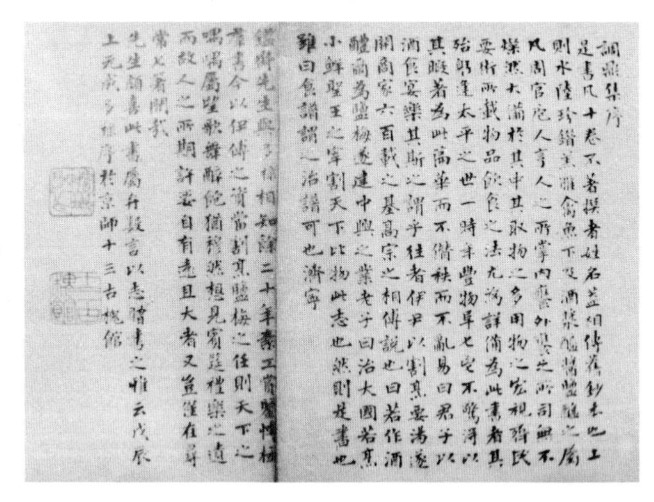
調鼎集序
是書凡十卷不著撰者姓名蓋相傳舊鈔本也上
則水陸珍錯羔雁禽魚下及酒漿醯醬鹽醢之屬
凡周官庖人亨人之所掌內饔外饔之所司無不
燦然大備於其中其取物之多用物之宏視齊民
要術所載物品飲食之法尤為詳備為此書者其
殆躬逢太平之世一時豐物阜七鬯不驚得以
其暇著為此編華而不侈秩而不亂易曰君子以
酒食宴樂其斯之謂乎往者伊尹以割烹要湯傳
開商家六百載之基高宗之相傅說也曰若作酒
醴爾為鹽梅遂建中興之業老子曰治大國若烹
小鮮聖王之宰割天下以物此志也然則是書也
雖曰食譜謂之治譜可也濟寧
鐵樵先生與予相知逾二十年素工賞鑑精於
善書今以伊傅之資當割烹鹽梅之任則天下之
喁喁屬望歡舞醉飽猶穆然想見賡颺禮樂之盛
而故人之所期許要自有遠且大者又豈僅在尋
常之著聞哉
先生頗喜此書屬弁數言以志嗜書之雅云戊辰
上元成多祿序於京師十三古槐館

清代童岳荐《调鼎集》书影

三是李斗所著的《扬州画舫录》。此书虽不是烹饪学专著，但在历代古籍中，对扬州饮食记述最多、最详实的则以此书为第一，是研究扬州菜系发展史的重要资料。如卷九《小秦淮录》记载：“小东门街食肆，多糊炒田鸡、酒醋蹄、红白油鸡鸭、炸虾……时新酸咸诸名品，皆门户家软盘，达旦弗辍也。”卷十一《虹桥录下》记载：“城内食肆多附于面馆，面有大连、中碗、重二之分。冬用满汤，谓之大连；夏用半汤，谓之过桥。……”等等。卷四《新城北录中》还记载了“满汉全席”的详细菜单，是我国流传下来的唯一的一套满汉全席的食谱。特别珍贵的是，李斗还记载了当时扬州城里有名的厨师以及这些厨师擅长的技艺：“烹饪之技，家庖最胜，如吴一山炒豆腐，田雁门走炸鸡，江郑堂十样猪头，汪南溪拌鲟鳇，施胖子梨丝炒肉，张四回子全羊，汪银山没骨鱼，江文密蛼螯饼，管大骨董汤、鮆鱼糊涂，孔讱庵螃蟹面，文思和尚豆腐，小山和尚马鞍乔，风味皆臻绝胜。”正是李斗不厌其详的记载，使得后人对当时扬州烹饪业的方方面面有了综合性的了解。

以上三本书都产生于乾隆年间，应该不是偶然的。此时正是扬州盐业经济的鼎盛时期，盐商们在业盐中获取的巨额利润，多用于建造园林宅第，豢养歌伎舞女，必然在饮食上也极为讲究。著名作家、学者曹聚仁在《食在扬州》中说："扬州盐商几乎每一家都有头等好厨子，都有一样著名的拿手好菜或点心。盐商请客，到各家借厨子，每一厨子，做一个菜，凑成一整桌。"袁枚和童岳荐编纂两本书时，大概也是"一个厨子"，"一个菜"，逐个记录，方才汇成了洋洋洒洒的淮扬菜系的鸿篇巨制。李斗也正是耳闻目睹了扬州烹饪技艺的盛况，方才记下了"满汉全席"的完整菜谱以及制作这些菜肴的烹饪大师们的名和姓。

若要论及扬州菜系的成因，可说的话题很多，其中不可忽视的是厨师们的烹调技术。诸如选料严格、刀工精细、注重火工、擅长炖焖等，具体的烹调方法也可以列数出烧、炒、熘、炸、蒸等数十种。技术是人发明的，也是人运用的，特别是那些专司其技的厨师们，他们是技术的"独擅其长"者。扬州菜系之所以成为中国的四大菜系之一，拥有一大批"独擅其长"的厨师，是不可忽视的重要原因。

传统的"剃头挑子"

旧时，以厨为业者称为"厨行"。厨行中又有"家庖"、"外庖"和"行庖"之分。所谓"家庖"，是指大户人家长年雇佣的厨师。《扬州画舫录》卷十一中云："城中奴仆善烹饪者，为家庖。"即指这种专门受雇于某一主家的厨师。另有一类厨师并不专雇于一家，而是走门串户，《扬州画舫录》云："有以烹饪为佣赁者，为外庖。"还有一类"行庖"，这类厨师《扬州画舫录》中也有介绍："画舫在前，酒船在后，橹篙相应，放乎中流。传餐有声，炊烟渐上，幂羃柳下，飘摇花间，左之右之，且前且却，谓之行庖。”

这三类庖厨是以从业方式来划分的。《扬州画舫录》中评价：“烹饪之技，家庖最胜。”家庖之所以“最胜”，是因为家庖专为某一主家服务，平日里专门研究揣摩主家的口味和喜好，想方设法地将菜肴制作得精美可口，以讨主人的欣喜。同时，能够雇佣家庖的人家，一定是富室大户，这些主家有足够的资财供家庖精细地选料，精心地制作，精益求精地置办好每一席酒宴。外庖，仅是“以烹饪为佣赁”，其实他们也是独擅其长的，否则不会有人来雇。尽管这种“佣赁”是临时的，往往是某户人家有了大事，要办酒宴，家庖的人手不足，便临时外雇。这些外庖在临时受雇中，走门串户，见多识广，博采众长，许多新奇的烹饪技法往往是这些外庖发现和推广的。行庖，是在画舫船上为游客制作菜肴。行庖特殊的从业方式，使他们接触到来自四面八方的游客，所做的菜肴就要适合各地游客的口味。扬州菜系具有南北咸宜、口味适中的特色，也许是与这些行庖特殊的从业方式有着内在的关联。

“扬州三把刀”中的理发刀是指理发技艺。理发是人们日常生活的一部分，中国人受“发肤受之父母，丝毫不得损伤”观念的影响，对如何理发一直很重视。但将理发发展成为一种具有特殊技艺的职业，大概是在隋唐以后，明清时期趋于鼎盛。对发式最为讲究的，当是女子发式，从史料中可以看到，明清时期扬州妇女的发式，可谓是千姿百态。《扬州画舫录》卷九中记载：“扬州鬏勒，异于他处，有蝴蝶、望月、花篮、折项、罗汉鬏、懒梳头、双飞燕、到枕松、八面观音诸义髻，及貂覆额、渔婆勒子诸式。”鬏勒是指妇女的发式造型，“异于他处”，说明扬州人理发的技艺确有特殊之处。

传统发髻样式

旧时的"梳头妈妈"

值得注意的是《扬州画舫录》中所指的发式是"有……诸义髻",什么是"义髻"呢?古语中,不是本来应有之物可谓之"义",如"义子"、"义父"等。《扬州画舫录》中所谓的"诸义髻",实际上是指各种各样的"假髻"。这些"假髻"又叫"鬏架",是用竹、木、铁丝等轻质材料制作,外面涂以黑漆,有的还裹上黑丝或假发,使用时再以真发裹围,用钗、簪等予以固定。日常生活中梳理"义髻"是比较费事的,梳妆的女子本人难以独自完成,多由丫环侍女协助。但"义髻"的种类又很多,有时丫环侍女也难以应付,需要训练有素的专业人员,这就产生了一种特殊的职业——梳头妈妈。"梳头妈妈"夹着布包,布包里有各种梳理用具,走街串巷,上门服务,专为爱打扮的女子梳理各种各样奇异的发式。这些"梳头妈妈"用现代语来称谓,就是"美发师"。当然,有专为大户人家女子服务的"梳头妈妈",也会有为男子、为其他人群理发的理发师,人们又称之为"剃头匠"。正是众多匠师的高超技艺,使扬州理发业被人誉为"虽是毫末技艺,却是顶上功夫"。清末民初,扬州百业萧条,扬州许多匠师到了开埠不久的上海,他们中的佼佼者后来都成为上海著名的理发大师。

街头剃头匠

扬州理发有一整套特殊的技艺流程,有专家总结出 16 个字,这就是"梳、辫、剃、刮、掏、剪、剔、染、捏、拿、敲、按、舒、活、补、接”。梳是梳发；辫是编长辫，通常只编三股辫，扬州理发师能编六股，甚至是九股辫，堪称绝技；剃是剃头；刮是刮脸；掏是掏耳；剪是剪鼻毛；剔是清眼；染是染发；捏、拿、敲、按是指捏肩、推拿、敲背和按摩；舒与活是舒筋活血；补是补骨；接是接骨。其实，这些技艺中的“捏、拿、敲、按、舒、活、补、接”都是中医骨伤科医生的本领，扬州有俗语云：“一个剃头匠，半个巧郎中。”是说旧时扬州的理发师大都擅长某种骨伤科的医疗技术，手臂脱臼、腰腿扭伤等都可治一治。确有擅长者，后来就专门开业，从事中医骨伤科的治疗，成为一代名医，旧时，扬州有此实例。

“扬州三把刀”中的修脚技术是伴随着扬州沐浴业的发展而兴盛的，清代末年，逐渐独立成为一门特有的生活服务技术。早先扬州的修脚匠师是在茶馆里为客修脚，用泡过茶的茶叶敷在客人脚上，使脚趾回软，就可修脚。后来扬州沐浴业兴起，浴室里可以泡脚、焐脚，修脚师就走进了浴室，成为扬州沐浴的一部分。扬州人特有的“早上皮包水，下午水包皮”的休闲生活，离不开修脚师的技术服务。“早上皮包水”是指上午进茶馆，“下午水包皮”是指午后到浴室，这其中都有修脚师的身影。近一二十年来，人们的生活方式有了很大的改变，修脚师的服务方式也相应改变，扬州修脚师创造出了多种技法，使扬州修脚发展为融医疗、保健和休闲为一体的特种技艺。

扬州修脚师的技术主要有四类，即修趾甲、捏脚、刮脚和治病脚。“捏脚”一般不用工具，修脚师用毛巾包着顾客的脚趾，靠双手的揉捏功夫，使之止痒、活泛、舒坦，其技法有搓、揉、捏、挤、顶、逼、压等。“修趾甲”、“刮脚”和“治脚病”则要使用刀具。“修趾甲”是修治各种趾甲病，如甲变色、甲松离、甲变形以及嵌

老浴室

甲等。"刮脚"是在修脚的基础上发展出来的一种治疗足癣的技术。足癣又叫"脚气",患者往往奇痒难忍。"刮脚"是用刀具刮除脚趾间糜烂皮、增厚皮以及脚底的鳞屑、小水疱、角化皮等。"刮脚"常与"捏脚"配合实施,在清除真菌、霉菌的同时,使足部舒筋活血、止痒舒坦。"治脚病"实际上是外科手术式的治疗,能治疗脚垫、鸡眼、肉刺、灰趾甲、甲沟炎等多种足部疾病,往往正规医院难以治疗的足疾,在修脚大师的手中却能有效治愈。

修治脚病的刀具有多种,常用的有平刀(又叫修刀)、片刀(又叫铲刀)、搶刀(又叫枪刀)、条刀(又叫嵌趾刀)、刮刀等,有经验的师傅还会自制一些特殊的刀具。修脚时主要靠腕力和指力,要练就一定的基本功。学徒时先用竹筷、肥皂来训练"持刀三术":捏刀术、逼刀术和长刀术。接着要练"修治八法":搶法、断法、片法、劈法、起法、撕法、挖法和整法。还要练会"持脚八法":支、抠、捏、卡、拢、攥、挣、推。这些都练好后,就可在师傅的指导下实习修脚了。操作时还有许多程序和口诀,如:"先搶后断拿嵌趾,片去老皮治脚病"等。著名的修脚师会判断足疾的关键所在,综合采用各种方法,因病制宜,手到病除。故而,旧时的修脚大师也会像著名中医那样,琳琅满目地挂着许多"手到病除"一类的锦旗和牌匾,深得大众的赞誉。

"扬州三把刀"是一种手工技艺,同时也是扬州人的一种生活方式。这三种行业的匠师们,用高超的技艺为人们进行"从上到下,从里到外"的服务,显示出扬州人的虽是有些奢华,却又是十分闲雅的生活方式。就其技艺本身而言,"扬州三把刀"堪称是中国人传统生活方式的一种极致。

第六章　当代主要科技成就

当代扬州正在承前启后、取精用弘，科技成就更是日新月异、层出不穷。江都水利枢纽工程及南水北调东线工程、润扬长江公路大桥、核技术应用及江淮地区农业科技研究等，都是扬州人走在中国乃至世界科技前沿的范例。以“国家最高科学技术奖”获得者、植物学家吴征镒为代表的67位“扬州院士”，共同组成了中国科技界的“扬州军团”，他们是中国科技界的一座座高峰，是当代中国人的脊梁。他们将扬州这座城市的骄傲与辉煌，浓墨重彩地载入了中国科技史和世界科技史。

江都水利枢纽工程及南水北调东线工程

中国的大运河，是人类认识水、利用水的伟大创举。2500 年来，这条世界上里程最长的人工运河，对中国的政治、经济和社会的发展与进步发挥了巨大的作用。时至今日，大运河仍然发挥着不可替代的功能与作用。过去的大运河以交通、运输为主，如今的大运河又承担起管水、用水和输水的新功能。这其中，扬州的江都水利枢纽工程起到了至关重要的作用。

公元前 486 年，吴王夫差开挖了大运河最早的一段——邗沟，连通了长江与淮河。淮河原本是独流入海的巨川，很少发生水灾。但是自从淮河河道被改道南下的黄河侵占后，形成黄淮合流的局面，也就淤沙日积，灾害频繁。明万历年间，有了“导淮入江，以避黄会”的设想，此后，“分黄导淮”工程便断断续续地持续了二三百年，虽然没有从根本上解决水患，却是逐渐形成了淮水入江的水道网络，位于扬州与江都之间的六条入江水道以及这些水道上的十座水坝（即“归江十坝”），便是当时治淮的重要工程。建国后，毛泽东主席提出“一定要把淮河治好”，水利部门采取了“蓄泄兼筹”的治淮方针，在淮河中上游建起了大大小小的水库。20 世纪五六十年代，淮河两岸大面积推广农田“旱改水”，中上游需水量日益增大。同时，为解决徐淮地区的易旱易涝，又实施了分淮入沂、淮水北调的工程。这些措施都减少了老淮水灌区的水源，于是利用原有“导淮入江”的水道，补偿老淮水灌区水源的“江水北调”工程提上了议事日程。

“江水北调”工程是抽引长江水，利用原大运河作为输水干道，串联邵伯湖、高邮湖、洪泽湖等湖泊，进行跨流域水量调节的水利工程。1958 年省水利厅进行工程规划，按照这一规划，输水要分两路，一路由廖家沟引长江水至邵伯，抽水入高邮湖、宝应湖，向北输送；一路由南官河自流，引长江水入里下河。此规划报经中央同意，1960 年予以实施。值得一提的是，按照这一规划，应在万福闸的下游兴建一座滨江抽水机站，此站已于当年开工兴建。当时的扬州专署副专员殷炳山和工程师许洪武发现这一规划有重大缺陷，他们结合现场的调研、论证，及时地提出了抽水站的位置应予东移的建议。其理由是，将抽水站东移到淮水的尾闾芒稻河与新通扬运河的交会处，既可引江济淮，溯运河北上，向里下河地区送水，向沿海垦区送水，又可进行里下河的防洪排涝，可以一举数得，发挥出综合效益。此建议引起上级部门的高度重视，经反复研究后认为这一建议十分合理，应予采纳。于是对原规划重新进行调整，将引江灌溉工程与里下河地区规划、滨海垦区规划、高宝湖地区规划进行综合考虑，统筹安排灌溉、排涝、洗盐、改良水质和港口冲淤等水源问题。以射阳河为界，以北可用淮水，以南可用江水，江淮可以互济。随后，在建的滨江站即予停工，站址移到了芒稻河与新通扬运河的交汇处，这就是我们今天见到的江都抽水站。

江都抽水站共有 4 座大型抽水机，总装机 33 台套，总容量 49800 千瓦，设计流量 400 立方米 / 秒，连同备机，总抽水流量达 473 立方米 / 秒。从 1961 年兴建第一站至 1977 年建成第四站，前后经历了 17 年。这四站，每建一站，就发挥一站的效益。如 1966 年、1967 年连续两年大旱，淮河断流 146 天，洪泽湖干涸，长江水位跌至新中国建立以来的最低点。刚刚建成的江都一站、二站，从 1966 年 5 月下旬至次年，连续开机 414 天，抽引江水 37.9 亿立方米，沿运河北送，有效解除了沿运灌区的旱情。当年，这一地区的粮食产量达到了历史最高水平。又如 1970 年秋苏北地区连续降雨 40 天，江都一站、二站连同刚刚建成的三站，连续开机 49 天，抽排涝水 9 亿立方米入江，使得江都、高邮、兴化、泰州等 7 个县（市）有涝无灾，粮食产量比 1969 年增长 14%。

除了 4 座抽水站外，江都水利枢纽工程还有其他配套的水工建筑物，有 13 座节制闸、7 座船（套）闸、2 个地下涵洞、2 条鱼道、若干条输水干河及相应的输变电设施等。17 年中，整个工程总投资 1.7 亿元，完成土方 282 万立方米，石方 8.65 万立方米，混凝土及钢筋混凝土 7.54 万立方米。通过配套工程的控制运用，可以将长江、大运河、邵伯湖、里下河和通扬运河以南地区的水系连结起来，实现跨流域调水。需要抽江水向北送水灌溉，则开启江都西闸，引江水至抽水站进水池，关闭江都东闸、芒稻闸、运盐闸送入大运河；需要向里下河地区补水，则开启江都西闸、江都东闸、宜陵闸、宜陵北闸，控制五里窑船闸和三里窑船闸，江水即从新通扬运河自流进入里下河；需要向通扬运河沿岸高地和以南地区补水，则关闭宜陵闸及宜陵北闸，淮河余水可由邵伯湖、运盐河北段经邵仙洞，输水入邵仙河南段，补给老通扬运河，也可由大运河、高水河经褚山洞输水入老通扬运河，再经宜陵地涵将水送到通扬运河以南地区；需要向邵伯湖灌区补水，抽水站可抽江水经运盐闸向邵伯湖送水；需要为里下河地区抽排涝水，可以开宜陵闸、宜陵北闸、江都东闸，关江都西闸，控制五里窑船闸、宜陵船闸，抽水站抽涝水入高水河，经芒稻闸排入长江；需要为淮河排洪，如超过万福闸、太平闸、金湾闸的排洪能力，可开运盐闸、芒稻闸，经运盐河、芒稻河增加入江泄水量；需要为淮河废泄余水，则可利用江都三站可逆式机组发电 3000 千瓦，尾水可送入里下河或通扬运河以南地区灌溉，也可排入长江。以上水闸的控制运用，有效地发挥出了淮水北调、北调东引及南水北调的综合效益，使得江都水利枢纽工程具有灌溉、排涝、调水、洗碱、冲淤、发电、航运及为城乡工业、生活提供用水等多种功能，作用极为显著。

以灌溉为例，从近处的里下河地区到更远的徐淮地区，都在其受益范围内。就里下河地区而言，其面积达 18000 平方公里，范围涉及到苏北地区的扬州、泰州、盐城、淮安、南通 5 个市，过去灌溉的水源一直是淮水，却是可用不可靠（1959 年至 1980 年，淮河干流发生断流的年份达 15 年，累计天数为 930 天。——《中国大运河史》）。江都水利枢纽工程建成后，可引入长江水自流灌溉 946 万亩；就连远一些的沿运地区和苏北灌溉总渠两岸，2.5 米以上的农田，也可用江水自流灌溉 396 万亩；更远的徐淮地区，原来靠淮水灌溉的耕田不足 200 万亩，有了江都水利枢纽工程，水浇地面积达 1000 多万亩。江都水利枢纽工程在灾害年份的作用更是不可或缺，除了前文所述的 1966 年、1967 年连续两年的大旱，江都水利枢纽工程在抗旱中发挥了重要的作用外，1978 年又遇上了 70 年未有的大旱，降雨仅及常年的 40%，江都抽水站连续开机 222 天，抽引江水 62.8 亿立方米，节制闸自引江水 48.2 亿立方米。这些相当于 4 个洪泽湖的蓄水量，使得苏北地区大旱之年又获大丰收，仅扬州地区的粮食产量就比上一年增产了

10 亿公斤。

在排涝方面，江都水利枢纽工程也有巨大的作用。里下河地区是地质学上的坳陷地带，远古时期曾经是浅水海湾，其地形特点是四周高，中间低，有“锅底洼”之称。过去有了涝水只能东排入海，由于水位差小，线路长，流速慢，且常受潮汐的影响，有了涝水后围水的时间就很长，故当地百姓一直有“十年九涝”之苦。有了江都水利枢纽工程，这里 4000 平方公里约 327 万亩耕地的涝水，经过江都抽水站的抽排，平均每天可下降水位 8 厘米左右。前文所述的 1970 年秋的排涝是雨涝（又称内涝），江都水利枢纽工程发挥了巨大的作用。1980 年这里又受到洪涝（又称外涝）的袭击，淮河洪水流量超过 5000 立方米 / 秒，长江高潮也全面超过警戒水位，降水量比常年多三四成。江都水利枢纽工程及时地排洪排涝，抽水量达 398 亿立方米，使这一地区水位下降的速度比 1965 年快 5 倍以上，大涝之年又夺丰收。

江都抽水站是我国自行设计、自行施工、自行制造、自行安装的国内第一座大型抽水站，在当时，是亚洲第一大水利设施。由于布局合理、设计先进、工程质量高、管理科学、效益显著，曾被评为全国优秀设计项目金质奖、全国全优工程金质奖。多年来，吸引了一百多个国家和地区的政要和水利专家前来参观学习。

如今，南水北调是江都水利枢纽工程的又一亮点。20 世纪五六十年代以前，我国南北方的生活用水尚可维持。随着工农业生产的发展和人口的增加，用水量急剧增长，从七八十年代开始，北方地区就出现了日益严重的“水危机”。在缓解“水危机”的众多措施中，南水北调是重要的一个方面。长江是我国最大的河流，水资源丰富，年平均径流量约为 9600 亿立方米，入海水量约占径流量的 94%，也就是说大量的水白白地流入了大海。因此，从长江流域调出部分水，输送到北方，这就是南水北调。经过专家数十年的论证，南水北调工程有了三线规划，分别从长江的上、中、下游三个地区调水北上。其中，从下游调水的规划又称为东线规划。东线规划是利用大运河为输水干渠，起始点即是扬州的江都抽水站。2002 年 12 月，国务院隆重举行南水北调工程开工典礼，在北京设立主会场,江苏、山东两省施工现场设立分会场。江苏分会场设在扬州宝应县的潼河施工现场。在主会场典礼前,江苏举行了南水北调三阳河、潼河、宝应站工程开工典礼。当朱镕基总理宣布南水北调工程开工后,江苏分会场现场鼓乐喧天,施工机械全部开动。

南水北调工程的开工,标志着这项世界最大的调水工程由规划筹备转入正式实施。南水北调东线工程从长江干流扬州段抽引江水,利用大运河及与其平行的河道为输水干线,逐级提水北送,并连通作为调蓄水库的洪泽湖、骆马湖、南四湖、东平湖,在山东省位山附近通过隧洞穿过黄河后自流到天津,输水主干线全长 1156 公里。整个东线工程规划分三期实施,总投资 650 亿元,其中江苏境内投资 203 亿元。三阳河、潼河、宝应站工程,是江都水利枢纽的组成部分,是东线工程的水源项目,总投资 9.12 亿元。这一项目仅用了两年半就建成完工,2005 年 3 月通过了工程验收,增加了抽引江水能力 100 立方米 / 秒。

江都水利枢纽是东线南水北调的龙头,再一次显示了它在中国当代水利工程大布局上的重要作用。

植物学家吴征镒

吴征镒

2008年1月8日，在2007年度国家科学技术奖颁奖大会上，中共中央总书记、国家主席胡锦涛向一位92岁的老人颁发了“国家最高科学技术奖”。这位获奖老人就是扬州人——具有国际声誉的著名植物学家吴征镒。

扬州古运河畔有一座深宅大院，叫吴道台宅第，是吴征镒的旧家。吴征镒的祖父吴筠孙（竹楼）是清光绪甲午年（1894）恩科传胪（总第四名），与状元南通人张謇同科。吴筠孙后为江西浔阳道尹，故吴征镒1916年出生在江西九江（吴征镒兄弟五人：医学家吴征鉴院士，物理化学家吴征铠院士，著名文史学者、戏曲学家吴白匋（征铸），以及资深工程师吴征莹）。吴征镒1周岁，祖父在浔阳道任上去世，全家便回到了扬州。父亲吴启贤为北洋政府农商部主事，因政府欠薪，不久也回到了家中。6岁时母亲教他认字，8岁进入家塾，13岁入江都县中学读初中，15岁跳考入扬州中学读高中，17岁考取了清华大学生物系。从此，吴征镒便离开了家乡，走上了结缘草木、科学报国之路。

吴征镒后来成为著名的植物学家，缘于他从小就对植物有着浓厚的兴趣。他家住宅对面有一座“芜园”，“芜园”并不荒芜，不太大，却也是老树参天、新花匝地。小时候，吴征镒常在园里玩耍，他看到植物的叶子、花朵和果实各不相同，十分不解，就在家中藏书的“测海楼”中，找到了父亲带回来的《植物名实图考》（清吴其濬著）和《日本植物图鉴》等书，对着书本，吴征镒开始了“看图识字”，粗浅地认识了许多花草树木。初中时，他在老师的指导下学习采集植物标本，解剖花果。到了高中，他已采集到了植物标本二三百件。生物老师知道了这件事，大加赞赏，专为他办了一次展览，把他收集到的植物标本全部展出。此事对吴征镒影响很大，考大学时，他毫不犹豫地选择了清华大学理学院的生物系，因为这是他最喜爱、最向往的专业。

大学期间，吴征镒得到许多名师的培养和指导，不仅学到了许多具体的植物学知识，更重要的是掌握了科学研究的基本方法：在向书本学习的同时，注重解剖实验，注重野外考察，以获得大量的实践类知识。90岁时，他谈到大学的学习经历，仍然深情地说："尤其是以植物地理分布的观察，即由个体而群落组合，循序渐进的入门方法，使我终生受用不尽。"（吴征镒《九十自述》）大学毕业后，吴征镒留校当助教，即以第一个月任助教的八十元大洋的工资，自费参加了"西北科学考察团"，去内蒙古、宁夏一带进行科考活动。

抗战期间，清华、北大、南开三校合一组成西南联大迁往昆明，其间，吴征镒进入西南联大理科研究所攻读研究生，师从生物系教授张景钺（北京大学生物系主任）。张景钺教授是我国植物形态学和植物系统学的开拓者。读研时，他一边做硕士论文，一边整理出三万多张植物标本卡片，这些卡片成为他日后钻研植物地理的基础。他在云南还进行了大量的科考调查，和几个年轻教师一起在昆明郊区的一个土地庙里自画自刻自印，历时3年，出版了石印版的《滇南本草图谱》。

解放初，三十多岁的吴征镒就任中科院植物所研究员兼副所长，1954年当选为中国科学院生物学部学部委员（中国科学院院士），1958年任中国科学院昆明植物研究所所长。他参与了众多的野外考察、中外交流和科研组织工作。如：参与解决了中国橡胶种植的关键技术难题，使国家急需而紧缺的战略物资得到缓解；组织并参与编写《中国植物科属检索表》；参加中科院代表团访问苏联，并发表《苏联植物学研究工作概况》等相关文章；参加海南、云南等地及古巴、越南、柬埔寨等国的科学考察；极有远见地提出"建立自然保护区"的建议；合署发表论文《中国植被的类型》和我国第一张全国植被图；主编《中国经济植物志》上、下册；出席北京亚非拉科学讨论会，宣读论文《中国植物区系的热带亲缘》（这篇论文于1978年获全国科学大

1978 年，四兄弟合影，左起五哥吴征铠、大哥吴白匋（征铸）、二哥吴征鉴、吴征镒

会奖）等等。这一时期，吴征镒正是年富力强，为新中国植物学的实际运用、学术研究和科研体系建设做出了极有成效的贡献。

“文革”中，吴征镒和其他科学家一样受到了冲击，被下放到昆明郊区的黑龙潭乡村参加劳动。白天锄地，他观察各种植物，晚上回到“牛棚”，就赶紧记录下来，在这样的境遇中，竟然完成了 9 万字的《昆明黑龙潭地区田间杂草名录》。乡村劳动中，吴征镒偶然地得到了一本“赤脚医生”使用的中草药小册子，就请朋友们帮忙，广泛收集。他把大家从四川、贵州、广西及云南收集来的各地中草药手册进行整理，记了四大本笔记，这些笔记后来成为编辑《新华本草纲要》的基础和依据。“文革”过去了，他主编的《新华本草纲要》（上、中、下册）也出版了。由于这本专著为我国中草药的系统化、规范化、科学化做出了卓越的贡献，1993 年，《新华本草纲要》获得了中国科学院自然科学奖二等奖。

“文革”结束,吴征镒在60岁的花甲之年迎来了人生的又一个春天。此后,他相继当选为中国科学院主席团成员,兼任中国科学院昆明分院院长、云南省科委副主任、云南省科协主席等职。“尽管有各种事务缠身,在这来之不易的宝贵年华里,抓紧进行科研是至关要紧的事情。”(吴征镒《九十自述》)

八九十年代,吴征镒对国内外的植物区系进行广泛的调研,到了除非洲大陆以外的世界各大洲,实地考察各地植物。通过考察,吴征镒对我国的植被类型和植物区系,特别是对热带、亚热带到温带的植物区系分布的替代性和过渡性有了更为直接的感性认识。对青藏高原的垂直植被带分布以及喜马拉雅山与横断山脉的联系与区别,对中国南部热带季雨林与中南半岛(越南、柬埔寨、老挝、缅甸、泰国等)的热带雨林的联系和分异等问题有了更为清晰的认识。在掌握了大量第一手资料的基础上,他极有创见地划分出中国植被的三大区域,即:以兰州附近为枢纽,东北至西南的森林区;内蒙古、新疆草原荒漠区;青藏高原高寒植被区,并阐明了中国植被由南至北的分布类型和过渡规律。这些观点在以后历次植被区划、土壤区划、自然地理区划、农业区划中均得到了充实、利用和发展。

在七十多年的植物分类研究中,吴征镒定名和参与定名的植物分类群有1766个,涵盖94科334属,其中新属22个,是中国发现和命名植物最多的一位。他参与主编的80卷126册的《中国植物志》,历时45年告成,这本书先后共有6位主编,吴征镒是第六位主编,也是任期最长的主编,他完成了全书三分之二的编研任务。《中国植物志》记载了301科、3409属、31155种植物,为中国960万平方公里土地上的一草一木、一花一叶建立了户口本,从而划分了中国高等植物的分布区类型,揭示了分布区类型的特征及其相互间的联系。2010年1月,这一成果荣获国家自然科学一等奖。

吴征镒关于生物多样性、植物分布区类型及其历史来源等许多方面的论述,都是植物学、生态学领域的经典。他通过多年对植物分类学和区系学研究的积累,揭示了“生物的系统发育深受地球发生、发展规律的制约,地球演化的规律又受天体演化规律的制约”这一基本真理，由此认识到生命系统从一开始就形成了绿色植物、动物和微生物（广义）三者同源而又三位一体的生态系统，而绿色植物占据着第一生产者的主导地位。他创立了三维节律演化和被子植物“多期、多系、多域发生理论”，这一理论有地质、地史的根据，与绿色高等植物和协同进化的昆虫、鸟兽的生物地理分布规律相符合。他在全球植物科属和区系地理的分异背景上掌握中国种子植物种属和区系地理的分异，全面而系统地回答了中国种子植物的组成和来龙去脉问题，提出了中国植物区系的热带亲缘等创新观点。在高等植物系统发育以及世界科属区系的发生、发展问题上，更加明确了种属、区系的发生、发展方式，从而创立了有东方人特色的认识系统。

在我国生物多样性保护方面，吴征镒也提出了许多基础性、开拓性、前瞻性和战略性的设想和建议。如，早在 1956 年他就提出建立自然保护区的倡议，又具体提出在云南建立 24 个自然保护区的规划和方案。截至 2006 年底，全国建立了各种类型、不同级别的自然保护区 2395 个。又如，1999 年朱镕基总理到云南视察，吴征镒向朱总理提出设立“野生种质资源库”的建议，这一建议得到了中央领导的高度重视和学术界的普遍认同。2004 年，“中国西南野生生物种质资源库”列入国家重大科学工程建设计划，2007 年竣工投入使用。该库的建立，使中国生物研究在世界上占有了一席之地，为中国的生物学研究打下坚实的基础，并对国民经济建设起到重大的推动作用。

鉴于吴征镒对中国和世界植物学及其它有关研究领域做出的伟大贡献，他当选为美国植物学会外籍终身会员、瑞典皇家植物地理学会名誉会员、世界自然保护协会（ISCN）理事以及前苏联植物学会通讯会员。1995 年获香港何梁何利基金科学与技术进步奖生命科学奖。1999 年荣获号称世界园艺诺贝尔奖的日本花卉绿地博览会纪念协会授予的“COSMOS”国际大奖，成为世界第 7 位，亚洲第 2 位获得该奖的学者。在国内，吴征镒也多次获得国家、中科院、云南省的各种高级别的奖项。得知自己获得了国家最高科学技术奖时，这位淡泊名利的老科学家说：“我的工作是大家齐心协力做的居多，今天个人得到国家如此重大的褒奖，我只能尽有生之力，多带一些年轻人，带他们走到科学研究的正路上。我的能力有限，年轻的科学工作者一定要后来居上，我愿意把我的肩膀给大家做垫脚石。”

“原本山川，极命草木”，在中科院昆明植物研究所球场边的一块石头上，镌刻着吴征镒亲笔书写的这八个字。从扬州的懵懂孩童到世界的知名学者，吴征镒在绿色大地上一路走来，一辈子都在践行“极命草木”的奉献精神。

2013 年 6 月 20 日凌晨，97 岁的吴老因病而逝。吴老虽然离我们而去，但扬州人民永远为吴老而骄傲。吴老是深爱着每一片绿叶的人，吴老的音容笑貌也因此而永远长青。

核技术应用与农业科技研究

从世界范围来看，当今的农业生产正处于传统农业与现代农业并存的阶段。在传统农业向现代农业转变的过程中，由于科学技术的迅猛发展，我国的农业生产日益科技化，科学技术已经成为推进农业生产的强大动力。其中，以基因工程为核心的现代生物技术进入了农业生产领域，培育出一批产量更高、质量更优、适应性更强的农作物新品种，农业的自然生产过程越来越多地受到人类的直接控制。与此同时，以高科技为基础的设施农业（如工厂化的种植养殖、温室栽培、无土栽培、地膜覆盖栽培等）也悄然兴起，设施农业是一种集约化程度很高的农业生产技术，它摆脱了传统农业受自然环境、气候变化的种种制约，使得农业能够与工业一样在厂房（人工环境）里进行产品生产，从而在根本上改变了传统的农业生产方式。

在传统农业向现代农业的转变过程中，扬州的江苏里下河地区农业科学研究所（又名扬州市农业科学研究院）做出了令人瞩目的重大贡献，他们在全省乃至全国的农业现代化的建设中屡有建树，极有实效，多次获得国家的表彰。六十多年来，尤其是近三十年来他们先后育成了农作物新品种 87 个，研制出新产品、新技术 80 多项，获科技成果奖 156 项，其中，“扬麦 5 号”、“扬麦 158”分别获国家科技进步一等奖，“扬稻 2 号”获国家星火一等奖，“扬稻 6 号”、“灭

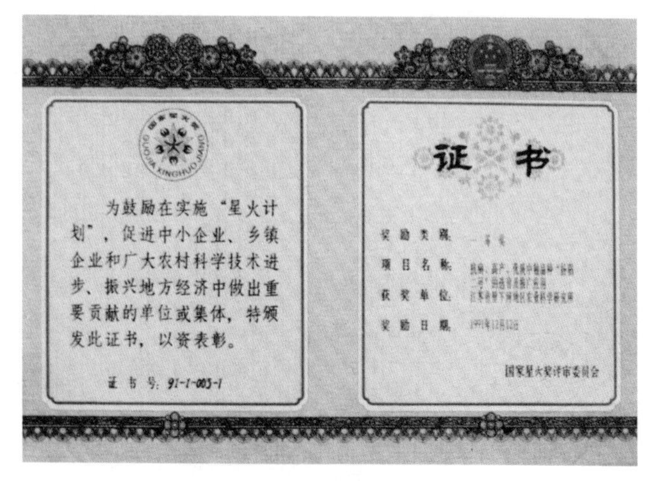

为鼓励在实施“星火计划”，促进中小企业、乡镇企业和广大农村科学技术进步、振兴地方经济中做出重要贡献的单位或集体，特颁发此证书，以资表彰。

证书号：91-1-003-1

证书

奖励类别：

项目名称：

获奖单位：

奖励日期：

国家星火奖评审委员会

1991 年荣获“国家星火奖一等奖”

科技進步奬

証書

为表彰在促进科学技术进步工作中做出重大贡献者，特颁发国家科技进步奖证书，以资鼓励。

获奖项目：高产、抗逆、优质小麦新品种扬麦158

获奖单位：江苏里下河地区农业科学研究所

奖励等级：一等奖

奖励时间：一九九八年十二月

证书号：13-1-0

朱丽兰

1998年荣获“国家科技进步奖一等奖”

蚊幼”获国家科技进步二等奖，“水晶辐照变色技术”获国家星火二等奖，“扬麦4号”、“扬稻4号”分别获国家科技进步三等奖等等。这些奖项的名称，虽说仅有简短的几个字，但是，几乎每一个奖项的问世，都为某一科技领域或是某一经济产业带来一次重大的变革。他们以自己的才智和辛劳为社会做出了巨大的贡献，社会效益和经济效益难以估算，在国内外引起了巨大的反响。

在所长、小麦育种专家马谈斌的领导下，农科所的科研实力极为雄厚。他们拥有多支富有创造精神的团队，有水稻、小麦、经济作物、核技术应用、生物农药、资源与环境、植物保护等若干个科研部门，还有若干个设施齐全、功能先进的实验室和培育繁育基地。

多支团队中，以中国工程院院士、小麦育种专家程顺和，研究员、小麦育种专家陈道元为首的小麦育种团队，成就尤为突出。

小麦是世界上栽培最广的粮食作物，它的种植面积约占谷类作物总种植面积的三分之一，以小麦作物为主食的人口也占世界总人口的三分之一以上。在我国，小麦的种植面积和总产量仅次于水稻，居第二位。因此，提高小麦单产和总产对发展农业生产具有举足轻重的作用。选育小麦新品种，则是提高产量、改进品质最经济、最有效的途径。

小麦新品种的选育过程，就是搜集、创造有应用价值的种质材料，在特定的自然生态和社会经济条件下，按照人类的需要组装成具有自身特点的小麦类群的过程。陈道元、程顺和带领的科研团队，从引种、系统选种、品种间杂交、远缘杂交及诱变育种等传统方法起步，发展到与现代细胞工程、基因工程相结合，综合应用各种育种方法，建立起了富有特色的综合育种体系。

1980 年，他们开始小麦新品种的研究，经过多年的努力，终于在 1986 年有了重大的突破。他们以 9-16 为母本、St1472/506 选系 3-3 为父本，杂交出了小麦新品种"扬麦 5 号"。这一小麦新品种当年通过了江苏省农作物品种审定，1989 年通过了上海市、安徽省农作物品种审定，1991 年通过了国家农作物品种审定委员会的审定。"扬麦 5 号"的问世，在破解国内外小麦育种大面积丰产与抗赤霉病相结合的难题上，取得了突破性的重要进展。

"扬麦 5 号"的特点是高产稳产，综合性状好，适应性广。一般亩产达 300 公斤左右，平均亩产比对照增产 36.4 公斤，增幅达 12.28%，而且品质优，含优质谷蛋白亚基 5+10。这一优良品种在全国推广后，成为我国 20 世纪 80 年代末种植面积最大的小麦品种，促成了长江下游小麦品种第五次大面积的更换，成为长江下游和中游部分地区的主栽品种，年最大种植面积达 2110 万亩，累计种植 1.5 亿亩，为国家增产粮食 51 亿公斤，增加经济效益 80 亿元以上。为此，"扬麦 5 号"在 1991 年获得了国家科技进步一等奖。

随后，程顺和团队又不断努力，他们以"扬麦 4 号"为母本，St1472/506 选系 3 为父本，采用综合育种的技术路线，培育出了又一个小麦新品种"扬麦 158"。1993 年，这一小麦新品种先后通过了江苏、安徽、上海、河南、湖南等省市农作物品种审定，1997 年又通过了国家农作物品种审定委员会的审定，最终认定"扬麦 158"是集高产、多抗、优质、广适应性于一体的小麦新品种。

"扬麦 158"在产量、抗性、品质等方面，均大幅度地超过了原主栽品种"扬麦 5 号"，是我国南方麦区小麦育种继"扬麦 5 号"后的又一重大突破。它的育成初步解决了小麦育种既要大面积丰产，又要抗赤霉病、白粉病的世界性难题，促成了长江下游建国以来小麦品种的第六次大面积更换。年最大种植面积达 2539 万亩，是我国 20 世纪末种植面积最大的品种，也是长江中下游历史上推广速度最快、覆盖率最高的小麦品种。累计种植 1.8 亿亩以上，增产粮食 77.5 亿公斤，为实现 20 世纪末我国粮食总产量达到 5000 亿公斤的战略目标发挥了重要的作用。国家科委评价：“扬麦 158 的育成是我国科技界继‘中国 04 机’之后为经济建设服务取得的又一重大成果。”为此，程顺和团队于 1998 年再一次荣获了国家科技进步一等奖。

里下河地区农科所另外一支颇有建树的科研队伍，是以水稻育种专家、研究员张洪熙为首的水稻育种团队。

水稻是我国的第一大粮食作物，也是我国大部分地区民众的主食，能否使水稻高产、稳产，直接关系到民众生活的改善和国民经济的发展。20 世纪 80 年代以前，水稻的病虫害十分严重，其中，白叶枯病是危害极大的一种病害，病害严重的年份，长江中下游的稻区大面积减产。张洪熙水稻育种团队通过多学科、多地区、多层次的协作攻关，于 1983 年成功育成了对白叶枯病的所有菌群具有广谱抗性的水稻新品种“扬稻 2 号”。“扬稻 2 号”问世后，平均亩产在 500 公斤以上，比当地主栽品种增产 10%，病区增产 20~30%，率先实现了高产与抗病的结合，对控制和减轻长江中下游稻区白叶枯病的危害起到了历史性的作用，群众称誉“扬稻 2 号”为“翻身稻”。国家将这一新品种在长江中下游及南方稻区 10 多个省（市、区）大范围地推广应用，至 1990 年，累计种植 3500 多万亩，增产稻谷 30 多亿公斤，增加效益在 18 亿元以上。由此，“扬稻 2 号”荣获了 1991 年国家星火一等奖。

此后，张洪熙等科研人员用“扬稻 2 号”与另一种水稻杂交配组，又培育出了集高产、优质、多抗、适应性广等优良特性于一体的水稻新品种“扬稻 4 号”。“扬稻 4 号”既能抗白叶枯病的所有菌群，也能抗长江中下游稻瘟病的主要菌群，还能抗稻飞虱、纹枯病、稻曲病、细菌性基腐病、褐色叶枯病及纵卷叶螟等病虫害。“扬稻 4 号”的比对照增产也极为显著，大面积的亩产都在 500 公斤以上，最高单产达 782 公斤。“扬稻 4 号”还能抗倒伏，耐旱耐涝，对肥料、密度、季节的调节能力强，能适应长江中下游多种生态环境和生产条件的地区种植，因而在苏、皖、鄂、豫等省得到大范围的推广。至 1995 年，“扬稻 4 号”累计种植了 3100 多万亩，增产稻谷 13.6 亿公斤，增加效益在 16 亿元以上。1996 年，“扬稻

4 号”获得了国家科技进步三等奖。

2005 年，张洪熙的科研团队再一次取得了新的重大成就，他们培育出的“扬稻 6 号”荣获了国家科技进步二等奖。

“扬稻 6 号”是在“扬稻 4 号”的基础上采用杂交、核辐射诱变等技术，定向育成的常规中籼稻新品种。国家相关部门对这一稻谷新品种进行品质测定，12 项指标中有 10 项达到了部颁一级米的标准，综合性状十分突出。“扬稻 6 号”既是突出的常规品种和优异的种质资源，又是多个“两系”杂交稻和红莲型“三系”杂交稻的骨干恢复系，并作为籼稻的代表品种选作基因组框架测序，为我国种质资源的创新和水稻遗传的研究做出了重要的贡献，促进了世界水稻育种的科技进步。这一稻谷新品种，1997 年通过了江苏省农作物品种审定委员会的审定，接着又通过了安徽、湖北、陕西等省和国家审定委员会的审定定名。2002 年联合国粮农组织推荐，在刚果（金）推广种植，有效解决了当地粮食短缺的问题。至 2005 年，“扬稻 6 号”推广应用了 1 亿多亩，创造经济效益近 60 亿元，成为苏、皖、鄂、豫等省优质稻米开发的主体品种之一。

里下河地区农科所另外一支重要的科研力量，是以核辐照专家、研究员陈秀兰为主的核农学研究团队。

自然界里，植物的自发突变是经常发生的，但突变频率很低。通过人工干预，诱发植物产生突变，产生突变的频率要比植物自发产生的突变高出数百倍，甚至数千倍，而且突变类型广泛、多样，还能诱发出自然界罕见的或用常规方法难以获得的新类型。人为地利用原子核各种射线的诱变作用，并与化学诱变剂相结合，诱发植物产生遗传变异，能够在较短时间内使植物产生有利用价值的突变体。这是改进作物遗传的有效途径，是核农学的重要组成部分。用这种方法对作物遗传改进，进而创造出新的遗传资源，选育出优良品种，能够以较小的投资获得最大的效益，对发展高效农业产生巨大的作用。因而，核利用技术是当代农业科学发展的前沿学科之一。

早在 20 世纪 50 年代末期，里下河地区农科所就开始了这方面的应用研究，并且在稻、麦、花卉辐射育种，同位素示踪，晶体辐射改性，高分子材料辐照聚

《小麦突变育科学》一书主要编著人员(自左至右):施巾帼、陈秀兰、柳学余、王琳清、杨鹤峰

合,热收缩品辐照交联,农副产品辐照保质等方面取得了多项研究成果,先后荣获国家、省、市科技成果奖 16 项,育成稻、麦新品种 15 个,创造了巨大的经济效益和社会效益。他们还在省级以上刊物发表科技论文 100 多篇,合作出版专著、译著 3 部。目前,农科所在核技术应用研究方面,专业力量雄厚,拥有 10 万及 100 万居里的钴源辐照装置各 1 座以及相应的实验室。

辐射诱变育种是他们的重点研究项目。早在 1960 年,他们就开始了以早熟为目标的水稻辐射育种,先后育成了后季稻品种 1870、7404 和适合稻、麦两熟栽培的中籼新品系 7738、3501。1990 年以来,他们又相继培育了扬辐糯 1 号、扬辐籼 2 号、扬辐籼 3 号及扬辐糯 4 号、扬辐籼 5 号及 6 号、扬辐粳 7 号及 8 号等 8 个新品种,其中扬辐糯 1 号及 4 号、扬辐籼 2 号及 3 号分别于 1992、1995、1998、1999 年荣获江苏省科技进步三等奖。扬辐粳 8 号于 2009 年度获江苏省科技进步二等奖和扬州市科技进步特等奖。他们还诱变育成优质弱筋专用小麦扬辐麦 1、2、3、4 号,优质弱筋专用小麦扬辐麦 2 号,在苏、皖、鄂等省大面积地推广应用，2007年度获江苏省科技进步三等奖和扬州市科技进步一等奖。诱变育成扬啤1、2、3号大麦新品种，成为江苏省大麦种植区的主推品种。与此同时，他们先后引进荷花、君子兰、月季、牡丹、芍药和兰花6个系列的上千个品种，经辐射诱变后，产生了多个花型花色的变异体，为花卉育种研究奠定了基础。同时还在籼稻早熟突变和双向突变研究、诱发籼稻早熟同型系研究、小麦抗黄花叶病毒病突变体的转基因研究等基础研究方面，都取得了重要的成果。

里下河地区农科所创建于1949年。六十多年来，这座扬州地区唯一的农业科研机构，已经发展成为科研实力雄厚、学科优势突出、区域特色明显的全国百强研究所。他们先后三次受到江苏省政府嘉奖，并荣获全国科技成果推广和农业植物新品种保护先进集体的光荣称号。在“七五”、“八五”期间的全国农业科研机构综合实力评估中，两次名列全国百强所。在“十五”期间农业部的综合评估中，综合实力跃居全国地区级农业科研机构第一位。

他们的业绩，成为当代扬州科技进步的标志，成为当代扬州人的骄傲。

润扬长江公路大桥

2005 年 4 月 30 日上午,举世瞩目的润扬大桥举行了隆重的开通典礼。一桥飞架南北,扬州民众终于实现了千年的期盼,天堑由此变为通途。

早在 1992 年,国家有关部门就开始了大桥建设的可行性研究。2000 年 10 月 20 日,江泽民总书记为大桥开工奠基。此后,经过 3 万名建设者的不懈努力,仅用了 54 个月的工期,就使隔江相望的两座历史文化名城——扬州和镇江,实现了跨江握手。通过润扬大桥 5 分钟之内便可过江,改变了扬州人乘船过江的历史,扬州市中心与镇江市中心的行车时间缩短到了半小时左右。

在科技发展史上,悬索桥的雏形是溜索、吊桥和铁索桥,直到 1937 年美国才出现了跨径千米以上的现代悬索桥。而我国则是在改革开放以后特别是 20 世纪 90 年代,才开始建设汕头海湾大桥(452 米)、虎门大桥(888 米)、海沧大桥(648 米)、江阴大桥(1385 米),直到这一座主跨 1490 米的润扬大桥。悬索桥的发展史,是一部科学技术不断创新、不断进步的历史。

润扬大桥总投资 58 亿元,全长 35.66 公里,是当时长江上唯一一座由斜拉桥和悬索桥组合而成的特大型桥梁。大桥北起扬州南绕城公路,跨经长江世业洲,南接沪宁高速公路。在全国交通网络的布局上,润扬大桥是江苏省高速公路的主骨架,是五处跨长江公路规划中的项目,北联同江至三亚、北京至上海国道主干线,南接上海至成都、上海至瑞丽国道主干线。润扬大桥的建成对完善我国交通网络总体布局,促进江苏乃至长江三角洲区域的经济繁荣,更好地发挥长江黄金水道的作用,具有十分重要的意义。

润扬大桥分为南汊桥和北汊桥。南汊桥为主跨 1490 米的单跨悬索桥,其跨径在当时为中国第一、世界第三(排名世界第一的是日本明石海峡大桥,第二是丹麦亨伯大桥,第三是润扬大桥,第四是英国亨伯格大桥,第五是我国 1999 年 9 月建成通车的江阴大桥,第六是香港青马大桥)。北汊桥为 176 米

+ 406 米 + 176 米的三跨斜拉桥。大桥通航净空高 50 米，可通行 5 万吨级的巴拿马散装货船。桥面平均宽 31.5 米（行车道宽 30 米），全线采用双向六车道高速公路标准设计，设计车速 100 公里 / 小时，设计使用寿命 100 年。

润扬大桥是我国桥梁建设史上的又一座里程碑，是全部由中国人自己设计、自己施工、自己监理、自己管理的特大型现代化桥梁，所用的建筑材料和设备绝大部分是中国人自己制造，其世界级的建设难度及技术含量，“标志着我国大跨径桥梁建设进入了世界先进水平的行列”（《润扬长江公路大桥建设第二册·前言》）。

润扬大桥工程创下了当时 8 项“全国第一”：

1. 第一大跨径：润扬长江公路大桥南汊主桥为主跨径 1490 米的悬索桥，比当时国内第二、世界第五的江阴大桥主跨还要长 105 米；

2. 第一特大锚锭：润扬桥北锚锭要承受 6.8 万吨的主缆拉力（超过 80 万人的总体重），锚碇由近 6 万方混凝土浇筑而成，其规模之大，在当时为国内第一、世界罕见，科技界誉之为“神州第一锚”；

3. 第一特大深基坑：为了给“神州第一锚”的巨大锚体安个“家”，必须开挖世界罕见的特大深基坑，这个基坑相当于 9 个半篮球场大，其深度相当于 17 层楼；

4. 第一高塔：润扬大桥南汊悬索桥索塔高达 215.58 米，相当于 73 层楼高，是当时国内桥梁中最高的索塔；

5. 第一长缆：悬索桥主缆缠丝采用的是国内首次使用的“S”型钢丝，所用缠丝总长度近 3200 公里，相当于 3 倍北京至上海的距离。两根主缆每根长 2600 米，为当时国内第一长缆；

6. 第一重钢箱梁：润扬大桥悬索桥桥面的基础是钢箱梁，钢箱梁宽 38.7 米，高 3.0 米，钢箱梁段总长为 1485.23 米，总重量为 21000 余吨，最大吊装重量达 506 吨，是当时国内最重的一节钢箱梁；

7. 第一大面积钢桥面铺装：铺装总面积达 70800 万平方米，近 10 个标准足球场大小，所用环氧沥青近万吨；

8. 第一座刚柔相济的组合型桥梁：大桥的南汊主桥是柔性悬索桥；北汊主桥是刚性斜拉桥，将刚性斜拉桥与特大跨径柔性悬索桥相连，在当时我国尚属首次。

润扬大桥建设条件复杂，工程规模大，技术要求高，工程建设必须解决好多项技术难题。江苏省长江公路大桥建设指挥部在建设过程中牵头开展了“润扬大桥关键技术研究”，先后取得了二十多项技术创新成果。其中，悬索桥北锚碇矩形地下连续墙工程，创造了当时国内特大深基坑支护结构嵌岩最深和体量最大的纪录，被誉为“国内第一、世界罕见”；南锚碇基础排桩冻结工程，首次实现排桩和冻结两大工艺的完美结合，在世界建桥史上开创了先例；全桥应用低碱水泥，提高了混凝土的耐久性，有利于大桥使用寿命的延长；用自平衡法测试 1.2 万吨桩基承载力的静荷载试验，达到了国际领先水平；特大吨位全自动液压式跨缆吊机的研制成功，填补了国内特大跨径悬索桥钢箱梁吊装设备的空白等。在一系列的科技研究中，李国豪、孙钧、陈新等十多名院士和近百名专家，将敢为人先的创新勇气与审慎周密的科学态度紧密结合，为润扬大桥建设工程的顺利施工，倾注了大量心血和智慧。

例如，南锚碇施工中使用的“排桩冻结法”，即是世界首创的桥梁建造新工艺。为浇筑南锚碇，施工中需开挖长 70.5 米，宽 52.5 米，深 29 米的矩形基坑，开挖总方量超过 10 万方。在江边软土地基上，开挖如此又深又大的基坑进行施工，面临的首要问题就是巨大的水土压力和大量的地下水渗流。工程技术人员移用了煤矿施工中的“排桩冻结法”，这是一项矿井施工中人工冻结地层的技术，利用这一技术，把 −28 ℃的盐水注入地下，使含水地层遇冷冻结，在基坑四周形成厚 1.3 米、深 40 米的冻结帷幕墙体，将地下水阻挡在墙外。同时，在冻土内侧浇筑 140 根嵌入基岩的钻孔灌注桩，从而在基坑四周形成一个既挡水抗渗又能抵抗水土压力的坚固屏障，使得锚碇基坑内的开挖施工能够顺利进行。可是，与矿井不同的是南锚碇基坑是敞开式、大面积、深基坑，地质情况复杂，不可预测因素众多，加上基坑施工降水引起的土体固结等因素，基坑及周围的情况时刻都可能发生变化。根据锚碇基坑的特点，施工人员利用数千只电子眼对垂直沉降、平面位移、纵向变形、地下水位等复杂情况进行监测，随时分析处理监测数据，指导工程施工，使整个基坑始终处于受控之中(《岩土工程界》第8卷第4期)。南锚基础工程的顺利完工，最终证实了排桩冻结法的成功，为超大深基坑施工支护技术闯出了一条新路。

又如，南汉悬索桥两座主塔高达215.58米，是当时国内桥梁中的第一高塔。高塔必有深基。而润扬大桥塔墩桩基数量多，所处地质条件复杂，要确保设计安全，优化桩基设计，必须进行一定数量的桩基承载力试验。但传统的静载试验方法已难以发挥作用。要给承载力达1.1万吨的桩基做承载力试验，工程技术人员首次在国内高等级静荷载试验中采用了自平衡法测试技术。在一年多的时间里，共进行了6根试验桩的测试。其中悬索桥南塔试桩直径达2.8米，测试承载力达1.2万吨，是当时国内最大、世界第二的最高等级的静荷载试验。

再如，悬索桥的主缆是最重要的受力构件之一，也是在大桥设计生命周期内不可更换或更换极其困难的构件，被工程界称为“生命线”，其耐久性体现了桥梁的“寿命”。主缆架设后，长年暴露在大气环境中，经受各种不利因素的侵蚀，出现应力腐蚀的现象相当普遍，因此，悬索桥主缆的防护工程成为大桥设计与建造的关键。工程技术人员在分析国际上主缆防护技术发展趋势的基础上，大胆决策，设计了除湿与涂装相结合的技术方案。其原理是将干燥空气送入主缆，通过送入空气与主缆空气之间的气压差，使干空气在主缆内流动，降低主缆内空气湿度，从而在主缆内形成不会产生钢丝锈蚀的环境。此项设计的关键技术是要尽量防止空气的泄漏，要求主缆要有很高的缠丝质量，因而润扬大桥的主缆采用了S型截面的缠绕钢丝进行密封，从而较好地解决了这一技术难题。

润扬大桥的科技进步和技术创新是多方面的。在可行性论证阶段就有重点地进行了5个专题的试验和研究；工程研究阶段又进行了16个专题的勘测、试验和研究；到了初步设计阶段又结合桥型方案的比选，进行了11项专题研究；在技术设计、施工图设计及工程施工阶段，针对各阶段的特点、难点,组织开展了 20 多项技术科学研究。科学试验和研究贯穿了大桥工程建设的全过程,所取得的众多勘测、试验与研究成果都应用于润扬大桥的工程建设,提高了工程的整体质量,加快了工程进度,控制了工程造价,确保了工程安全,全面推进了我国大跨径桥梁建设的技术水平(参见《润扬长江公路大桥建设》第二册《科研试验与勘测》)。

《中国交通报》2006 年 6 月 1 日报道:交通部在南京组织国内有关专家学者对“润扬长江公路大桥关键技术研究”成果进行验收。验收委员会经质询和认真讨论,认为润扬长江公路大桥关键技术研究成果总体达到国际先进水平,部分成果达到国际领先水平。该项目依托润扬长江公路大桥工程,系统研究了特大跨径桥梁设计与施工的关键技术,形成了具有创新成果的成套技术,并在大桥工程中成功应用,确保了润扬大桥工程优质、安全地提前建成通车。验收委员会认为,润扬长江公路大桥关键技术研究成果和管理创新在润扬大桥建设中的成功应用,为实现大桥优质、高效、安全、创新、环保、节约的建设目标提供了有力的保障,在大桥建设中,节约了工程投资,缩短了建设工期,取得了较大的社会和经济效益。

当代扬州的67位院士

当代扬州，是地方科技史上最为辉煌灿烂的时期，无论是科技成果还是科技人才，都可以说是不胜枚举。然而，限于篇幅，本书仅列举了其中几件有重大影响的代表性事项，这无疑是挂一漏万了。

培养和拥有多少位中外“院士”，是衡量一个地域的科技含量和科研水平的重要标志。旧时，一个地方常常设立“乡贤祠”，将本地出生的为社会做出过重要贡献的或是外籍人但却在本地有过重要建树的才俊贤达，用画像立传的方式供奉在祠内，以便让世人朝夕瞻拜。在科技事业极大地推动了社会进步的今天，人们崇敬科技界精英，特别是景仰中外院士，也就成为情理之事。早些年，扬州就开始筹划建立一座“院士馆”，位于古运河畔的吴道台故居，因其有“一门二院士”的美名，被一致推荐为设立“扬州院士馆”的最佳处所。

“扬州院士”究竟该列入多少位，此前一直说法不一，有人统计 50 多位，有人统计 60 多位，关键是没有制定出一个权威而得到众多方面认可的遴选标准。为筹建“扬州院士馆”，市科协、市教育局、扬州中学、新华中学、扬大附中等单位进行了专题研究，在集中了方方面面意见的基础上，最终确定了“扬州院士”的遴选标准。这个遴选标准是：一、出生于扬州（包括所属县市）的；二、在扬州曾受教育的（包括抗战期间“国立二中”、上海扬州中学等）；三、长期在扬州工作，并在工作期间当选院士的；四、除上述情况的中科院、工程院院士外，还包括台湾“中央研究院”院士以及外国院士等。

依照这一标准，“扬州院士馆”筹备小组对大量和扬州有关联的院士资料进行反复的梳理和论证，2011 年 12 月 17 日，《扬州晚报》初步公布“扬州院士”为 62 位。名单公布后，引起社会的广泛关注，社会各界又找寻出 5 位。截至 2013 年 6 月，“扬州院士”共有 67 位。

“扬州院士”名录

出生于扬州的院士（共29位）

姓　名	籍　贯	研究领域	当选院士
黄鸣龙	扬州	化学家	1955年中科院院士
李方训	仪征	化学家	1955年中科院院士
朱物华	扬州	无线电及信息自动化	1955年中科院院士
柳大纲	仪征	化学家	1955年中科院院士
孙云铸	高邮	生物、地质学	1955年中科院院士
吴征镒	仪征	植物学家	1955年中科院院士
王葆仁	扬州	化学家	1980年中科院院士
徐芝纶	江都	工程力学家	1980年中科院院士
吴征铠	仪征	物理化学家	1980年中科院院士
施履吉	仪征	细胞生物学家	1980年中科院院士
童宪章	扬州	石油工程学家	1991年中科院院士
陈鉴远	宝应	化学工程专家	1993年中科院院士
许国志	扬州	系统工程学家	1995年工程院院士
张礼和	扬州	药物化学家	1995年中科院院士
周本濂	扬州	材料物理学家	1997年中科院院士
乔登江	高邮	核技术应用专家	1997年工程院院士
周世宁	扬州	矿业专家	1999年工程院院士
严加安	邗江	数学家	1999年中科院院士
谢友柏	高邮	机械学专家	1994年工程院院士
沈家祥	扬州	制药工程专家	1999年工程院院士
张乃通	扬州	通信与信息系统	2001年工程院院士
黄　宪	扬州	有机化学家	2003年中科院院士
黄　琳	扬州	控制科学家	2003年中科院院士

（续表）

姓　名	籍　贯	研究领域	当选院士
江　明	扬州	高分子化学家	2005 年中科院院士
戴　浩	扬州	自动化	2005 年工程院院士
陈晓亚	扬州	植物生理学家	2005 年中科院院士
徐　銤	扬州	快堆核电站技术	2011 年工程院院士
钱旭红	宝应	有机化工专家	2011 年工程院院士
周忠和	扬州	古鸟类专家	2011 年中科院院士 美国科学院院士

在扬学习工作的院士（共 26 位）

姓　名	籍　贯	研究领域	当选院士
胡乔木	江苏盐城		1955 年中科院院士
周志宏	江苏丹徒	冶金材料	1955 年中科院院士
武　衡	江苏徐州	地质学家	1955 年中科院院士
朱亚杰	江苏兴化	化学工程学家	1980 年中科院院士
谢义炳	湖南新田	气象学家	1980 年中科院院士
吴良镛	江苏南京	建筑学家	1980 年中科院院士
高　鸿	陕西	分析化学家	1980 年中科院院士
陶诗言	浙江嘉兴	气象学家	1980 年中科院院士
黄宏嘉	湖南	微波电子学家	1980 年中科院院士
戴元本	湖南常德	理论物理学家	1980 年中科院院士
王　元	浙江兰溪	解析数论研究	1980 年中科院院士
杨立铭	江苏溧水	理论物理学家	1991 年中科院院士
盛金章	江苏靖江	古生物学家	1991 年中科院院士
黄纬禄	安徽芜湖	自动控制专家	1991 年中科院院士
尹文英	河北平乡	昆虫学家	1991 年中科院院士

（续表）

姓　名	籍　贯	研究领域	当选院士
李德平	北京	辐射物理学家	1991 年中科院院士
汤定元	江苏金坛	物理学家	1991 年中科院院士
张效祥	浙江海宁	计算机专家	1991 年中科院院士
宁津生	安徽桐城	大地测量学家	1995 年工程院院士
茆　智	江苏南京	农田水利专家	1995 年工程院院士
童志鹏	宁波慈溪	电子信息工程	1997 年工程院院士
蒋士成	江苏常州	化纤工程技术	1999 年工程院院士
刘秀梵	江苏靖江	兽医学家	2005 年工程院院士
程顺和	江苏溧阳	小麦育种专家	2005 年工程院院士
周元燊	湖北襄樊	几率统计学家	台湾中央研究院院士
吴定良	江苏金坛	人类学	台湾中央研究院院士

外国院士（共 12 位）

姓　名	籍　贯	研究领域	当选院士
祁力群	扬州	数学家	俄罗斯圣彼得堡科学与艺术研究院外籍院士
王永成	扬州	中文信息智能处理	欧洲科学艺术和人文研究院通讯院士
方开泰	扬州	数理统计学	美国数理统计学院、美国统计学会院士
马俊如	宝应	航空遥感	国际欧亚科学院院士
陶肖明	扬州	纺织服装科学	国际纺织学会院士
高攸纲	泰州	环境电磁学	联合国国际信息科学院院士
鲍亦兴	东台	力学	美国国家工程院院士
徐皆苏	苏州	工程力学	美国工程学院士
李天和	扬州	电器工程	美国国家工程院院士
许靖华	仪征	地质学家	美国科学院院士
江泽慧	扬州	林业科学	国际木材科学院院士
冯子定	扬州	统计学	美国统计学会院士

以上的列表，仅是为了简捷明了，略加展开，就可知晓更多的地方科技史的片断，这不仅仅可以丰富当代扬州科技史的研究素材，更重要的是可以拓展地方科技史的研究空间，为今人，更是为后人留下扬州地域文化研究的珍贵史料。

一、扬州名门中的院士

扬州的名门望族中，培养出了众多的科技人才，其中最为值得关注的是吴道台宅第和许氏盐商后裔。

位于古运河畔的吴道台宅第，人才辈出，著名的吴氏四杰中，就有两名院士。一位是植物学泰斗吴征镒，吴征镒1933年毕业于扬州中学，1955年选聘为中科院院士（学部委员），2008年1月8日获得2007年度国家最高科学技术奖。另一位是物理化学家吴征铠，吴征铠长期从事放射化学、激光光谱和激光化学的研究。1980年当选为中科院院士。

位于丁家湾的许氏盐商，后裔中也是人才济济。特别值得一提的是夫妻院士——许国志、蒋丽金。许国志于1919年生于扬州，开创我国早期运筹学的研究，1995年当选为中国工程院院士。夫人蒋丽金专门从事硼化合物的研究，1980年当选中国科学院院士。但根据遴选标准，蒋丽金未能被列入。

二、长期在扬工作的院士

这是一群来自不同地方，怀着对国家、对事业的挚爱之情，扎根于扬州的工业、农业、动物疫病等各个领域的专家学者。他们与扬州的同事们一道，潜心于专业领域的探索和研究，为我国科技事业做出了卓越的贡献。他们是扬州大学教授、兽医学家，中国工程院院士刘秀梵；江苏省里下河地区农科所研究员，小麦育种专家，中国工程院院士程顺和；曾任仪征化纤股份有限公司副总经理兼总工程师的中国工程院院士蒋士成。他们是中国科技界的精英，更是当代扬州人的骄傲。

三、扬州中学是院士摇篮

扬州中学有“院士第一母校”之称，共培养出47位院士，堪称“院士摇篮”。

江苏省扬州中学始于1902年创立的仪董学堂，在一百多年的办学史上，英才辈出，有45名院士从这个大门走出。这其中，有冶金、金属材料专家周志宏，他是扬州中学最早毕业的院士，毕生从事物理冶金和钢铁冶炼研究，早在1955年就被选聘为中国科学院院士。另一位最“年轻”的院士是2011年12月当选的，他是中核集团快堆首席专家，原子能院快堆工程部总工程师、研究员徐銤，他成为扬州中学第47位院士。

在这47位院士中，有“两弹一星”元勋黄纬禄，冶金、金属材料专家周志宏，数学家王元，物理学家汤定元，有机化学家黄鸣龙，无线电电子学家、水声工程专家朱物华，中国核工业总公司总工程师、化学家吴征铠，植物学家吴征镒，著名地质学家武衡，气象学家谢义炳，石油工程学家童宪章，计算机专家张效祥，电子信息工程专家童志鹏……这些院士涵盖了众多科学领域和工程领域，他们都是中国科技界的学科带头人。

四、其他中学走出的院士

除了被称为“院士摇篮”的扬州中学外，扬州的其他中学也培养出了许多两院院士，他们分别是新华中学的张礼和院士和戴浩院士，扬大附中的陈晓亚院士，宝应中学的钱旭红院士，江都中学的周忠和院士。

扬州新华中学培养出了两位两院院士，一位是张礼和，张礼和1937年出生于江苏扬州，1954年毕业于扬州新华中学。他长期从事核酸化学及抗肿瘤抗病毒药物研究，是我国著名的有机药物化学家、博士研究生导师。另外一位是自动化专家戴浩，1945年8月出生于扬州，1959年扬州新华中学毕业，2005年当选为中国工程院院士。

陈晓亚，1955年出生于扬州，毕业于扬大附中，植物生理学家，长期从事植物次生代谢和棉纤维发育研究。2005年当选为中国科学院院士。

钱旭红，1962年出生于江苏宝应，就读于宝应县中学。长江学者、国家“973”项目首席科学家、华东理工大学校长。2011年当选为中国工程院院士。

周忠和，1965年出生于江都，江都中学高中毕业，世界知名古鸟类专家，孔子鸟化石的发现者之一。2010年4月当选为美国科学院院士，2011年12

月当选为中国科学院院士。

五、外国院士纳入名录

在扬州院士名单中，外国院士也首次纳入。据统计，目前外国院士共有12名，这其中扬州籍的外国院士有9人；曾在扬州求学，后来当选为外国院士的有3人。

扬州籍的外国院士有9位，他们分别是：

著名数学家祁力群，扬州人，其父是中国著名史学家祁龙威先生。祁力群被誉为1981~1999年间国际最具影响力的数学家之一，俄罗斯圣彼得堡科学与艺术研究院外籍院士。

王永成，1939年出生于扬州，从事教学、科研30多年，是我国最早从事中英文信息检索系统研制的科学家，荣获欧洲科学艺术和人文研究院通讯院士。

方开泰，扬州人，美国数理统计科学院终身院士、美国统计学会终身院士，被誉为“均匀设计之父”。

马俊如，1934年生于江苏宝应，曾在中国科学院半导体研究所参加晶体管和集成电路、超微细加工的研究。1995年，被选为国际欧亚科学院院士。

陶肖明，扬州人，国际纺织学会的院士，主要从事纺织服装科学技术的研究，侧重于先进的纺织材料科学与技术的研究。

李天和（1923年5月11日—2002年2月3日），美籍华人电工科学家。生于扬州。1946年毕业于交通大学。1950年获美国纽约州斯克内克塔迪联合学院电工硕士学位。1954年获伦斯勒工学院哲学博士学位。1975年当选为美国国家工程院院士，1986年被选聘为瑞士工程科学院通讯院士，2000年当选为中国工程院外籍院士。

许靖华（1929年7月1日至今），地质学家。籍贯江苏仪征，生于江苏南京。1948年毕业于中央大学地质系，获学士学位。1950年在美国俄亥俄州立大学获硕士学位，1953年在洛杉矶加州大学获博士学位。河南大学环境地理学专业博士生导师、美国科学院院士，第三世界科学院院士，地中海国家科学院院士,台湾“中央研究院”院士。

江泽慧(1939 年至今),生于扬州。扬州中学 1956 届校友。1960 年毕业于安徽农学院林学系。安徽农业大学教授、博士生导师。曾任安徽省人大常委会副主任、林业部党组成员、中国林业科学研究院院长,第九届全国政协委员、全国政协人口资源环境委员会副主任。1999 年被授予国际木材科学院院士称号。

冯子定(1952 年至今),生物统计学家。生于扬州。扬州中学 1967 届校友。1982 年毕业于南京农学院植保系,1985 年美国康奈尔大学昆虫系硕士毕业,1990 年美国康奈尔大学生物统计博士毕业。美国弗莱德·哈金森癌症研究中心正研究员。2007 年当选为美国统计学会院士。

在扬州求学,后来当选为外国院士的有 3 人。他们分别是:

联合国国际信息科学院院士、环境电磁学专家高攸纲;美国国家工程院院士、力学专家鲍亦兴;美国工程学院士、工程力学专家徐皆苏。

主要参考书目

[1]谢延庚,刘寿曾.光绪江都县续志[M].清光绪十年刻本.

[2]靳辅.治河方略[M].清乾隆三十二年刻本.

[3]李濂.医史[M].民国十六年本.

[4]谢堃.春草堂集[M].清道光二十年刻本.

[5]四库全书总目[M].北京:中华书局,2003.

[6]杜佑.通典[M].北京:中华书局,1988.

[7]李昉等.太平广记[M].北京:中华书局,1961.

[8]宋史[M].北京:中华书局,1997.

[9]明史[M].北京:中华书局,1974.

[10]清史稿[M].北京:中华书局,1996.

[11]明一统志[G]//景印文渊阁四库全书.台北:台湾商务印书馆,1986.

[12]嘉靖六合县志[G]//天一阁藏明代方志选刊续编.上海:上海书店,1990.

[13]太平寰宇记[M].北京:中华书局,2011.

[14]吴越春秋[M].南京:江苏古籍出版社,1986.

[15]宋应星.天工开物[M].广州:广东人民出版社,1976.

[16]焦循,江藩.扬州图经[M].南京:江苏古籍出版社,1998.

[17]李斗.扬州画舫录[M].北京:中华书局,2007.

[18]沈括.梦溪笔谈[M].扬州:广陵书社,2011.

[19]刘文淇.扬州水道记[M].扬州:广陵书社,2011.

[20]黎世序等纂修.续行水金鉴[M].南京:凤凰出版社,2011.

[21]顾炎武.天下郡国利病书[M].上海:上海古籍出版社,2012.

[22]万恭.治水筌蹄[M].北京：水利电力出版社,1985.

[23]陈旉.陈旉农书[M].北京：农业出版社,1965.

[24]尚志钧等.吴普本草[M].北京：人民卫生出版社,1987.

[25]茹古香等.十四经发挥校注[M].上海：上海科学技术出版社,1986.

[26]陈植.园冶注释[M].北京：中国建筑工业出版社,1981.

[27]刘乾先.园林说译注[M].长春：吉林文史出版社,1998.

[28]焦循.北湖小志[M].扬州：广陵书社,2003.

[29]刘师培.左庵外集[G]//刘申叔遗书.南京：凤凰出版社,1997.

[30]阮元等.畴人传汇编[M].扬州：广陵书社,2008.

[31]张鉴.阮元年谱[M].黄爱平,点校.北京：中华书局,1995.

[32]张潮.虞初新志[M].上海：上海古籍出版社,2012.

[33]李渔.觉世名言十二楼[M].北京：人民文学出版社,2006.

[34]崔致远.桂苑笔耕录[M].北京：中华书局,2007.

[35]钱泳.履园丛话[M].上海：上海古籍出版社,2012.

[36]袁枚.随园食单[M].北京：中华书局,2010.

[37]童岳荐.调鼎集[M].郑州：中州古籍出版社,1991.

[38]邓之诚.骨董琐记[M].北京：中国书店,1991.

[39]陈文华.农业考古[M].北京：文物出版社,2002.

[40]董恺忱,范楚玉.中国科学技术史·农学卷[M].北京:科学出版社,2000.

[41]陆敬严,华觉明.中国科学技术史·机械卷[M].北京:科学出版社,2000.

[41]唐锡仁,杨文衡.中国科学技术史·地学卷[M].北京:科学出版社,2000.

[42]罗桂环,汪子春.中国科学技术史·生物学卷[M].北京：科学出版社,2005.

[43]徐培均.秦少游年谱长编[M].北京：中华书局，2002.

[44]辛元欧.上海沙船[M].上海：上海书店出版社，2004.

[45]田久川.古代舟车[M].上海：上海古籍出版社，1996.

[46]白寿彝.中国交通史[M].北京：商务印书馆，1998.

[47]姚汉源.中国水利发展史[M].上海：上海人民出版社，2005.

[48]郑肇经.中国水利史[M].北京：商务印书馆，1998.

[49]徐从法.京杭大运河史略[M].扬州：广陵书社，2013.

[50]陈邦贤.中国医学史[M].北京：商务印书馆，1937.

[51]王渝生.中国算学史[M].上海：上海人民出版社，2006.

[52]王章涛.阮元评传[M].扬州：广陵书社，2004.

[53]李瑚.魏源研究[M].北京：朝华出版社，2002.

[54]杨宽.中国古代冶铁技术发展史[M].上海：上海人民出版社，2004.

[55]凌业勤等.中国古代传统铸造技术[M].北京：科学技术文献出版社，1987.

[56]李廷先.唐代扬州史考[M].南京：江苏古籍出版社，2002.

[57]何堂坤.中国古代铜镜的技术研究[M].北京：紫禁城出版社，1999.

[58]钱存训.中国纸和印刷文化史[M].桂林：广西师范大学出版社，2004.

[59]张燕.扬州漆器史[M].南京：江苏科学技术出版社，1995.

[60]王世襄.中国古代漆器[M].北京：文物出版社，1988.

[61]徐良玉.扬州馆藏文物精华[M].南京：江苏古籍出版社，2001.

[62]赵永魁，张加勉.中国玉石雕刻工艺技术[M].北京：北京工艺美术出版社，1994.

[63]章仪明.中国维扬菜[M].北京：轻工业出版社，1990.

[64]章仪明.淮扬饮食文化史[M].青岛：青岛出版社，1995.

[65]陈璧显 . 中国大运河史[M]. 北京：中华书局，2001.

[66]嵇果煌 . 中国三千年运河史[M]. 北京：中国大百科全书出版社，2008.

[67]周鸿，吴玉 . 绿色的开拓者——中国著名植物学家吴征镒[M]. 北京：科学普及出版社，1994.

[68]吴征镒 . 吴征镒文集[M]. 北京：科学出版社，2006.

[69]吴征镒 . 百兼杂感随忆[M]. 北京：科学出版社，2008.

[70]陈秀兰，杨鹤峰，沈庆康 . 核技术农业应用的理论与实践[M]. 北京：中国三峡出版社，2009.

[71]温贤芳 . 中国核农学[M]. 郑州：河南科学技术出版社，1999.

[72]王琳清，陈秀兰，柳学余 . 小麦突变育种学[M]. 北京：中国农业科学技术出版社，2004.

[73]江澄波等 . 江苏刻书[M]. 南京：江苏人民出版社，1993.

[74]张绍勋 . 中国印刷史话[M]. 北京：商务印书馆，1997.

[75]上海古籍出版社 . 生活与博物丛书[M]. 上海：上海古籍出版社，1991.

[76]《科学家传记大辞典》编撰组 . 中国古代科学家传记[M]. 北京：科学出版社，1992 .

[77]京杭运河江苏省交通厅史志编委会 . 京杭运河志（苏北段）[M]. 上海：上海社会科学院出版社，1998 .

[78]《京杭运河（江苏）史料选编》编委会 . 京杭运河（江苏）史料选编[M]. 北京：人民交通出版社，1997.

[79]《扬州古港史》编委会 . 扬州古港史[M]. 北京：人民交通出版社，1988.

[80]中华文化通志编委会 . 中华文化通志 · 医药学志[M]. 上海：上海人民出版社，1998.

[81]扬州博物馆，天长博物馆 . 汉广陵国玉器[M]. 北京：文物出版社，

2003.

[82]《扬州水利志》编委会 . 扬州水利志[M]. 北京: 中华书局,1999.

[83]科研・试验与勘测[G]// 润扬长江公路大桥建设 . 第二册 . 北京: 人民交通出版社,2005.

[84]欧阳洪 . 京杭运河工程史考[M]. 南京:江苏省航海学会《江苏航海》编辑部,1988 年编印 .

[85]龙虬庄遗址考古队 . 龙虬庄——江淮东部新石器时代遗址发掘报告[M]. 北京: 科学出版社,1999.

[86]黄世瑞 . 秦观《蚕书》小考[J].《农史研究》第五集 .

[87]魏东 . 论秦观《蚕书》[J]. 中国农史,1987,1.

[88]范楚玉 . 陈旉的农学思想[J]. 自然科学史研究,1991 ,2.

[89]莫铭 . 陈旉的农学理论和营农思想[J]. 古今农业,1994,3.

[90]牛家藩 .《陈旉农书・牛说》初评[J]. 中国农史,1988,3.

[91]罗桂环 . 宋代的"鸟兽草木之学"[J]. 自然科学史研究,2001, 2.

[92]王毓瑚 . 关于中国农书[J].《中国农学书录》书后,北京: 农业出版社,1964.

[93]江苏省文物工作队 . 扬州施桥发现了古代木船[J]. 文物,1961,6 ;如皋发现唐代木船[J]. 文物,1974,5.

[94]周世德 . 车船考述[J]. 文史知识,1988,11.

[95]成寻 . 参天台五台山记[J]. 日本佛教会 . 书卷,15~16.

[96]徐从法 . 关于邗沟、隋山阳、宋二斗门船闸异说辨析[J]. 扬州史志,1992, 1 .

[97]王章涛 . 扬州学派与中国数学复兴时代[J]. 扬州史志,2003,3.

[98]周维衍 . 魏源与地学[J]. 复旦学报(社会科学版),1991,1.

[99]仪征破山口探掘出土铜器记略[J]. 文物,1961,8.

[100]马肇曾,韩汝玢 . 越王勾践剑表面黑色纹饰的研究[J]. 自然科学史研究, 1987,2 (6).

[101]吴学文 . 江苏六合李岗楠木塘西汉建筑遗迹[J]. 考古,1978,3.

[102]华觉明等 . 长江中下游铜矿带的早期开发和中国青铜文明[J]. 自然科学史研究,1996,1 (15).

[103]扬州唐城遗址 1975 年考古工作简报[J]. 文物,1977, 9.

[104]扬州唐城手工业作坊遗址第二、三次发掘简报[J]. 文物 1980,3.

[105]周欣,周长源 . 扬州出土的唐代铜镜[J]. 文物,1979,7.

[106]顾风 . 扬州唐代铜镜[J]. 东南文化,2001,增刊 1.

[107]张道一 . 中国民间工艺[J].1994,13–14 期 .

[108]李则斌 . 扬州出土汉代工官漆器考[J]. 东南文化,2001,增刊 1.

[109]李则斌 . 扬州汉代漆器及其艺术风格[J]. 美术丛刊,40 期 .

[110]王世襄 . 扬州名漆工卢葵生和他的一些作品[J]. 文物参考资料,1957, 7.

[111]周长源 . 扬州汉墓出土玉器综述[J]. 东南文化,2001,增刊 1.

[112]吴胜东,吉林,阮静 . 润扬大桥关键技术研究[J]. 土木工程学报,2007,4 (40)

[113]润扬大桥拥有 8 个国内第一[J]. 岩土工程界,第 8 卷第 4 期 .

[114]润扬大桥与它的八个"第一"[N]. 中华建筑报,2006.4.18.

[115]余志群,张庆萍 ."扬州院士"共有 62 位[N]. 扬州晚报 .2011.12.17.

[116]扬州院士馆展陈资料

后 记

坐在书斋里动笔写作本书的时间并不长，是在2009年后，但连带搜集资料的前期准备，却有十多年的时光。2001年秋，市委宣传部呈报了“淮扬文化通论”（后更名为《扬州文化通论》，该书于2011年由广陵书社正式出版）研究项目，经江苏省哲学社会科学规划领导小组审定，列为省社科规划重点研究课题。课题分工时，笔者承担了《扬州技术文化》和《扬州民俗文化》两个章节，从那时起，笔者便进入了地方科技史的研究领域。

转眼间，十多年过去了，搜集资料的工作难度很大，即如本书“概述”中所说“是在片纸只字中寻找蛛丝马迹，在茫茫大海中拣拾珍珠宝贝。”幸运的是，社会相关方面予以了大力的支持，扬州市科技局、扬州市科协的领导一直予以关注和支持；市科协的老主席毕佳讯、市科技局副局长戴日千、市水利局高级工程师徐炳顺、扬州学派研究学者王章涛、扬州考古队副队长印志华、扬州晚报社记者慕相中、张庆萍、扬州地方文化研究学者朱福烓、李保华、朱志泊、陈楠等都予以了大力支持和热心指点；扬州大学图书馆、扬州市图书馆也都给予了查询资料的极大便利，扬大图书馆办公室主任杭效民还热心地帮助从校外图书馆借调过刊、珍本、善本等稀缺书刊，我会肖剑锋也尽心协助。本书顺利完稿，离不开有关方面及众位师友的指点和帮助，在此，谨致以衷心的感谢！

当年，之所以接下“扬州技术文化”的研究课题，还与笔者早年的一段生活经历有关。笔者十六岁进扬州钢铁厂，在焦化车间工作过五年，后又在厂技术科工作过三年。八年的工厂生活，对机械、化工、冶金等生产技术多少有些了解，平时也爱好浏览与自然科学有关的书刊和影视。于是，自以为对科技史的研究，可以有工作经历和基础知识作为铺垫。但真正进入科技史领域后，发现以往的全无大用，如同学习外语，仅是知晓几个字母而已。此后，每撰写一个选题，都是一次从零开始的学习，是边学习、边研究、边撰稿。不仅要学习选题本身的专业知识，更要研究与选题有链接的各个方面的资料，包括素材的甄选与鉴别；事项的源起与发展；当时的作用与价值；国内外的地位与影响；专家的论述与评定等，尽量地做到视野开拓、资料翔实、表述准确、评价中肯。

最初，笔者是想在完成《扬州技术文化》的基础上，撰写一本地方科技史，所定的框架是史学类的，偏重于学术理论。09年，为迎接扬州建城2500周年，确定要撰写一套"扬州史话丛书"，"科技史话"列在其中。"史话"与"史学"有所不同，"史话"必须考虑大众化，既要有学术性，也要有可读性，要深入浅出，通俗易懂。于是中途转向，重新调整写作的思路，将全书结构从"课题式"，改为"话题式"。起初，所列"话题"较多，为篇幅所限，后又调整标准，确定在中国科技史上占有一席之地、具有一定份量的"话题"，方才入选。全书框架，古代部分以类别定章节，以事项定篇目，当代部分则是单列一章，以示特别。当代科技日新月异，也是由于篇幅有限，仅选择在中国当代科技史上产生较大影响的事项列为"话题"。为反映当代扬州科技全貌，仅将当代扬州的67位院士用列表的方式予以"展示"，这也是篇幅所限的无奈之举。

本书图片除笔者提供外，其他的来源为：明·宋应星著《天工开物》，沈阳出版社1995年版；清·刘文淇著、赵昌智、赵阳点校《扬州水道记》，广陵书社2011年版；徐良玉主编《扬州馆藏文物精华》，江苏古籍出版社2001年出版；崔翁墅编著《清朝社会回眸》，人民美术出版社2005年版；上海图书馆编《西方人笔下的中国风情画》，上海画报出版社1997年版；黄时鉴（美）沙进编著《十九世纪中国市井风情／三百六十行》，上海古籍出版社1999年版；沈寂等编著《名家绘图本·中国传统行业图集·三百六十行大观》，上海画报出版社1997年版；周鸿、吴玉著《绿色的开拓者——中国著名植物学家吴征镒》科学普及出版社1994年版；徐从法著《京杭大运河史略》，广陵书社3013年版；及扬州双博馆展陈实物等。许多图片，十分珍贵，既弥补了文字表述的不足，又使本书图文并茂，在此一并向图片作者致谢！

一个地级市撰写地方科技史，在国内还是少见的。尽管作了种种努力，但笔者视野有囿，识见有限，研究不够深透，见解也有偏颇，故而本书定有诸多疏漏乖谬。在此，敬请方家学者不吝教正。

曹永森

2013年8月